交通部软科学研究项目成果

交通职业教育发展战略研究

Jiaotong Zhiye Jiaoyu Fazhan Zhanlue Yanjiu

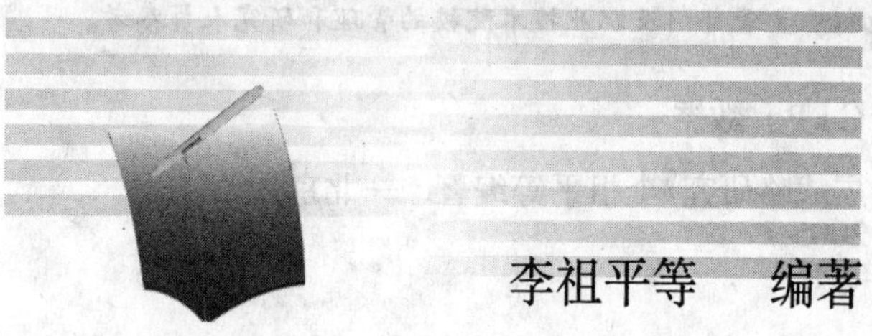

李祖平等　编著

人民交通出版社

China Communications Press

内容提要

本书系统回顾和总结了"九五"以来交通职业教育改革与发展的成就和经验，对交通职业教育发展和交通行业人力资源状况进行调研和分析，并对国外职业教育发展进行了比较研究，从分析国家经济社会发展和交通行业发展的背景入手，本着对交通行业发展和交通行业人力资源的需求出发，研究提出了交通职业教育发展的战略目标和实现战略目标的对策与措施。是一部研究交通职业教育改革与发展并具有创新价值的著作。

本书紧密结合实际、内容丰富、信息量大，可供交通行业各级政府主管部门，交通企事业单位，交通行业职业技术院校、培训机构和研究机构的管理人员、研究工作者阅读和参考，也可供其他行业主管部门及职业技术院校的管理和研究人员参考。

图书在版编目（CIP）数据

交通职业教育发展战略研究/李祖平等编著．—北京：人民交通出版社，2005.7
ISBN 7-114-05645-1

Ⅰ.交... Ⅱ.李... Ⅲ.交通运输业-职业教育-发展战略-研究-中国 Ⅳ.U-4

中国版本图书馆 CIP 数据核字（2005）第 076054 号

书　　名：交通职业教育发展战略研究
著 作 者：李祖平等
责任编辑：黄兴娜
出版发行：人民交通出版社
地　　址：（100011）北京市朝阳区安定门外外馆斜街 3 号
网　　址：http://www.ccpress.com.cn
销售电话：(010)85285838,85285995
总 经 销：北京中交盛世书刊有限公司
经　　销：各地新华书店
印　　刷：北京鑫正大印刷有限公司
开　　本：787×980　1/16
印　　张：19
字　　数：237 千
版　　次：2005 年 7 月第 1 版
印　　次：2005 年 7 月第 1 次印刷
书　　号：ISBN 7-114-05645-1
印　　数：0001—3000 册
定　　价：30.00 元

序 XU

本世纪头20年是我国全面建设小康社会、开创中国社会主义事业新局面的重要战略机遇期。全面建设小康社会与交通发展直接相关。经济的发展、社会的进步、人的全面发展都需要交通运输提供安全、便捷、快速、可靠的保障。

交通部确定了全面建设小康社会公路、水路交通发展目标,要实现这一目标,必须坚持“科教兴交”和“人才强交”战略,坚持科学的发展观,走运输安全型、质量效益型、科技先导型、资源节约型、环境友好型的交通可持续发展之路。实践证明,国家的发展、民族的振兴、交通的可持续发展,越来越依赖于高素质劳动者和大量的创新人才。交通要发展,关键在人才,教育是基础,坚持教育优先发展、强化人力资源开发是全面建设小康社会,实现从人口大国迈向人力资源强国的必然选择。

交通行业作为一个负责任的行业,不仅是公路、水路交通的生产运输组织,而且是学习型组织;不仅是用人的地方,而且是培养人的地方;不仅是发挥人才干的地方,而且是发展人才干的地方。交通部门必须坚持以人为本,坚定不移地把培养人才作为交通发展的关键来抓,为交通人的全面发展、终身发展、可持续发展服务。

交通职业教育是我国职业教育体系的重要组成部分,也是交通事业的重要组成部分。交通职业教育既担负着为交通行业发展培养大批生产、建设、管理和服务一线应用型、技能型人才和提高交通行业从业人员队伍素质的重任，同时也担负着促进农村劳动力转移和城镇居民就业、为民服务的重任。

《交通职业教育发展战略研究》项目组经过两年多努力，在充分吸收已有研究成果和总结交通职业教育发展经验的基础上，通过对交通职业教育发展情况进行调查研究分析，对国外职业教育进行比较研究；从分析国家经济社会发展、交通行业发展背景入手，本着对交通行业发展和交通人力资源的需求出发；从教育外部环境和内部环境相互协调的角度，对交通职业教育进行了全局性、前瞻性和深层次的科学分析和有益的探索，提出了交通职业教育发展的战略目标和实现战略目标的对策与措施。我们相信，该项目的研究成果将对教育主管部门教育决策提供依据和对教育机构的教育实践有所引导、有所帮助、有所促进。

在新的历史时期，我们要继续在交通行业人力资源开发理论与实践两方面进行深入的探索，进一步开发交通人力资源，为交通发展提供强有力的人才保障和智力支持。

中华人民共和国交通部部长 張春賢

2005年5月

前言 QIANYAN

当前，我国正处在全面建设小康社会，加快推进社会主义现代化建设的重要阶段，职业教育也进入了深化改革、加快发展的历史时期。交通可持续发展战略的实施、交通结构调整和科技进步等新形势对交通职业教育提出了新的任务和要求。交通职业教育作为我国职业教育和交通现代化建设的重要组成部分，承担着培养、培训生产、建设、管理和服务一线的高素质的劳动者和实用人才的重任。随着经济社会的发展，教育内部与外部环境都发生了深刻的变化，面临着新的发展机遇和挑战。为了适应交通可持续发展对人力资源开发的需要，适应国家职业教育体系创新和发挥行业主管部门作用的需要，促进交通职业教育持续、健康、快速发展，对交通职业教育发展进行战略研究具有十分重要的意义。

交通职业教育发展战略研究，在充分吸收已有研究成果、回顾和总结"九五"以来交通职业教育改革与发展的成就和经验的基础上，通过对交通职业教育发展情况和交通行业人力资源状况进行调查研究和分析，对国外职业教育进行比较研究，从分析国家经济社会发展、交通行业发展背景入手，本着对交通行业发展和交通行业人力资源的需求出发，从教育外部和内部环境相互协调的角度，对交通职业教育作全局性、前瞻性和深层次的科学分析与探讨，研究提出了交通职业教育改革与发展的指导思想、基本观念；提出了交通职业教育发展的战略目标和实现发展战略目标的对策与措施。本项目研究的总体思路和提出的战略目标及政策措施，反映了交通行业发展的需要和交通职业教育发展的趋势。

本书为交通部软科学研究项目《交通职业教育发展战略研究》的最终成果。作者在项目研究的基础上，撰写了此书，旨在总结理论研究成果，指导交通职业教育的实践，为交通行业主管部门决策和制定"十一五"发展规划提供依据，为交通职业教育院校和培训机构制定规划、推进改革与发展提供参考，也为其他行业部门推进职业教育发展提供参考。

本项目主要研究人员李祖平、陈贻安、王文标、袁林、周万枝、于峻、尤晓玮、冯晋祥、李舜萱、王莎莎、李英杰等人。项目负责人李祖平，负责项目的总体策划，确定整体框架、总体思路，指挥、协调、指导课题组成员工作，为项目主报告的主执笔，并对全书进行统一修改、编辑、统稿与审定。全书分为三篇，第一篇为项目主报告，共六章。第一、二章由李祖平撰写，其中第二章有关部分采用了交通职业教育发展现状调研报告的相关内容；第三章由袁林撰写；第四、五、六章由李祖平撰写，其中第四章有关部分采用了交通行业人力资源状况及其发展趋势分析报告的相关内容。第二篇为专题研究报告，共有五个报告。报告一由王文标、周万枝、尤晓玮、李祖平负责并撰写；报告二由陈贻安负责并撰写；报告三由王莎莎、于峻等负责并撰写；报告四由李英杰等负责并撰写；报告五由冯晋祥负责并撰写。第三篇为重要文件与讲话选编。

本项目研究方法主要采用了调查访谈法、比较研究法、案例分析法、文献研究法、人才预测和专家咨询等多种方法。项目组在立项前后两年多的时间里，通过查阅资料、调查研究和专家咨询等做了大量工作。项目组分别于2003年、2004年进行了两次全国交通职业教育发展情况的10个典型地区（单位）调研，先后召开了10余次专家咨询会、座谈会。在深入调研和广泛听取意见，吸收前人和大家智慧的基础上，完成了项目研究任务。对项目组成员付出的辛勤劳动表示诚挚的谢意。

本项目的完成得到多方面的支持和帮助，同行专家的广泛学术交流和探讨。自始至终得益于交通部科教司孙国庆司长、张延华副司长，办公厅陈毕伍副主任，科教司李兆良处长、于敏副处长的关心、支持、帮助和指导。教育部职成司黄尧司长、刘占山、王继平副司长，基础司杨进副司长，职成司谢俐、陈光、刘杰处长等；教育部职业技术教育中心研究所所长助理姜大源教授；交通部人劳司刘钊助理巡视员、公路司王水平处长、水运司王明志处长，上海海事大学高德毅教授，武汉理工大学王培根教授等给了本项目多方面的指导和帮助，提出了许多宝贵的修改意见。所到调研地区的各省、直辖市、自治区交通厅（局、委）和企事业单位，有关交通职业技术院校、交通职业教育教学指导委员、交通技工教育研究会、交通有关行业协会的专家、领导和同志们给予了大力支持和帮助。在此，谨向关心、支持、帮助本项目研究的所有专家和同志们表示诚挚的谢意。

此外，还要对北京交通管理干部学院的领导、有关部门负责人和同志们为项目组成员提供良好的工作环境和大力支持，使得本项目研究得以顺利完成，一并深表真诚的谢意。

全面系统地研究交通职业教育发展和交通行业人力资源状况，对交通行业职业教育发展进行战略研究和探讨，在行业部门尚属首次。不少问题有待于更深入、更扎实地研究。由于本书的编写缺乏齐全的借鉴资料，加之作者的水平有限，书中难免存在许多不足，恳请专家学者和广大读者批评指正。

作　者

2005年5月

目录 MULU

第一篇

项目主报告

第一章　绪　论

第一节　交通职业教育及其发展战略概述

职业教育是我国教育体系的重要组成部分，是国民经济和社会发展的重要基础，是教育与社会经济的最佳结合点，承担着培养、培训生产、建设、管理和服务第一线的高素质的劳动者和实用人才的重任。

交通职业教育指为初高中毕业生和城乡新增劳动者、下岗失业人员、在职人员、农村劳动者及其他社会成员提供多种层次、多种形式的职业学校教育和职业培训。本项目所研究的交通为公路、水路交通。交通职业教育是我国职业教育体系的重要组成部分，也是交通事业的重要组成部分，交通职业教育既担负着为交通行业发展培养大批生产、建设、管理和服务一线应用型、技能型人才和提高交通行业从业队伍素质的重任，同时也担负着促进农村劳动力转移和城镇居民就业、为民服务的重任。

职业教育发展战略研究属于宏观教育决策的范畴，它既是综合性的理论研究，也是社会科学的应用研究。“战略”一词为军事术语，指在战争中利用军事手段达到战争目的的科学和艺术。战略是对于与总目标相关的全局性、长期性、根本性问题的谋划与决策。教育的战略管理，是适应复杂管理模式的理论和方法，是宏观教育管理的重要方式和手段。战略决策的正确与否直接关系着事业的成败;战略决策的科学化水平是领导水平的重要表征。战略管理对事业的发展具有直接的导向功能、综合协调功能和动态适应功能。教育发展战略研究综合性较强,它与规划研究的主要区别在于侧重于战略思想和战略决策的方向性、趋势性研究,为领导部门作出宏观决策、制定政策和发展规划提供依据。教育事业的发展规划是教育发展战略的具体化,是国家各级政府根据国家在一定时期的经济社会发展规划目标与教育方针、政策和法律法规,为实现一定的教育目标,促进国家或地方经济与社会发展所制定的。教育规划具有系统性、综合性、中长期性、动态性等特点,交通教育发展战略对教育发展规划具有宏观指导功能。因此,教育发展战略研究在发展规划研究中占有先导性、战略性的重要地位。

交通职业教育发展战略是为交通发展战略服务的。交通职业教育的发展要紧紧围绕交通发展的中心工作进行,进行战略研究不仅对交通职业教育的发展与改革、适应交通可持续发展提供人力资源及智力支持有重要价值,而且对充分发挥行业作用,促进职业教育的发展,适应与促进教育系统与经济、社会协调、持续的发展也具有重要参考价值与研究探讨价值。

第二节　研究交通职业教育发展战略的目的和意义

我国正处在全面建设小康社会、加快推进社会主义现代化建设的重要阶段,职业教育也进入了深化改革、加快发展的历史时期。交通全面、协调、可持续发展战略的实施,交通结构调整和交通科技进步等新形势对交通职业教育提出了新的任务和要求,交通职业教育作为我国职业教育和交通现代化建设的组成部分,面临着新的机遇和挑战。加快交通职业教育改革与发展,对于实施“科教兴交”、“人才强交”战略,实现交通新的发展具有重要的意义。

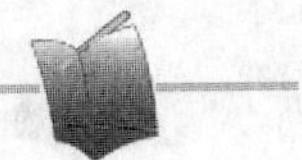

一、适应交通全面、协调、可持续发展对人力资源开发的需要

交通新的发展正在迅速壮大交通行业队伍，交通行业从业人员已达到3600多万人，大批在职人员和后备劳动大军需要进行有效和灵活的职业教育与培训。交通行业将逐步建立起职业资格制度，从根本上改变工业化初期阶段大批缺乏职业训练的劳动力直接走上岗位的落后状况。因此，需要重新研究和探索交通职业教育发展的规模、布局和办学体制，研究交通职业教育的改革与发展，以适应交通人力资源开发的需要。

交通新的发展正在促进交通结构调整与交通科学技术进步，交通信息化建设以及货运物流化、客运快速化、交通基础设施建设技术复杂化、交通建设材料新型化、智能交通等发展趋势将使交通行业岗位工作的技术水平不断提高、岗位种类进一步增多、职业变动加快，这种形势对交通人才的素质和技能提出更高要求。大规模交通物资资本的投入，要求增加相应规模和有效的交通人力资本。因此，对交通职业教育的质量、人才培养模式等多方面提出了更新更高的要求。本项目研究提出相应的发展目标与对策，使交通职业教育能够更好地适应交通发展的人力资源开发需求。

二、适应国家职业教育体系创新和发挥行业主管部门作用的需要

我国已进入全面建设小康社会的新的历史时期，国务院作出《关于大力推进职业教育改革与发展的决定》，职业教育体系创新的格局正在形成。创新职业教育体系必须与各行业的发展实际紧密结合，充分发挥行业在促进、引导和协调职业教育发展中的重要作用。交通行业主管部门在交通职业教育发展中曾经创造了有效的管理与运行模式。1999年以来，随着教育管理体制改革与调整，交通职业教育资源配置发生了较大变化，多元化办学和职业教育的开放性将有利于利用社会资源培养交通人才。新形势对行业主管部门协调、指导和管理服务工作提出了

更新、更高的要求，必须进一步转变行政职能、创新管理方式，充分发挥行业及其主管部门在交通职业教育发展中的重要作用，为国家职业教育体系的创新作出建设性的贡献。本项目的研究是为适应这种新的形势需要而展开的。

三、促进交通职业教育快速、健康发展的需要

交通职业教育在新的体制环境下正在形成多元化、多形式办学的格局。随着交通事业快速发展和大规模人力资源开发的需要，为交通行业培养专门人才和培训在职人员的办学机构进一步增多。随着教育领域的开放和国际合作趋势的加强以及经济全球化步伐加快，国外办学机构的进入，国外办学理念和运行机制影响的扩大，都将使交通职业教育面临更激烈的竞争与挑战。在这一背景下，特别需要准确、适时的信息导向和科学、明晰的教育发展规划引导，以及健全、完善的体制规范和政策环境，以便克服各教育单位在办学过程中的盲目性、无序性以及资源浪费现象，形成活而不乱、规范有序、教育培训质量与效益得到切实保障的运行机制。本项目研究将尽可能地提供较为清晰的导航目标、总体蓝图以及可供利用的信息资源与可供参考的对策与措施，以便促进交通职业教育健康、有序、可持续发展，并向国际先进水平迈进。

四、满足交通职业教育自身发展的需要

交通职业教育的内部环境与外部环境都发生了深刻的变化。从教育内部说，教育功能的扩大和终身教育的发展，使教育几乎渗入社会生活的各个领域，覆盖社会全体成员。同时，社会主义市场经济体制的建立和科学技术的高速发展，使职业教育与外部环境的相互关系也明显增强。面对这一规模大为扩展、功能日益复杂的教育系统，单纯注重微观的职业教育研究已经不能完全回答当代职业教育发展中的许多问题。从教育外部说，经济、社会发展呈现出整体化、综合化的趋势。

交通职业教育在快速发展过程中面临着一些困难和问题，亟待研究解决。交通职业教育持续、健康、快速发展，需要科学理论的指导和战略研究。

第三节 研究交通职业教育发展战略的整体思路和基本框架

一、研究交通职业教育发展战略的整体思路

交通职业教育发展战略研究，从分析国家社会经济发展、交通行业发展背景入手，根据交通行业发展战略总要求，从社会经济、交通事业和人才的需求出发，在充分吸收已有研究成果和总结历史经验的基础上，通过对交通职业教育发展状况和交通人力资源现状进行调查分析，对国外职业教育进行对比研究，从教育外部环境和内部环境相互协调的角度出发，对交通职业教育作出战略性、长远性、全局性、前瞻性和深层次的科学探讨，提出交通职业教育发展的战略目标和对策措施。为交通行业教育主管部门决策和制定规划提供依据，为交通职业教育院校和培训机构制定发展规划，确定发展方向提供参考。

整体思路是立足交通、面向世界；科学预测、面向未来；联系实际、面向现代化。创新点为在建立和完善社会主义市场经济条件下，作为行业部门如何推进职业教育发展，提出交通职业教育发展战略，推进"科教兴交"、"人才强交"战略的全面实施，为国家职业教育体系创新提供决策依据。

本项目研究方法主要采用了调查访谈法、比较研究法、案例分析法、文献研究法和人才预测法等。

技术路线如下：

(1)总结交通职业教育发展的历史经验。

(2)运用系统调查、抽样调查、统计推断、人才预测等方法把握交通职业教育现状及交通人力资源现状，根据交通发展目标

对未来人力资源开发需求进行趋势分析与判断。

(3)通过国外有关院校、国际组织和相关文献,查询国外职业技术人才培养模式及职业教育的理论与实践发展状况,进行对比研究。

(4)走访学校、企业以及有关省、自治区、直辖市交通主管部门、教育机构、教育部教育管理信息中心和有关社团组织,调查了解情况和检索有关数据。

(5)召开教育部、交通部、有关省、自治区、直辖市交通厅(局、委)、科研单位、职业院校和企事业及相关单位的专家咨询会,征询专家意见。

(6)对所掌握的材料和问题进行综合分析,研究提出交通职业教育发展的战略目标和实现目标的战略对策与措施。

二、研究交通职业教育发展战略的基本框架

第1章主要论述开展交通职业教育发展战略研究的理论意义和现实意义,整体思路和基本框架,结论与应用情况。

第2章研究和分析交通职业教育发展的现状。这部分包括交通职业教育发展的回顾,交通职业教育发展的基本情况、基本经验和存在的问题。这部分是研究交通职业教育发展战略的起点,没有对现实的分析和把握,就很难科学地预测未来。

第3章国外职业教育发展的比较研究。包括国外主要的职业教育模式、特点、发展趋势和对我国交通职业教育的启示等。

第4章研究交通职业教育发展的宏观背景以及对职业教育的需求分析。包括社会背景、行业背景、交通人力资源状况及对职业教育的需求预测与分析。

第5章论述交通职业教育发展战略目标。这部分包括交通职业教育发展战略的指导思想、基本理念、战略目标、战略步骤与重点。

第6章提出实现交通职业教育发展战略目标的对策与措施。

后附五个专题研究报告,具体见第三篇的内容。

第四节　交通职业教育发展战略研究的结论与应用

一、结　论

(1)回顾交通职业教育发展的历程。面向社会、服务交通、具有行业特色的交通职业教育发展快速。行业需求是交通职业教育发展的强大动力,为行业服务是保持交通职业教育生命力的根本所在,行业支持是交通职业教育健康、快速发展的重要保障。

(2)职业教育是一些国家经济发达的秘密武器。借鉴发达国家经验,健全法规体系,发挥行业作用,调动企业参与职业教育的积极性,建立就业准入制度,完善职业资格证书制度,推进交通职业教育的发展。

(3)国家的发展、民族的振兴、交通的可持续发展,越来越依赖于高素质劳动者和大量的创新人才。从社会背景和行业背景分析,未来20年是职业教育不可错失的发展机遇期。未来交通的快速发展为交通职业教育创造了更大的发展空间。

(4)根据交通发展的目标与任务,确定交通职业教育改革与发展的指导思想是:树立和落实科学的发展观,坚持以人为本、以服务为宗旨、以就业为导向的方针,紧密围绕交通行业发展,以交通人力资源开发和从业人员能力建设为核心,以促进社会劳动就业和满足交通职工接受各类教育培训需求为出发点,为交通职工提供继续教育和岗位培训服务,为满足交通可持续发展建设高素质从业队伍服务。这既是交通发展对交通职业教育的现实要求,也是交通职业教育生存与发展的关键。

(5)交通职业教育发展的基本理念:

①坚持科学的发展观,正确把握交通职业教育发展方向;

②坚持科学的人才观,为交通事业的发展培养适用人才;

③坚持以人为本，为交通人的全面发展、终身发展、可持续发展服务。

交通行业作为负责任的行业，不仅是公路、水路交通的生产运输组织，而且是学习型组织；不仅是用人的地方，而且是培养人的地方；不仅是发挥人才干的地方，而且是发展人才干的地方。这是负责任行业的体现，负责任部门的体现。

(6)交通职业教育发展的战略目标：以改革和创新为动力，加快建立符合交通和社会发展实际的，与市场需求和劳动就业紧密结合的，以全社会职业教育体系为广泛基础的，以具有显著交通行业特色职业教育为主干的，结构合理、规模适度、质量可靠、与各类教育相互沟通、协调发展、灵活开放的现代交通职业教育体系。努力创建学习型交通行业，为全面建设小康社会，为交通全面、协调、可持续发展提供强有力的人才支持与智力保障，为交通人的全面、终身、可持续发展服务。

(7)交通职业教育发展战略重点：

①交通职业教育发展的重点在中等职业教育；

②交通行业教育发展的重点是职业培训和在职人员的继续教育；

③交通高等职业教育发展的重点是提高教育质量。

(8)交通职业教育发展的战略步骤：

第一阶段，到2010年，基本适应交通发展对职业技术人才的需要。

第二阶段，到2020年，基本形成现代化的交通职业教育体系。

(9)交通职业教育发展的对策与措施：

实施“234”计划。

担负两项任务：

①促进交通发展；

②促进就业服务。

加强三项建设：

①专业现代化建设；

②高素质师资队伍建设；

③高水平实训基地建设。

实施四项工程：

①交通行业技能型紧缺人才培养培训工程；

②西部地区交通人才培训工程；

③农村劳动力转移培训工程；

④交通远程职业教育培训工程。

实现八方面的转变：

①办学理念上从计划培养向市场驱动转变；

②管理方式上从政府行政直接管理向宏观引导转变；

③办学方向上从单纯以学校自身的发展向以就业为导向的转变；

④办学模式上从以专业学科为本位向以职业岗位需求和就业能力为本位转变；

⑤教学制度上从固定单一的学制向灵活的学制转变；

⑥课程框架结构上从刚性化的课程框架结构向柔性化的课程结构转变；

⑦教学方法上从有组织的可持续的知识传授向有组织的可持续的交流活动转变；

⑧评价机制上从教育内部评价为主向逐步过渡到以社会评价为主转变。

体现五个坚持：

①坚持教育思想、教育观念创新，以先进的理念为先导。人力资本是交通行业发展的第一资源；教育培训是投资而不是消费；终身教育和终身学习；发展职业教育也是发展生产力；合适的教育是最好的教育。

②坚持管理体制、机制创新，推动交通职业教育与行业发展的紧密结合。发挥行业管理的新优势，推进产学结合，建立和完善交通职业资格制度，保障交通行业关键岗位从业人员准入制

度的有效实施。积极探索交通职业教育学历证书与交通行业职业资格证书相互衔接与转换的理论与实践。

③坚持以服务为宗旨,以就业为导向,不断提高交通职业教育质量和水平。

④坚持以人为本,创建学习型行业,为交通从业人员的终身教育提供服务。在全行业中形成投资学习、热爱学习、善于学习、享受学习的制度安排。提供交通人终身职业教育和培训的"职业教育超市"。

⑤坚持多渠道投入,为交通职业教育健康发展营造良好环境。继续沿用从交通规费(税)中提取1%左右的经费用于交通教育与培训的做法。

二、项目研究的应用情况和预期前景

本项目根据交通发展规划目标及人力资源的需求,论述了在建立和完善社会主义市场经济体制条件下,发挥行业部门作用以推进职业教育发展的意见,对加强交通行业从业人员队伍建设,推进交通职业教育发展具有指导性和前瞻性作用。

(1)为交通部筹备召开全国交通职业教育工作会议撰写主报告,提供相关依据、重要数据和资料;

(2)为交通部、教育部颁布《关于进一步推进交通职业教育改革与发展若干意见》提供决策参考;

(3)为制定"十一五"交通教育培训发展规划提供依据。

本项目对交通行业人力资源情况进行了调查、分析和预测,为交通行业主管部门加强行业队伍能力建设、提高行业队伍素质、增强行业竞争力、进行规划提供了依据,具有重要作用。对交通职业教育发展提出的战略目标和对策与措施,为国家职业教育管理体系创新,充分发挥行业作用,推进职业教育的进一步发展提供决策服务;为交通职业教育院校和培训机构制定规划、确定发展方向和改革与发展提供参考;也可为其他行业部门推进职业教育发展提供决策参考。

第二章 交通职业教育发展现状分析

第一节 交通职业教育发展回顾

20世纪90年代中期,我国处于改革与发展的关键时期,党中央、国务院高瞻远瞩,审时度势,作出了实施“科教兴国”战略的决定。交通部党组抓住这一重要机遇,加快交通科教事业的发展。1995年,交通部在吉林召开了全国交通成人与职业教育工作会议。在交通教育发展历史上,这是一次具有重要意义的会议。在这次会议上,当时任交通部部长的黄镇东同志代表部党组作了重要讲话,提出要把大力发展交通职业教育作为落实“科教兴交”战略的一项重要工作,提出交通基础设施建设工程与交通人才工程并举的基本策略,为开创交通职业教育工作的新局面起到了重要的推动作用。张春贤部长从任分管科教工作的副部长到任部长期间,一直对交通教育工作和交通人才队伍建设十分重视和关心,作出一系列的重要指示,对加快交通教育发展和加强交通人才队伍建设起到了重要作用。这一时期也是我国公路、水路交通进入快速发展的时期。在交通现代化建设这一巨大需求的牵动下,在国家职业教育政策的指引下,交通职业教育呈现出良好的发展势头。各级交通部门、企事业单位和广大交通职业教育工作者,围绕交通发展,深化教学改革,加大教育培训力度,为国家经济建设和交通发展培养了大批高素质劳动者和技能型人才,为交

通事业的跨越式发展提供了有力的人才支持和保障。同时交通职业教育也在增强自我发展能力、完善运行机制方面进行了有益的探索和实践,不断迈出新的步伐。

一、具有行业特色的交通职业教育快速发展,整体水平不断提高

自"九五"以来,交通职业教育步入了新的发展时期。在国家关于推进职业教育管理和办学体制改革方针的指导下,在地方政府的统筹协调下,交通职业教育布局结构日趋合理,办学规模进一步扩大。特别是交通高等职业教育发展迅速,成为培养交通高级人才的一支重要力量。全国交通高等职业技术学院由1999年的4所发展到2003年的35所,招生数从2000人增长到近3万人,在校生数从8700人增长到9万多人。经过体制调整,交通中等职业教育资源得到整合,学校数量虽然有所减少,但校均规模有所扩大,办学效益进一步提高。独立设置的省、地级交通干部学校及培训机构已有200多个,交通远程教育教学点达29个,在校生1.8万人。目前,交通高、中等职业教育在校生规模30余万人,已基本形成了每个省、自治区、直辖市设置一所交通高职院校、若干所交通中职学校的格局。

交通职业教育发展不仅表现在规模的扩大,整体办学水平也在不断提高。经过长期的建设,交通职业院校中形成了一批具有示范性的国家级、省部级重点院校。到2002年,交通系统有国家级、省部级重点中等专业学校35所,国家级、省部级重点技工学校59所;有5所交通高职学院被国家确定为"国家重点建设示范性职业技术学院"。这些院校作为交通职业教育的典型代表,为交通职业教育的发展起到了很好的示范作用,同时也反映出交通职业教育在规范化建设方面的成果。

二、立足交通,创新思路,交通职业教育特色显著

这些年来,交通职业院校在打破原有计划经济体制下的传统办学模式、创建适应市场经济的现代办学模式方面进行了积

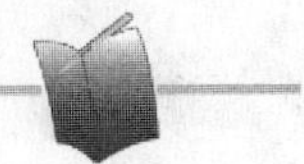

极探索和实践，进一步激活了交通职业院校内在的办学活力。

1.不断深化教学改革，办学特色更加鲜明

交通职业教育得以发展的一个重要原因，就是努力适应社会经济和交通发展需要，不断调整专业设置，改革教学内容，改进教学方法，改善培训模式，培养各类交通职业人才。目前，交通职业院校设置的专业种类已基本涵盖了交通建设运输和管理需要的主要职业岗位，交通主干专业建设是交通职业学校建设的关键。通过开展面向21世纪中等职业教育课程改革和教材建设，制定并实施了国家、交通部汽车运用与维修等四个重点建设专业教学改革方案；根据国际航海公约提出的新要求，组织修订航海类专业教学计划、教学大纲等项工作。交通部门组织开展了交通中等专业学校、技工学校部级重点专业点的评审，分别评出交通中专学校汽车、路桥专业各14个部级重点专业点，交通技工学校公路施工与养护专业8个部级重点专业点，有力地推动了交通职业教育的教学改革与专业建设，促进了交通职业院校办学特色的创新。

交通职业院校师资队伍建设是提高教学质量的关键。交通职业院校通过有计划地安排教师进修、到对口企事业单位进行实习和考察、组织骨干教师出国培训、开展技能竞赛等方式，不断提高教师的理论水平和专业技术水平。交通部评选出30名部级交通中等职业教育教学带头人并进行重点培养，促进并带动了整个交通职业院校专业教师的培养工作。据对8所交通高职学院抽样调查显示，同时具有教师业务职称和工程技术职称的“双师型”教师占教师队伍比例平均为47%，有的学校高达80%，有力地促进了理论和实践教学质量的提高。

2.积极推行产学结合的办学模式，努力培养学生的职业技能

交通职业院校积极引进世界上先进教育模式，并结合交通职业教育的实际加以改进，创造了许多好的做法。交通职业学

校产教结合等22个教改研究项目取得较好的成效。例如:许多学校在专业课中实施"理论实践一体化"教学,使学生能够很快地将理论知识与实践紧密结合,加快对技能的培养。同时交通职业院校注重密切与企业的联系,许多院校通过与企业联合办学,加强校内外实验实习基地建设,并采取"订单"培养方式为企业输送技能型人才,实现了招生即招工、毕业即就业,使学校、企业、家长"三满意"。如上海海事大学职业技术学院与日本著名航运公司NYK合作,按船东要求培养人才,强化语言训练,针对岗位需要,注重技能培养,学生毕业后直接到NYK公司工作。

交通职业院校每年有大批的毕业生奔赴交通建设第一线,他们"下得去,留得住,用得上",深受用人单位欢迎。据对8所交通高职院校的抽样统计,2003年毕业生平均就业率为86%,超过全国平均水平10个百分点以上,有的专业就业率为100%。毕业生就业率高的原因,一方面是由于交通快速发展对职业技术人才的旺盛需求,另一方面就是交通职业院校始终把增强毕业生的竞争能力放在首位,采取多种措施提高学生的职业素质和职业技能。例如:建立模块式教学平台,实行"双证书"或"多证书"制度,使毕业生做到一专多能;改进课堂教学,实现讲和练结合、动脑和动手结合,提高学生掌握技能的效果等。如武汉航运职业技术学院看准市场需要,举办海上酒店服务专业,为国际大型游船培养服务生,学生毕业即就业,2004年124名毕业生,除了继续升学的外有110人签约工作。这种以就业为导向的做法,为交通职业院校做好毕业生就业工作提供了有益的经验。

三、继续教育与培训发展迅速,交通从业人员素质不断提高

多年来,交通部和地方交通部门狠抓交通干部的培训工作。通过开展领导干部理论培训、公务员任职培训、地(市)县交通局长岗位培训、专业技术人员知识更新培训、企事业单位管理人员培训、船员培训等,不断提高交通从业人员的政治和业务素质。"九五"期间,交通部组织交通系统实施了《交通行政执法人员三

年岗位培训工作规划》，历时3年多，共对10个门类、19.5万人的交通行政执法人员进行了系统培训。此项培训是交通系统改革开放以来全国范围内组织最有力度、效果显著的一次培训。该项培训工作受到中组部的肯定，交通部提供的该项培训的专题材料被列为中央2001年召开的全国干部教育培训工作会上的交流材料。交通职业教育为培养造就一支既有文明服务意识，又有专业知识和法律知识的交通行政执法队伍作出了积极的贡献。

"九五"以来交通事业快速发展，建设任务十分繁重，各地交通部门更加重视人员素质的提高，大力开展多种形式的继续教育与岗位培训。如：江苏省交通厅为保证公路建设质量，组织开展万人培训工程，对交通事业的发展起到了很好的促进作用。与此同时，随着国有企业改革的日益深化和对职业教育与培训的高度认可，企业自主开展教育培训活动空前活跃。如中远集团提出了"集团主管，统一规划；公司主办，自主实施；研究开发，质效评价"的教育培训的基本模式。中远集团在加快核心业务发展、促进远洋运输事业繁荣的同时，采取多种措施，吸纳、培养、用好各类航运专业人才，努力把中远集团建设成为中国的航运人才高地。根据岗位和个人特点，制定有针对性的培养方案，通过职业生涯设计、选送参加院校培训、选送国外短期工作、选送赴基层锻炼等多种方式提高人才的综合素质。职业教育与培训已成为企业人力资源开发不可或缺的重要组成部分；营造企业文化，努力提高自身素质也已成为企业员工的自觉行动。交通系统已基本形成多层次、多形式、多渠道的交通职业培训体系。交通部海事局注重提高海事执法人员的学历层次，在海事执法人员中具有大专文化层次以上人员的比例已由2001的54%提高到2004年的81%，45岁以下执法人员基本上达到了大专文化层次。

在"交通扶贫，教育先行"政策指导下，"九五"期间，交通部共投入交通教育扶贫资金4000万元，各省级交通主管部门配套资金1.6亿元，为562个贫困县培养培训了19万交通管理和技术人员，其中专科层次人才近万人，中等职业技术人才4万余人，培训14万人。交通部先后投入1200万元，重点支持西藏交通厅建设西藏交通职业学校。交通教育扶贫工作为贫困地区交通系统培养培训了大批人才，为交通发展奠定了坚实的人才基础。

"十五"期间，交通部投入1800万元，实施"5531计划"。有计划地为西部地区交通系统培训领导、管理人员和专业技术人员，即为西部培训干部5000人，组织讲师团赴西部地区开办专题讲座或研修班培训5000人次，培养高层次专业技术骨干和优秀教师300人，为西藏建设1个现代远程教育培训网络终端教学站。通过举办培训班、组织讲师团、开办研究生班等多种形式为西部地区培养交通人才。到2004年12月为止，已培训西部地区交通管理干部和技术人员15730余人次，在西部地区产生了较大反响。

通过教育与培训，交通职工队伍专门人才数量不断增加，行业队伍整体素质明显提高。"九五"以来，交通职业学校培养了大批的高职(专科)、中专和技工毕业生，为交通行业输送了训练有素的实用人才。交通系统职工队伍中专门人才(为了可比性，在这里专门人才仍指中专学历和初级职称以上的人员)的比例，1983年全国专门人才现状调查仅为4.6%，在当时各部委中属于最低的几个行业部门之一，1990年提高到11.1%，1995年上升到15.6%，1997年达到20%，2002年又提高到25.4%，提前实现了交通部规划的目标。

2002年7月在国务院召开的全国职业教育工作会议上，交通部提供的《发挥行业作用　促进职业教育发展　为实现交通现代化培养高素质人才》会议交流材料，是仅有的两个国家部委(农业部、交通部)大会交流材料之一，交通职业教育取得的成绩受到国家教育主管部门的充分肯定。交通职业教育走在全国行业职业教育领域的前列。

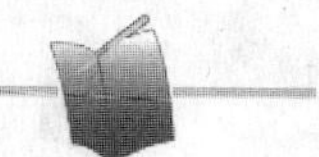

第二节 交通职业教育现状调查与分析

一、课题调研工作基本情况

为全面、客观了解全国交通职业教育及培训的基本现状,为制定交通职业教育发展战略提供依据,课题组采取了面上调研、典型地区(单位)专题调研、问卷调查、重点单位查询及检索四种主要方式对交通职业教育发展情况进行了调研。

(1)面上调研:主要对交通职业院校和省级交通主管部门进行报表调查。对交通职业院校分别以《普通高等学校基层报表》、《中等专业学校基层报表》进行填报,对省级交通教育主管部门分别印发了《交通职业教育培训机构及培训情况调查表》、《交通职业院校变化情况调查表》,前后共收到35所交通高职学院和28所交通中专学校的报表,188所交通技工学校的基本情况,27个省、自治区、直辖市交通厅(局、委)教育主管部门的调查表及反馈意见。

(2)典型地区(单位)调研:课题组于2003年3~4月、2004年6~8月两次分别对广东、湖北、青海、内蒙古、山西、山东、浙江、湖南、广西、贵州和中国长江航运集团总公司等10个省、自治区和一个交通大型企业集团进行典型地区(单位)调研。调研单位共103家,其中省、自治区交通主管部门10个,交通企业单位16个,省、自治区交通厅所属行业局、科研院所46个,交通职业院校(含培训中心、交通干校)26所。召开了31个座谈会,参加人员446人次。

(3)问卷调查:设计了《交通职业教育发展现状问卷调查表》,涉及交通职业教育及培训的管理体制、投资体制、专业设置、教师队伍建设、教学质量、培训机制、培训需求7个方面24个问题,发往9个省、自治区650份,收回451份。

(4)重点单位查询及检索:为使现状调研情况全面、数据真

实可靠，课题组还分别对交通高等教育研究会、交通职业教育教学指导委员会、交通技工教育研究会等单位进行咨询和调研。此外，为了解交通系统外社会各类院校开办交通主要专业的情况，课题组还到教育部教育信息管理中心进行计算机检索，获得了交通系统外院校开办交通主要专业的基本情况。

二、交通职业教育及培训总体情况

1.交通职业院校基本情况

据调查，2003年全国交通系统共有交通职业院校251所，在校生26万余人，其中高等职业学院35所、中等职业学校（包括中等专业学校和技工学校）216所，见表1-2-1。

交通职业院校基本情况统计　表1-2-1

学校类别	学校数量（所）	建筑面积（平方米）	教职工数（人）	专任教师数（人）	在校生数（人）	师生比	校均规模（人）	招生数（人）	毕业生数（人）
高职	35	6538862	12010	6463	92747	1:14	2649	28732	16500
中专	28	1489800	4966	3227	65268	1:20	2331	20250	10800
技工	188	4658000	13793	6938	102158	1:15	543	34479	25311

注：本报告中交通职业院校主要指各省、自治区、直辖市交通厅（局、委）、大型交通企事业单位所管理的交通职业院校和原（1999年以前）属交通部及交通大型企事业单位、部分省、自治区、直辖市交通厅（局、委）管理的院校，经教育体制改革后，划归或调整到其他部门管理的交通职业院校。

2.交通职业培训机构基本情况

通过对全国27个省、直辖市、自治区交通厅（局、委）调查统计，截止到2002年年底，交通厅（局、委）所属独立设置的培训机构34所；地（市）交通培训机构184所；占地面积6854.3亩，校舍面积为187.4万平方米；固定资产15.3亿元。年培训规模为81.8万人次。见表1-2-2。

交通职业培训机构基本情况统计　　表 1-2-2

培训机构（所）	校舍建筑面积（万平方米）	专任教师数（人）	年培训规模（万人）
218	187.4	3586	81.8

注：表中数据为截止到2002年年底，27个省、自治区、直辖市交通厅（局、委）教育主管部门上报数据。

各培训机构（主要是省、自治区、直辖市交通厅（局、委）的所属交通干部学校和培训中心）除承担交通行业的各类培训任务之外，还承担各种形式的大专以上学历教育及任务。主要类型有远程学历教育、函授教育、中央电大教育、自学考试等，招生对象主要是交通系统在职人员，其规模较大不可忽视。如北京交通管理干部学院与北京交通大学合办的交通远程教育，在全国已有 29 个教学中心，2003 年在校生达到 1.42 万人，2004 年在校生达 1.8 万人。其他培训机构开展成人在职学历教育情况见表 1-2-3。

培训机构承担学历教育情况统计　　表 1-2-3

承担学历教育培训机构	数量（所）	2003 年招生数（人）	2003 年在校生数（人）
远程学历教育教学中心	29	7540	14200
承担学历教育的培训机构	31	14700	35620
合计	60	22240	49820

3. 交通系统外各类院校开办交通主要专业情况

表 1-2-4 列出了交通系统外高、中等职业院校开办交通主要专业情况。2003 年全国交通系统外开办交通主要专业的高等学校 85 所（高职高专），独立设置的高职高专学校 117 所、中等职业学校 1159 所。需要说明的是，检索查询是以交通主要专业代码为主题词，由于高职高专没有专业代码（本项目调研时尚没有，前不久教育部刚公布），所以只能用高等学校的专业代码来检索，这样带来的后果有可能是高职高专学校实际开设的交通

主要专业没有全部被教育部教育信息管理中心收入数据库,致使相当部分交通主要专业遗漏,故表1-2-4所列数据仅供参考。

交通系统外各类院校开办交通主要专业情况统计　　表1-2-4

数量 / 学校类别	数量（所）	2003年交通主要专业招生数（人）	2003年交通主要专业在校生数（人）
开设高职专业的普通高校	85	6477	18266
独立设置的高职高专学校	117	24087	48519
中等职业(含中专、职高、成人中专)	1159	87747	193356
合计	1361	118311	260141

三、交通职业教育发展现状及分析

1.交通职业院校教育发展现状及分析

1)交通高等职业教育发展现状及分析

交通高等职业技术学院的发展情况见表1-2-5。

交通高等职业技术学院的发展情况　　表1-2-5

年份	学校数量（所）	建筑面积（平方米）	教职工数（人）	专任教师数（人）	在校生数（人）	生均面积（平方米/人）	师生比	校均规模（人）	招生数（人）	毕业生数（人）
1995年	3	266000	1000	480	2000	133	1:4	667	650	650
1999年	4	742000	1566	848	8690	85.4	1:10	2172	2000	1000
2003年	35	6538862	12010	6463	92747	70.5	1:14	2649	28732	16500

由表1-2-5可以看出,交通高等职业教育快速发展。特别是1999~2003年期间,学校数量从4所增加到35所;在校生人数从8690人猛增到92747人,增加了近10倍;招生人数从2000人增加到28732人,增加了13倍多。据交通职业教育教学指导委

员会的最新调查显示,2004 年全国交通高等职业院校已达 43 所。交通高等职业技术院校的快速发展,一方面是由于交通事业的大发展为交通职业教育的发展提供了机遇和舞台,另一方面是交通职业院校在专业设置、人才培养等方面适应了社会和交通发展的需要。近年来普通高等院校的就业率为 75%,而交通高等职业院校的就业率为 86%,就业形势良好也促使了更多的人报考交通职业学院。

2)交通中等职业教育发展现状及分析

(1)交通普通中等专业学校发展情况见表 1-2-6。

交通普通中等专业学校发展情况 表 1-2-6

年份	学校数量(所)	建筑面积(平方米)	教职工数(人)	专任教师数(人)	在校生数(人)	生均面积(平方米/人)	师生比	校均规模(人)	招生数(人)	毕业生数(人)
1995 年	53	1764356	10437	4345	51204	34.4	1:12	966	20783	12830
1999 年	51	2172163	9470	4557	88204	38.8	1:19	1729	28361	21401
2003 年	28	1489800	4966	3227	65268	38.3	1:20	2331	20250	10800

据统计,现有 28 所交通普通中等专业学校,比 1999 年减少 50%,在校生 6 万多人,比 1999 年减少 25%;但校均规模比 1999 年增长 35%。1999 ~ 2003 年,全国交通系统共有 31 所普通中专学校升格为高职学院。

(2)交通技工学校发展情况见表 1-2-7。

交通技工学校发展情况 表 1-2-7

年份	学校数量(所)	建筑面积(平方米)	教职工数(人)	专任教师数(人)	在校生数(人)	生均面积(平方米/人)	师生比	校均规模(人)	招生数(人)	毕业生数(人)
1995 年	182	5950000	18211	8208	73339	81.1	1:9	402	32274	14359
1999 年	185	6480000	18360	7936	83061	78.0	1:9	411	30319	27964
2003 年	188	4658000	13793	6938	102158	45.6	1:15	543	34479	25311

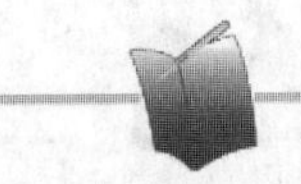

交通技工学校数目变化不大,但在校生数2003年比1999年增长了23%。

3)学校投入情况

交通职业教育资金投入方式主要有三种:政府事业拨款、主管部门投入和自筹资金投入。据统计,在交通职业教育投入经费中政府事业拨款约占40%,主管部门投入约占25%,而教育和培训机构自筹资金约占35%。主管部门投入资金主要从交通规费中提取。

通过对25个省、直辖市、自治区交通厅(局、委)调查显示,近3年交通厅对交通职业教育的投入分别为:2000年投入4.15亿元、2001年投入4.0亿元、2002年投入4.6亿元。

4)交通职业学校学生报到率和就业率

2003年通过对典型单位7所交通高职院校调研情况统计得出:

(1)近3年的学生报到率校均78%,最高99%,最低30%。

(2)近3年学生就业率校均86%,最高100%,最低48%。

5)教师队伍结构情况

2003年通过对7所高职院校调研情况统计得出:

(1)学历结构:本科以上82%。其中研究生3.6%;大专以下17.8%。

(2)职称结构:高级职称25.7%;中级职称49.2%;初级职称24.7%。

(3)双师型教师比例47%。

2.交通职业培训发展现状及分析

通过调研,对全国27个省、直辖市、自治区交通职业教育培训现状按岗位培训、继续教育培训和其他培训分类进行统计,结果见表1-2-8。

从表1-2-8中可以看出,2002年交通职业培训规模为81.8万人次(含非独立设置的培训机构的培训人数),比2000年增长了

43.8%。其中:岗位培训48.8万人次,占60%;继续教育培训13.9万人次,占17%;其他培训17万人次,占21%。培训量的增加,一方面由于近年来交通事业发展快,对交通职工岗位知识和技能水平要求越来越高,迫使交通职工进行岗位培训与学习以适应需要;另一方面由于人们对受教育的渴求和对职业培训认识的不断提高,使培训已逐渐成为人们提升自身价值的一个支撑点。

交通职业培训情况统计(单位:人次) 表1-2-8

年份	培训总量	岗位培训	继续教育培训	其他培训
2000年	568831	342841	110365	104594
2001年	690535	423536	121245	129776
2002年	817748	488149	138950	171066

注:表中数据由各省、自治区、直辖市交通厅(局、委)上报数据统计而成。

3.交通职业教育管理体制变化情况

1999年教育管理体制改革后,交通部属院校管理体制发生了较大变化,交通部属的13所普通高校、16所成人高校、15所普通中专学校、8所职工中专学校、19所技工学校,除大连海事大学和北京交通管理干部学院继续由交通部管理外,其他学校全部划归地方政府或地方交通或教育部门管理或并入其他学校。

在被统计的35所交通高等职业学院中,有27所由交通部门主管、4所由教育部门主管、4所由交通企业主管;在被统计的28所中专学校中,有20所由交通部门主管、1所由交通企业主管、7所由地方教育部门主管;交通技工学校大部分由地方交通部门主管,部分则由交通部门和地方劳动部门共同管理。从总体来看,仍有80%的交通职业学校由交通部门主管。

四、交通人力资源现状

1.专门人才总量不足

表1-2-9列出了8个省、自治区和1家企业集团2003年专门人才统计情况,可以看出:交通系统职工队伍中专门人才的密度

呈东高西低的态势。从总体来看,交通专门人才密度平均为27.6%。

为使统计的数据具有可比性,表中专门人才仍指具有中专学历及初级职称以上层次的人才,而根据新的人才观,专门人才的概念和范围已发生了较大的变化。

部分地区交通系统专门人才情况统计　　表1-2-9

序号	地　区	交通职工队伍总数（万人）	专门人才数量（万人）	专门人才比例（%）
1	山东	25	9	36
2	内蒙古	5.97	0.722	12
3	广西	7	2.38	34
4	湖北	19	5.7	30
5	贵州	6	0.72	12
6	广东	16.5	3.3	20
7	青海	1.5	0.375	25
8	山西	12	3.24	27
9	长航集团	6.5	2.041	31.4
合　计		99.47	27.472	平均27.6

注:表中数据为课题组调研中各省、自治区交通厅和企业教育主管部门所提供。

2.交通高技能、高学历人才缺口较大

表1-2-10列出了在调研中了解的广东等省交通高技能、高学历专门人才比例情况,可以看出,广东等省交通从业人员中高技能和研究生学历以上人才比例平均在1.0%左右。这不是个别现象,在典型单位调研中,普遍反映交通系统高级专门人才缺口较大。

部分地区交通高技能、高学历人才比例　　表1-2-10

省	高技能人才比例（%）	研究生以上人员比例（%）
广东	1	1.3
湖北	1	1
青海	0.18	0.11

第三节　交通职业教育发展的启示与存在的主要问题

一、交通职业教育发展的启示

回顾交通职业教育所走过的发展历程，交通职业教育取得了一些成绩，积累了一些经验，也得到了一些启示。归纳起来主要有以下几点。

1.观念更新是交通职业教育发展的先导

“发展经济、交通先行；发展交通，教育先行”、“发展教育就是发展先进生产力”、“交通大业、人才为本”已成为交通人的共识。广大交通工作者在实践中深切体会到：知识改变命运，教育成就未来，教育与人才是促进交通发展的关键因素；接受教育、更新知识、提高能力是拓展职业空间、创造财富、增加收入的有效途径，只有坚持终身教育才能适应交通跨越式发展的需要。广大交通教育工作者也深刻认识到：在社会主义市场经济条件下，面向市场、服务行业，抢抓机遇、改革创新，培养和造就一大批高素质的劳动者和高技能的人才是新的历史使命。

2.交通行业发展是交通职业教育发展的动力

交通职业教育发展的实践证明，行业发展为交通职业教育的发展提供了机遇、注入了活力、增强了动力。改革开放以来，国家明确把发展交通运输作为事关国民经济发展全局的战略性和紧迫性任务，不断加大交通基础设施的投资力度，由“九五”初期的交通基础设施建设投资1000多亿元，增加到了2004年的近5000亿元，有力地支持了交通的跨越式发展，交通基础设施建设取得了举世瞩目的成就。交通快速发展，带来了对技能型人才和高素质技术工人的高需求，为交通职业教育创造了发展机遇，

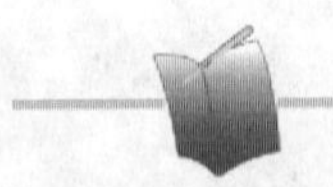

带来了勃勃生机。二十几年来，交通职业教育依托行业，围绕交通发展需要，深化改革，努力创新，不断发展壮大，在校生由当初的几万人发展到了现在的几十万人，在为交通事业输送了大批技能人才的同时，自我发展能力也不断增强。因此，行业需求是交通职业教育发展的最大动力，为行业服务也是保持交通职业教育生命力的根本所在。

3.适应市场是交通职业教育发展的关键

主动适应市场是交通职业教育取得成功的法宝。如浙江交通高级技工学校，这几年看准市场对人才的需求，除了做强做优汽车主干专业外，还拓宽开设了汽车营销与评估、汽车美容与装潢、汽车商务、现代物流等专业。利用地域经济和区位条件，扩大高级技工班的规模，同时开展汽车驾驶员、汽车维修工及技师、营运驾驶员、教练员、计算机操作员等培训项目，既满足了社会需求，又提高了学校的社会和经济效益。又如江苏交通高级技工学校，通过对市场的调查，了解到各企业为了提高效益都精简了管理机构，对人力资源的开发要求越来越高，企业必然会利用社会力量来提高本企业职工队伍素质。针对这一新的发展趋势，学校迅速成立市场开发科、招生就业指导中心和培训中心三个对外部门，共同负责开发市场，为用人单位服务，主动承担企业人力资源开发职能，真正达到了企业、学校双赢的目的。

4.政策支持是交通职业教育发展的保障

交通部在1995年全国交通成人与职业教育工作会议上明确：继续坚持从交通规费中提取1%左右的经费用于交通教育，严格按不低于职工工资总额的1.5%的比例提取职工教育经费，为交通职业教育加快发展提供了政策支持和资金保障。各地交通部门认真贯彻落实这一政策，采取多种措施不断加大对职业教育与培训工作的投入，显著改善了交通职业教育的办学条件，增加了职工教育与培训经费。据统计，各省、自治区、直辖

市交通厅(局、委)1996年对交通教育投入4.2亿元;1997年6.2亿元;1998年5.7亿元。又据对25个省、自治区、直辖市交通厅(局、委)调查,2000~2002年,每个交通厅(局、委)每年对交通职业教育投入的经费平均在1600万元以上,为促进交通职业教育的发展作出了积极努力。

5.校企结合是交通职业教育发展的有效途径

校企结合是近几年交通职业教育发展中的又一亮点。成功的职业教育必然有企业的参与和合作,这已成为交通职业教育界和企业界的共识。如北京交通学校在校企结合方面通过有力的探索和研究,取得了很好的效果。学校自1994年与日本丰田汽车公司合作建立国内首家丰田技术培训——TEP教室,不断深化合作,以"订单教学"的方式为丰田公司在北京的12个维修站培养合格的高技能技术人才。又如湖南交通职业技术学院与国内著名企业三一重工股份有限公司、广东汽车市场维修中心等20多家单位联合办学,定向为企业培养专业人才,学生毕业时由定向单位录用,形成了招生即招工、毕业即就业的良好态势。

在交通职业教育发展过程中,许多学校提出了"前厂后院、前店后校、一专业一实体、订单式教学"的经营教育理念,实行产教结合的方式发展交通职业教育。如江苏交通高级技工学校,利用教学资源直接参加生产,为交通建设服务,取得了良好的社会效益和经济效益,近5年来,产教结合共创收7800多万元,不仅提高了办学水平,改善了教学条件,同时又提高了教师的实践能力。

二、交通职业教育发展存在的主要问题

伴随着交通事业的大发展,随之带来的就业与创业机会不断增加,对交通职业教育的需求起来越大,交通职业教育发展面临着新的困难和问题,如果仅从教育工作者的角度来分析教育

存在的问题无疑带有较大的局限性。必须跳出交通职业教育的角度,站在社会经济发展、交通行业发展、企业和社会各界的角度,按照科学的发展观和人才观的要求,从不同的视角来透视交通职业教育发展现状、分析存在的问题才会更为深刻。

交通职业教育发展存在的主要问题和困难有以下几点:

1.教育思想、观念有待更新

从交通职业教育外部来看,一是有些地方和部门领导对职业教育的地位和作用认识不到位,对发展职业教育缺乏前瞻性认识,对教育培训投入不足。在调研中,我们发现交通事业发展快的地区职业教育得到了足够的重视,交通从业人员队伍素质明显较高;而经济发展相对落后的地区,忽略长远的人力资源开发计划,人才队伍建设滞后,从而影响了当地交通事业的发展。二是人们在思想观念上轻视职业教育,认为普通高等教育是高层次,选择接受职业教育是"不得已而为之"。对普通高校与职业教育存在高低贵贱之分。三是有些在职人员受教育目的是为获得一张文凭,而所学习的理论对其实际工作能力提高收效甚微,随着教育的发展,在职人员的教育培训如何更有效,对教育提出了更高的要求。

从交通职业教育内部来看存在认识的误区,职业教育的质量评价标准还有误区。人才的模式是多样化的,如何因材施教,不拘一格育人才;如何对不同特长不同个性的学生,施以更好的教育,为不同类型人才的成长创造条件、铺平道路,把每一个学生培养成为社会需要的人才,使职业培训更有针对性和有效性,在认识上还需提高。

2.管理体制、机制有待于创新,行业指导有待于加强

2000年国家教育管理体制调整后,交通部不再直接管理普通高校和职业技术院校,学校划归国家教育部门和地方教育部门主管。原各省、自治区、直辖市交通部门和交通企事业单位举

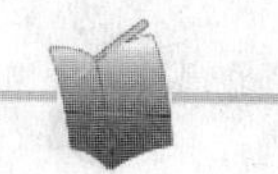

办的职业院校仍有80%以上由交通部门管理。在新的形势下，如何充分发挥行业部门作用，促进职业教育的发展；如何引导社会教育资源为交通行业培养适用人才，以什么方式来促进职业教育发展是需要回答的现实问题。职业教育是教育事业中与经济发展最密切的教育，也是最贴近行业的教育，行业指导有待加强。

交通行业关键岗位的职业资格准入和培训制度还不健全；缺乏统一规划、统一协调管理；培训教材缺乏，内容陈旧，还不能适应培训需求；学历证书和职业资格证书之间还没有建立起有效的沟通或互换机制。企业参与职业教育的积极性有待于改进；交通职业教育的法制化建设还有待完善。

交通职业院校办学模式和运行机制亟待改善，办学模式和运行机制还不能适应社会主义市场经济的需要。

3. 交通行业人才总量不足，结构不合理；交通职业教育还不能满足交通发展的需要

交通行业人才总量不足、分布不均、结构不合理，特别是发展快的领域专业技术人才明显不足，如物流、公路建设、公路勘测、施工、工程监理等领域人才紧缺。根据抽样调查，交通行业70%的企业单位其技师和高级技师占技术工人总数的比重在1%左右，远远低于劳动和社会保障部提出的5%的要求。人才分布不均衡，中西部地区人才普遍不足，高层次管理人才和高技能人才十分紧缺。

交通职业教育还不能满足交通发展的需要。在调研中我们了解到，还有一部分交通职业院校在办学定位上，在求升格、追层次上下工夫，发展定位不明确。教育质量还不能适应交通发展对人才的需要，专业设置、调整与建设与社会经济发展和交通需要不相适应，教学内容和教学方法还比较落后。师资队伍学历结构不合理、职称结构不平衡，双师型（专业课教师中具有双职称的比例）教师的比例较小，根据调查统计，交通职业院校双

师型教师比例为47%,普遍达不到教育部70%的要求。在实训基地建设上投入不足,技能训练设施和模式落后。职业教育是就业教育,要求加强实践性教学环节,增强就业能力,强调实践教学的课时比例一般不少于50%,综合实习一般不少于1学期。因此,对技能训练设施、学生实习基地等要求高。此外,对学生职业道德教育有待加强,对学生责任心与爱岗敬业等素质教育有待加强。

4.职业培训和终身教育体系尚不完善,还不能满足交通从业人员日益增长的教育培训需求

交通职业教育总体上还不能满足交通发展的需要,教育发展不平衡,职业培训和终身教育体系尚不完善,在职管理人员和技术人员对知识与技术更新培训的需求量大且要求越来越高,大量农村劳动力和其他行业人员转移到交通行业,如何对他们提供有效的技能和岗位培训,还存在不足。交通职业教育总体上还不能满足交通从业人员日益增长的教育培训需求。

5.办学投入渠道有待拓宽,发展环境有待改善

目前,交通职业院校由于受资金方面的限制,实验、实习设施数量不足,水平不高,难以满足实践教学的需要。交通职业教育的实验、实习设施急需充实和更新完善,这些设施的投入大,需要进一步拓宽资金投入渠道。

以上这些问题有些属于外部政策环境所造成的,更多的是属于交通职业教育自身存在的不足所造成的,需要在今后的改革和发展过程中加以解决。

第三章　国外职业教育发展的比较研究

职业教育源于西方，伴随着工业化、生产社会化和现代化的开始而产生，并随之发展壮大，是现代教育的有机组成部分。了解其发展现状、分析其经验特点、预测其发展趋势，对于把握世界职业教育的发展并从中借鉴对我国目前职业教育有益的经验是非常重要的。

第一节　国外主要的职业教育模式

目前，国外主要的职业教育模式有：德国的“双元制”模式；加拿大的“CBE”模式；美国的“产学合作”模式；澳大利亚的“TAFE”模式等。下面就每个模式予以简要介绍。

一、德国的“双元制”模式

德国的“双元制”模式是学生既在企业里接受职业技能培训又同时在职业学校里接受专业理论以及普通文化的义务性教育，它是将企业与学校、理论与实践紧密地结合起来，以企业为主，主要培养专业技术工人的一种职业教育制度。这种职业教育模式起源于德国历史上的培养手工操作工人的学徒制，是经过几百年的实践而形成的，成为德国主要的职业教育模式。在这种培训模式中，学生具有双重身份，一方面是作为学徒，要与企业签订合同，接受企业的技能培训；另一方面是作为学生，要

在职业学校里接受相应的理论学习。企业和学校各负其责，企业的职业培训由政府主管，遵循《职业教育法》，严格按照国家颁布的培训条例及培训大纲进行；学校的教学和管理由各州负责，遵循各州的《学校法》或者《义务教育法》，其教学大纲由各州制定。由雇主和雇员组织的同业协会、企业工会委员会等独立管理机构掌握着职业教育的主要权利。其经费来源也具有双元的特点，企业及跨企业的培训费用由企业承担，职业学校的费用由国家、州与镇政府承担，学生免交一切费用。职业教育的对象是未满 18 岁的德国公民，即已完成了国家义务教育学习的青年。这种职业培训模式对社会需求比较敏感，可以根据社会的需求变化及时地修正培训计划和教学大纲，具有相当大的灵活性，非常适合于培养掌握一项专门技能的技术操作工人。德国的教育实践证明它是非常有效的，它为德国经济的发展作出了巨大的贡献。

二、加拿大的 CBE 模式

加拿大的 CBE 模式即能力本位的教育模式（Competence Based Education），是产生于北美的一种职业教育模式，是建立在对某一职业岗位所需的能力的鉴别与描述的基础上而形成的不同程度的目标，按照从易到难的顺序作为教学标准，使学生掌握这些标准，通过把市场对人才的需求和相应的教学结合起来而形成了独特的专业课程开发体系 DACUM（Develop A Curriculum），作为实施 CBE 模式的关键，所以也称之为 DACUM 模式。这里所讲的“能力”是一个动态变化的概念，最初的意思是指专项能力，实际上就是具体的操作能力；后来能力的内涵不断扩大，不单指操作能力，也包括个体的综合素质。这种职业教育模式产生以后，在全世界都产生了深远的影响，但由于对能力理解的不同，使得 CBE 模式在各国都有不同的表现形式，具体到能力的标准、课程设置以及评价标准等都有差异。总体来讲，它有如下的特点：重视培训结果而不重视培训过程；以学生为主而非

以教师为主;以市场或企业的需求为主而非以教育需求为主;以能力为导向而非以知识为导向。模块化是 CBE 模式课程结构的基本特征,一个模块就是一个独立的学习单元,是学生学习的内容,也是将来评价和考核的一个组成单位。其教学可以充分考虑学习者的个体差异而实施个别化教学,非常灵活,真正地达到因材施教;同时也是一种开放式教学,可以运用一切可行的学习资源、学习方式,只要达到考核的标准就行了。这种但求结果不问过程的模式最大的特点就是灵活性,体现在培训对象上既可以是职业学校的学生也可以是没有工作经验的青年人,也适用于工作后的在职学习和技能提高。这种模式以行业的需求为基点,能够充分考虑行业和企业的建议,因而培养出来的学生深受行业的欢迎,对学生也极具吸引力。CBE 模式以能力为核心,以行业需求为导向,代表了当今职业教育改革的方向,具有相当大的生命力,是各国纷纷效仿的一种职教模式。

三、"合作"职业教育模式

20 世纪初产生于美国,是以学校为主、企业为辅的一种职业教育模式。学生入学半年以后,由校方根据专业与企业联系,双方签订合同,企业负责提供劳动岗位及一定的报酬,并指导学生工作及进行最终的工作评价等,在教学时间上为 1:1 比例分配。后来被引用到其他国家,各国根据本国情况对其进行了改造。例如英国的"合作"职业教育模式是以企业为主、学校为辅,目的是为企业培养工程技术人才。学生在企业工作 1 年后接着在学校学习 2 ~ 3 年,然后再到企业实践 1 年,这种培训方式被形象地称之为"三明治"模式。日本职业教育中的产学合作表现在三个方面:一是产业界向学校投资,学校按企业的要求"生产"人才;二是企业与学校在人员上互相交流、信息上互相沟通,企业里的技术员兼任学校的教师、学校教师兼任企业科研部门的顾问,企业给学校提供实习机会和场地,学校对企业的需求及时反馈,使之培养的人才更符合企业的要求;三是科研上的互为支

持,共同研究一些项目,由学校提供智力支持,企业提供物力与财力支持。

四、澳大利亚的"TAFE"模式

TAFE是英文Technical And Further Education的缩写,即技术与继续教育,主要在中学后进行。这是澳洲政府在1974年所确立的本国主要的职业教育与培训模式。实际上这是CBE模式在澳大利亚的运用,其核心内容还是模块式课程和模块式教学。不同的是,它结合本国的实际,采取了以学校教育为主但扎根于企业的需求,以全国通用的职业资格证书形式把二者紧密地结合起来的一种独具特色的职业教育模式。这种职业教育体制更富有终身教育理念,学生只要完成了10年义务教育学习,无论年龄大小,都可以注册入学,根据自己的实际情况选择全日制学习或者在职学习。TAFE的组织与管理由各州掌权,国家为各州提供财政支持。TAFE院校有两种形式:一是独立设置,下设若干的校区或专业学校,这种形式占多数;二是附属于大学的职业教育部,教学由各州的教育培训部门负责,各州设有TAFE教育专家委员会,由两部分人组成:学校的教育专家和企业家。为学校进行专业设置、课程设计以及评价教学效果并提出忠告和咨询,学校在专家委员会的指导下进行教学。这是一种以学校教育为主的主要培养高等级专门技术人才的职业教育模式,其独特之处并不在于它的办学形式,而在于与之配套的全国通用的职业资格认证体系以及连接企业与学校的智囊团——教育专家委员会的充分运作。TAFE作为教育机构为澳大利亚的各个行业培养、培训技术工人和一线服务人员,也培养较高层次的专业技术人员和管理人员,在解决社会就业问题、促进经济的发展方面发挥了巨大作用。

除了上述的几个较有影响的职业教育模式以外,还有世界劳工组织倡导的在发展中国家推行的"MES"就业培训模块,联合国教科文组织倡导的"小企业创业技能(ESSB)课程",以及在国际商

界广泛兴起的商业贸易模拟公司等。所有这些职业教育模式目前在我国大部分行业、职业院校或企业等均得到不同程度的借鉴和应用,对我国职业教育的发展起到了很大的促进作用。

第二节 国外职业教育的特点

一、法律体系健全

发达国家健全的法律制度为各行各业的发展提供了充足的发展空间，反映在教育方面，尤其是职业教育方面也不例外。完善的法律体系为职业教育的发展提供了各方面的保证，主要体现在：办学资质、师资、经费、就业准入等。德国1969年颁布的《职业教育法》对职业学校的办学条件、企业的培训任务作了具体的要求，对国家承认的工种作了详尽的规定，对社会的参与及监督也作了全面的阐述。这部法律强化了职业教育中企业的权利与义务，使得德国的企业都把职业教育看作分内的事情，当作一种企业行为，为德国“双元制”的职业教育奠定了良好的法律基础。随后又颁布了与之配套的一系列的法律、法规,如《职业教育促进法》、《青年劳动保护法》、《职业培训章程》、《联邦德国职业学校分类章程》等,对职业学校的教师也作了法律上的规定。根据《教师培养法》,职业学校的理论教师必须是大学毕业，获取教师资格后经过1年的职业实践，加上2年的见习经国家考试合格后才能任教；企业的实训教师除了具有“师傅”资格以外,还要参加为期1年的教育理论培训方可上任。日本1951年制定的《产业教育振兴法》为发展职业教育提供了法律依据,1958年制定的《职业训练法》为进一步提高工人的技能水平提供法律保障,1969年制定的《新职业训练法》,为培养新型的技能工人提供支持。美国自1990年以来先后通过了《帕金斯职业和应用技术法案》、《职业技术教育法案》和《2000年目标方案》,为美国职业教育的进一步发展提供了法律保障。

二、政府、企业与学校通力合作

职业教育的目标是为企业培养合格的技能人才。无论是德国的“双元制”还是加拿大的 CBE 模式等，都极力强调企业的参与作用。企业是职业教育的直接受益者，是社会经济发展和市场需求变化的“代言人”。国家政府提供法律或政策层面上的支持，对劳动就业实行准入制度。例如德国规定，只有在国家承认的职业培训机构中接受职业培训并取得合格证书才能就业。德国通过《职业教育法》将职业教育定性为校企合作、以企业为主的培训机制，规定企业在职业教育中需承担的责任与义务。国家制定统一的培训大纲、统一的职业培训条例及考试要求。企业按照《职业教育法》及国家统一的培训大纲、培训条例来实施职业培训；学校则有相关的《学校法》和《义务教育法》来约束。政府、企业、学校各行其职、各负其责。澳大利亚建立了全国性的产学沟通网络，设立国家培训总局，管理国家职业教育和培训。澳大利亚培训总局是由产业界人士为主组成的产业培训董事会来领导，并设立了 20 多个全国性行业培训咨询组织，例如汽车业训练委员会、建筑业训练咨询委员会等，主要职责是进行就业需求预测，制定职业能力标准及相关培训政策，筹集职业教育经费并参与职业培训工作。相应地，各州都成立了各种行业的培训咨询和顾问委员会，主要职责是联系地方企业，协调政府与行业的关系，为政府提供企业需求信息，同时将政府的政策传达给企业。各职业学校和培训机构都设有董事会和行业咨询委员会。董事会是连接学校和企业的桥梁，能及时地根据地区经济发展的需要而调整办学方向，并制定相关政策。各 TAFE 院校还设有校企协调员，负责收集产业信息。为了突出产业界的重要性，澳大利亚甚至提出了让产业界在职业教育与培训中起领导作用的口号①，可见企业在职业教育中的地位之重。

① 冯晋祥.中外高等职业技术教育比较.北京:高等教育出版社,2002

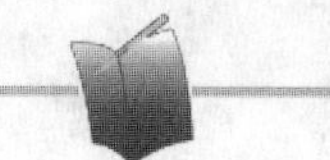

三、完善的职业资格证书制度，既系统规范了职业教育的质量，也搭建了职业教育与普通教育沟通的桥梁

职业资格证书既是保证职业教育质量和就业人员素质的有效手段，也逐渐成为学生进一步升学深造的有效凭证，成为推动学生学习的动力。英国在职业教育方面实施以证书为契机，对职业教育进行引导和干预，有其独特的地方。英国于1995年合并原有的教育部与就业部，成立国家教育与就业部，统一管理全国的职业教育，实行统一的“国家职业资格证书（NVQ）”和“普通国家职业资格证书（GNVQ）”制度。1997年在教育与就业部下设一个非部门性的政府机构——资格与课程委员会（QCA），核心任务是为建立国家统一的资格证书体系而提供建议。NVQ分为五级，GNVQ分为三级，二者之间可以互相转换，例如获得GNVQ高级证书者和获得NVQ三级证书者都有同样的三种选择：就业、免试进入大学、攻读NVQ第四级证书。这种证书体系为英国16岁后的青年架起了普通教育与职业教育的桥梁，为二者一体化发展打下了基础。澳大利亚在1995年建立了全国统一的职业资格认证框架（AQF），构建了各种职业教育与普通教育之间以及与成人教育之间相互沟通、交叉和功能互补的“立交桥”。AQF明确了各级证书之间的关系，规定TAFE证书是就业的必备条件，且全国通用。此举促进了澳大利亚职业资格证书在国内及国际上的认可。德国实行的是“三证合一”的职业资格证书体系。通过结业考试而一次性获得三个证书。三证指的是：考试证书，是职业培训结业考试的证明，由行会颁发；培训合格证书，是培训企业和实训教师出具的“教学证明”；职业学校毕业证书，是职业学校为学生所开具的证明。据统计，德国近70%的就业人员接受过职业教育。在德国，职业资格证书不仅是就业通行证，而且是进入专科以上学校的必需条件。这些国家完善有效的职业资格证书体系为职业教育的发展开拓了更大的空间，为职业教育与普通教育架设了沟通的桥梁，使职业教育逐渐走向普通化，并为最终建立大职业教

育体系打下了基础。

四、行业、企业积极参与职业教育,并在其中发挥着重要作用

职业教育不仅是教育部门的事情,而且还涉及就业部门和行业部门,因此各部门之间的合作协调对职业技术教育的发展非常重要。澳大利亚政府早在 1987 年就将教育部和劳动部合并为联邦就业、教育和培训部。1992 年成立了由企业界代表组成的国家训练局,负责联系行业、发展职业教育和培训。英国政府于 1995 年将原有的教育部和就业部合并成教育和就业部,管理国家的教育、培训和就业。这种宏观管理体制上的改革一方面对国家的教育、培训和就业等相关的政策和资源进行了有效的整合,而且也有效地解决了原有的由于部门分割而造成的协调不力和效率不高的问题。加拿大对职业技术教育的管理主要是通过行业协会建立职业技术学院与企业界的伙伴关系,并于 1997 年成立了行业协会指导委员会,有 23 个行业协会构成,加拿大人力资源部协助其日常运作,目的是提高从业人员的质量。为发挥企业在职业技术教育中的作用,1989 年英国政府成立培训与企业协会,目的在于让企业承担培训青年的重任,并在当地组织中起主导作用,实践证明这种做法对企业和学校都是有利的。在英国,企业参与职业教育的各个方面,例如参与制定职业资格标准,参与对学校的评估,为学校提供训练场地、设备,以各种方式对学校提供资助等;同时学校也极其重视社会需求,定期进行社会需求调查,及时在教学计划和内容中根据企业需要设置专业或增减内容,学校严格按照企业或行业设置的标准进行教学。德国的"双元制"是以企业为核心、学校为辅助的职业教育模式,企业承担绝大部分费用。澳大利亚联邦和各州都设有行业培训咨询机构,从不同的行业背景出发,研究行业对劳动力的需求状况,为联邦和各州进行职业教育提供咨询服务;20 世纪 90 年代以来,澳大利亚政府在职业教育领域推行了一项重大改革,就是由行业来制定培训标准和内容。职业院校的课程设

置以行业组织制定的职业能力标准和国家统一的职业证书制度为依据，职业院校要按照行业和企业设定的标准进行教学，行业要组织学员进行技能考核。行业、企业的需求引导着学校的专业设置及课程设计，并且随着职业教育理念中"以社会需求为导向"倾向越来越突出，企业在职业教育中的地位也越来越高，企业发挥的作用也越来越大。企业不单参与课程设置，而且还参与职业院校的经费投入与管理。行业、企业对职业院校的广泛支持和积极参与是职业院校发展的最大动力。

五、灵活、实用的专业与课程设置，充分运用现代教育技术，发展多种形式的教学

在市场、企业充分参与的职业教育体系中，由于能够及时地把社会工种结构的更替、市场需求的变化、企业需要的新技术、新要求及时地反映到培训计划或者职业教育内容中去，因此可以迅速地根据社会需求变化来设置新的专业，删减社会淘汰的专业；在教学计划中及时添加新的内容，使之更贴近社会和企业的需求，也使之更具有实用性。例如澳大利亚的 TAFE 模式非常注重市场的变化和需求，能及时捕捉市场信息，增设新专业，紧贴社会需求。在教学手段上充分利用一切可能的现代设施，开展多种形式的教学。早在 1988 年澳大利亚就通过远程教育对边远地区人员实施职业教育与培训，现在更是利用国际互联网向学生提供丰富多彩的职教课程，或通过彩色双向录像技术开设课程，教师与学生可以通过屏幕直接交流。西方发达国家都非常重视教育新技术的运用，关注、发展技术辅助学习(Technology Based Learning)。总之，利用一切可能的设施，最大范围地、高效地向学生提供满足个性化需求的职教课程。

第三节　国外职业教育发展的趋势

职业教育在其发展过程中，随着经济发展、社会需求及个人

发展等因素的变化，逐渐地从相对封闭的体系走向开放，逐渐与普通教育融为一体，职业教育对象在不断扩大，年龄在不断上升，职业教育的内涵在不断深化，在以"社会需求"为导向的今天，能力的培养显得更为重要。

一、职教与普教的综合化、一体化

在国外发达国家，职业教育与普通教育的界限在逐渐淡化，这主要表现在两个方面：一是在义务教育阶段普通教育体系中增加职业教育内容，例如，在普通中学开设职业教育课程；二是职业学校的毕业生可以凭借职业资格证书或通过相关的考试进入高一级院校深造，职业资格在某些国家可以成为大学的入学资格。英国与澳大利亚职业资格证书体系充分体现了这种变化，并为二者的沟通搭建了平台。德国1/3的在校大学生在上大学前接受过"双元制"职业教育[①]。

二、职教的上移化

在发达国家的职业教育中出现了一个趋势，就是中等职业教育规模和数量在逐渐缩小，而高等职业教育规模在不断扩大，许多国家明确把职业教育的年龄后移至中学以后，把发展中学后的高等职业教育作为职业教育的主流。因为统计表明，中学毕业生毕业后直接就业的空间有限，与其毕业就失业，不如留在学校继续学习。此外，科学技术的迅猛发展对劳动力的素质要求也越来越高。职业教育的重心明显上移，很多国家都把发展高等职业教育作为一种职业技术教育改革的方向。例如，澳大利亚职业教育重点就放在高中后阶段，此举一方面缓和了就业市场的压力，另一方面也提高了职业教育的层次和质量。同样，法国的高等职业技术教育是法国职业技术教育中的佼佼者，学生就业率高，社会声誉好，而中等职业教育却不受社会重视。社

① 杨进.论职业教育创新与发展.北京：高等教育出版社，2004

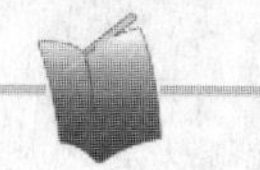

区学院和初级学院是美国和加拿大职业技术教育的主体力量。

三、职教融入终身教育体系之中

随着信息时代的来临,终身教育的理念逐步深入人心。1999年,由联合国教科文组织(UNECO)举办的第二届国际职业技术教育大会的主题是:“终身学习与培训——通向未来的桥梁”。强调职业技术教育是终身教育体系的一个内在组成部分,随着技术的发展,无论各国的发展状况如何,职业技术教育和培训都要朝着终身化的方向发展[①]。职业教育不再是终结性的职业预备教育,而是终身教育中的一个阶段;职前与职后教育有机地结合,融入终身教育体系之中,以保证人们能够不断地更新知识与技术;适应社会经济发展的需要和个体教育与培训的需求,构建大职业教育体系。职业教育应贯穿个体发展的始终,在当今时代,新知识、新技术不断涌现、竞争日益激烈,每个人的职业和岗位变动都更加频繁,职业的半衰期越来越短,一些传统职业不断消失,新的职业不断出现,一个人一生中未必从事一种职业,职业的易变性使得不断吸收新知识和学习新技术成为社会对每个从业人员的客观要求。因此,职后的岗位培训、继续学习、再就业培训就成为适应社会发展的一种自我发展和生存的需要。实践证明,具有终身教育特点的职业技术教育更具活力和吸引力。例如,澳大利亚的职教模式就具有终身教育的特点,其毕业生比大学生更受产业界的欢迎,使得有相当一部分大学生被吸引到TAFE学院学习。

四、以能力为本的职业教育培训、评估体系

社会职业更替的加快、企业需求的千变万化,使得传统的职业教育模式培养出来的人员难以及时适应新的变化,缺乏开拓与创新的能力等。因此,以能力为本的CBE培训模式逐渐成为

① 吴雪萍. 国际职业技术教育研究. 杭州:浙江大学出版社,2004

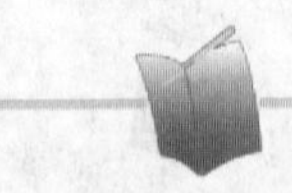

职业教育的主流模式,并随着时间的变化被不断地赋予新的内涵,能力的理解与构成要素不断地被丰富与深化。其中创业的能力即自我谋职的能力是核心能力,其他如适应能力、收集与运用信息的能力、理解能力、表达能力也成为必要要素。人们对能力的要求越来越高,重能力的职业教育培训、评估体系被普遍地接受并推广开去。

第四节 我国职业教育应从中汲取的主要经验

各国职业教育的发展固然由于其历史、政治、经济、文化传统等因素的影响而有自己的特色,但由于职业教育是源于西方国家的一种教育形式,其发展已有几百年的历史,对西方各国经济的发展都作出了不可磨灭的历史性贡献,职业教育是一些国家经济发达的秘密武器。因此,西方各国的职业教育的发展现状与发展趋势也基本揭示了世界职业教育的概况与未来的发展走向。我国职业教育的发展必然要顺应世界的潮流,融入到世界职业教育的发展潮流中去。国外职业教育数百年来的发展变化为我们提供了很多可以借鉴的宝贵经验。

一、健全法律体系,为职业教育大发展提供足够的保障

迄今为止,我国在职业教育方面的专门法律,只有1996年颁布并施行的《职业教育法》。虽然,它为我国职业教育的发展奠定了法律基础,但是由于缺乏与之配套的法律法规等,使得许多相关的、具体的问题得不到解决,这在一定程度上制约了我国职业教育的发展。例如,关于职业教育经费与投资的问题,职业学校教师资格、待遇、培训进修等问题,企业在职业教育中地位与作用不明朗的问题以及企业在职教中责任、权利与义务问题等,职业资格证书与学历证书的关系问题,职业教育机构的管理问题等。所有这些问题都亟须得到法律层面上的解决。

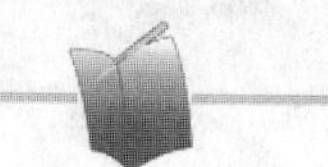

二、充分调动企业参与职业教育的积极性，建立政府、企业、学校三位一体的职教管理新体系

企业是职业教育产品的接收者、检验者、使用者，更是职业教育的直接受益者。因此，培养什么样的职业人才，不是政府说了算，也不是学校说了算，而是企业说了算。企业需要什么样的人才？数量多少？质量怎样？这些只有企业界的代表最清楚、最有发言权。职业教育只有与企业密切联系，让企业更多地参与其中，才能培养出企业所需的人才。而且企业作为职业教育的受益者，理应承担相应的义务。但是我国现有的职业教育体系基本上是以政府、学校为主，企业被排斥在外的，虽然"双元制"、合作教育在我国也有试点，但只是零星的、个别的，不是系统的、全方位的。借鉴国外发达国家的职业教育经验，建立一种新型的由政府、企业、学校三位一体的职业教育运行体系势在必行。政府对职业教育的管理应是宏观的，例如，相关的法律、政策的制定，职业资格标准的制定以及实施过程中的有效监督等，尤其是要通过强有力的法律形式强化企业在职业教育中的权利与义务。企业向政府与学校及时反映自己人才需求种类、数量及相应的标准等，积极参与相关职业资格标准的制定、鉴定，向学校提供师资、设备、场地与技术上的支持，参与学校教学大纲、教学计划的制定等。学校根据企业的需求及时调整专业设置与课程计划、招生人数等，按企业需求来培养人才。总之，为政府、学校和企业的合作搭建一个相互沟通、联系的平台，对促进新世纪我国职业教育的大发展是十分必要的。

三、以市场为导向，建立灵活的专业及课程体系

我国职业教育在市场经济条件下出现的一系列不适应，原因很多。其中职业学校的专业及课程设置与社会需求不匹配，严重滞后于社会与经济的发展，成为毕业生在社会上就业能力不足的主要原因。职业学校的课程设置应及时反映社会经济的

发展与企业的需求，是动态的，而不是几年不变的相对静止的模式。学校应加强与企业的密切合作，及时把企业所需的工种、技术和信息反映在课程当中。借鉴国外职业教育中专业设置的先进经验，适当压缩理论教学内容与时间。理论教学以够用为原则，不求系统，但求实用，加大实践教学和技能培养，从企业以及社会需求的实际出发，制定相应的教学计划及课程内容。

四、建立就业准入制度，完善职业资格证书制度

国外职业教育的发展表明，建立就业准入制度和相应的职业资格证书制度是保证职业教育质量的有效手段，也是加强教育与企业联系的主要途径，是加强教育与企业沟通的桥梁，是为社会与企业培养合格人才的重要保障。从法律层面上确定就业准入，建立配套的职业资格证书制度标准，既为学校教育质量把了关，也为企业的人员素质提供了保障。我国目前的就业准入制度还不完善，相应的职业资格证书制度也处在摸索发展之中，而且缺少法律层面上对证书作用的详尽规定，在管理和运行上，还只是政府的事情，缺乏企业、学校及相关行业与组织的参与，证书也缺乏与相关学历的等值承认问题。因此，有必要建立国家统一领导下的、各行业共同参与的职业资格证书制度，并以职业资格证书为契机，加强职业教育与普通教育的沟通及联系，为最终建立“立交桥”式的教育体系创造条件。

五、加强师资队伍建设，加紧培养“双师型”教师

职业院校的培养目标是为社会输送合格的技术工人、服务人员和管理人员，它的实践性、应用性是第一位的。这样的培养目标要求职业院校的师资既要有相当的理论水平，更要具备丰富的实践经验和过硬的业务能力。我国目前职业院校的“双师型”教师所占的比例小，教师擅理论缺经验，普遍没有一线工作的经历。师资队伍整体素质较低成了制约我国职业院校教学质量的重要因素，没有高水平的教师就没有高水平的学生。我国

目前已经采取了一些措施来加强中等职业学校和高等职业院校的师资力量,提高师资水平,但就整个职业教育的体系来讲还远远不够,应采取更加积极有效的措施。从根本上切实提高整个职业教育体系的师资水平,势在必行。

第五节 对我国交通职业教育的启示

具体到交通领域来讲,交通部作为一个行业部门,如何在职业教育中发挥作用,国外同行业的具体做法对我们很有启迪。其一,国外交通行业部门都依据相关的法律法规积极参与到职业教育中来;例如日本根据《道路运输法》和《道路运输车辆法施行法》制定了《自动车整备士技能鉴定规则》,这些法律法规的实施,保证了日本汽车维修人员的技能水平,使得日本的汽车维修业得到了迅速的发展;其二,建立严格的就业准入制度。行业管理部门从市场准入的角度,对交通行业的关键技术岗位作出明确的规定,甚至对数量也有具体规定,如日本汽车维修企业要取得执业资格,必须满足两个条件:一名"维修质量检验员",必须是具有二级汽车整备士资格的人才能担任;汽车整备士资格的获得者比例大于25%且至少是两名;其三,完善的职业资格管理制度等。例如日本交通省对职业教育的管理主要是通过制定相关的职业资格标准来进行的。日本对车辆驾驶、运输、维修、检测等从业人员的管理比较严格,建立了国家职业资格制度。以汽车维修为例,日本的汽车整备士资格共有四级:初级、三级、二级、一级。整个的汽车整备士考试通过率极低,一般情况下三级通过率为20%左右,二级通过率为7%左右,一级通过率更低,不超过4%;其四,发挥行业协会的桥梁作用。行业通过建立行业协会组织,发布行业相关的人才需求信息,制定行业人才需求标准等。日本汽车整备振兴会联合会在协助交通行业部门制定相关的整备士资格及其具体的培训工作、考务工作方面都起着非常重要的作用。英国的交通职业团体TVG由四个专业协会构成:土木工程协会、专业公路工程协会、公路和交通协会、皇家物流和运输协会,它们根据行业需求制定协会的教育培训目标为行业服务,同时传达行业最新技术信息,在协助就业方面发挥着积极的作用。

在国内,诸多的其他行业部门在职业教育中的定位主要体现在下列几个方面:一是建立自己的职业技能鉴定中心。目前绝大多数行业部门都建立了职业技能鉴定中心,例如农业部、建设部、信息产业部、卫生部、铁道部等。这些职业技能鉴定中心在开展行业特有的职业技能鉴定工作、行业技能人才的培训和技能鉴定方面发挥着重要作用。二是充分利用行业教育培训资源,多渠道、多层次、多形式地开展职业教育工作。农业部自1990年始组织实施绿色证书培训工程,1999年开始与财政部、团中央共同组织实施青年农民培训工程;同时充分发挥中央农业广播电视学校的作用,利用遍布全国的农业广播电视学校五级网络体系,通过农广校卫星远程教育网与互联网开展远程教育培训。2003年制定了《2003~2010年全国新型农民科技培训规划》,除了继续实施"绿色证书工程"、"跨世纪青年农民科技培训工程"之外,还启动了"新型农民创业培植工程"、"农村富余劳动力转移就业培训工程"和"农业远程培训工程"五大"工程",建立健全农民科技教育培训体系,全面推进新型农民科技培训工作。三是充分发挥行业组织的作用。中国电力企业联合会作为电力系统的一个行业组织,逐步建立了"企业主导、行业组织牵头协调、教育培训资源积极配合"的教育培训组织体系,组织行业培训、常态鉴定和技能竞赛工作。在职业教育中,充分利用现有的一切教育资源,发挥行业优势。四是积极开展对外合作。为解决行业发展对高技能人才的需求,2002年电力行业在国内所有行业中率先引进澳大利亚的TAFE职教模式,探索新的办学模式。五是与其他部委积极合作,探索人才培养模式。除了争取劳动社会保障部的授权建立行业特有职业技能鉴定中心外,还积极与教育部等其他部委合作开展人才培养工程。2003

年，教育部、劳动保障部、国防科工委、信息产业部、交通部、卫生部六部委联合发文《关于实施职业院校制造业和现代服务业技能紧缺人才培养培训工程的通知》，确定在数控技术应用、计算机应用与软件应用、汽车运用与维修、护理四个专业领域开展紧缺人才的培养工程。2004年建设部也与教育部合作开展了“职业院校建设行业技能型紧缺人才培养培训工程”。总之，职业教育的发展离不开行业的推动，同样行业的发展也离不开职业教育所提供的人才支持。

第四章 交通职业教育发展的宏观背景与需求分析

职业教育既是整个社会的一个子系统又是教育系统的一个部分,其发展离不开经济、社会发展所提供的条件和提出的要求。对交通职业教育发展的宏观背景进行分析,是提出交通职业教育发展战略的基础和依据。只有在认真分析社会经济发展、交通行业发展等因素以及对交通职业教育的影响和人才需求的基础上,才能够合理地谋划未来交通职业教育事业的发展前景。

第一节 社会背景分析——全面建设小康社会对职业教育提出了强劲需求

十六大提出全面建设小康社会的宏伟目标,十六届三中全会和全国人才工作会议提出“科教兴国”战略和“人才强国”战略确立了新的发展观和人才观。国家的发展、民族的振兴,越来越依赖高素质劳动者和大量的创新人才。社会需求是职业教育发展的最大动力,全面建设小康社会对职业教育发展提出了强劲的需求。

一、发展职业教育是走新型工业化道路和推进城镇化战略的客观需要

我国社会经济发展正处在一个加速推进工业化和现代化的

历史进程之中，十六大以来，我国坚持走信息化带动工业化，以工业化促进信息化的新型工业化之路，经济步入快速增长的阶段。我国已跨入人均GDP1000美元的门槛，经济发展进入了关键时期，城乡二元经济结构不断调整。据专家分析，2000年年底，我国城市化率比世界平均水平低12个百分点，比世界发达国家低40个百分点①。到2010年，我国的城镇化率将由目前的40%提高到53%左右，交通是促进城镇化合理布局的主要基础。为推进城镇化战略的实施，对交通网络建设提出了新的要求，我国将用30年时间完成"7918"国家高速公路网，建设8.5万公里的高速公路网可覆盖10多亿人口，把我国人口超过20万的城市全部连接起来，城市群和城镇带将更加密集。公路、水路交通加速了区域经济一体化进程，从而形成对技能型人才尤其是高技能型人才的需求高速增长的态势。与此同时，我国产业结构不断优化，城镇化建设速度明显加快，人口聚集带动产业繁荣，城镇消费群体扩大，由此带来了对物流、交通、市政、商业等方面技能型人才的强烈需求。目前，我国已进入城镇化发展的机遇期，预计到2020年，将有2.2亿人口从农村转移到城镇。但是，由于农村劳动力的文化过低，大量的农民工涌入城市，如果他们的技能没有普遍提高，必将影响城镇化进程与城镇化质量②。因此，大力发展职业教育，培养数以千万计的技能型专门人才和数以亿计的高素质劳动者，是我国走新型工业化道路和推进城镇化战略实施的客观需要。

二、发展职业教育是解决"三农"问题与推进农业现代化的重要战略选择

我国是一个农业大国，8亿人口在农村。中央把从根本上

---

① 周济.以服务为宗旨　以就业为导向　实现职业教育快速健康持续发展[J].职业技术教育，2004

② 李挥.需求，中职扩招百万的原动力.中国教育报，2005.03.03

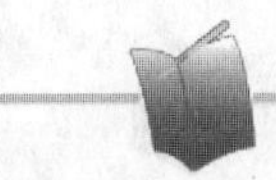

解决“三农”问题摆在重中之重的战略位置。把数以亿计的农村劳动力转化为取之不尽的高素质的人力资源，是我国全面建设小康社会和到21世纪中叶基本实现现代化所面临的一项重大历史性课题。目前我国农村劳动力有4.85亿人，外出务工人员9900多万人，剩余劳动力1.5亿人①。据统计，2001年，文盲半文盲占农村劳动力的8.09%，小学文化程度占32.22%，初中文化程度占48.07%，即我国88%的农村劳动力受教育程度为初中及初中以下②。据劳动与社会保障部统计，目前农村劳动力中，进城务工劳动力受到培训的仅占13%。又据国家统计局统计，近年来，外出打工已成为农民增收的一大亮点，2000～2002年3年农民收入的增量中有47.8%来自外出打工③。经济学家认为，农业剩余劳动力能否顺利转移是我国现代化建设成败的关键。要从社会和谐发展的全局和战略高度重视农民工的培训问题。据统计，目前，农村劳动力的平均受教育年限为7.33年，仅相当于初中一年级文化程度；在农村劳动力中，受过专业技能培训的仅占9.1%④。因此，从农民人力资本和国家人力资源开发的角度看，对农村劳动力转移培训提出了紧迫的要求，职业教育对提高农村青年的就业能力是最有效的途径。据统计，第二产业中，农民工占从业人数总数的57.6%，其中在加工制造业中占68%，在建筑业中占近80%；在第三产业的批发、零售、餐饮业中，农民工占从业人员人数的52%以上⑤。因此，加强农村富余劳动力的职业技能培训，不仅可以为我国的产业结构调整提供必要的人力资源开发储备，还有利于推动我国的城市化进程。

三、发展职业教育是提高劳动者素质，增强产业竞争力的基础

根据我国的基本国情，一方面，需要大力发展高新技术产

① 国务院发展研究中心．“十一五展望”[J]．决策信息要览，2004，增刊：27

② 中国农村统计年鉴(2001)．北京：中国统计出版社，2002

③ 新华社　中央财政支持农业的资金将达1500亿元[N]．北京日报，2004.02.10(2)

④ 数字[J]．职业技术教育，2004，(18)11

⑤ 新华社．农民工的贡献[N]．中国教育报，2004.03.08(3)

业，另一方面要加快传统产业的技术改造。我国不仅要发展资本密集与技术密集型的产业，加快国民经济和社会信息化，同时，也要大力发展有着巨大市场的劳动密集型产业。加入WTO后，我国在世界经济格局中的比较优势是劳动力资源丰富，发挥这一比较优势就要大力发展劳动密集型产业和制造业。

随着我国进一步扩大对外开放，参与国际经济大循环是必然趋势。世界制造业加速向我国转移，我国将成为世界主要的“制造基地”，在更大范围、更深层次参与国际经济合作和竞争。2002年以来，我国吸引外国直接投资连续几年超过500亿元，世界500强中，已有400多家来华投资了2000多个项目[①]。国内外企业为提高自身的竞争能力，对技术工人的需求呈现出快速增长的势头，技能型人才已成为国家人力资源的重要组成部分。资料表明：我国人力资本（技术进步）对经济增长的贡献率只占35%左右，远远低于发达国家的75%的水平。2003年，我国消耗了全世界钢铁的26%、石油的30%、水泥的60%，但是只创造了全世界GDP的4%[②]，其主要原因是我国劳动者素质问题。我国劳动力资源虽然丰富，但人力资源开发不足，目前25岁以上的劳动人口中受过高中、中职教育和高等教育的只有18%；接近9亿的劳动人口平均受教育年限仅为7.4年，还不到初中二年级的水平，提高25~64岁劳动人口的文化素质是终身教育体系要解决的根本问题。我国劳动力资源丰富的优势还没有转化为人力资本的竞争优势，这将是影响我国经济发展的一个十分重要的因素。

我国目前技能型人才短缺，据统计，目前技术工人中，高级技工占3.5%、中级工占35%、初级工占60%。而发达国家技术工人中，高级工占35%、中级工占50%、初级工占15%[③]。为此，

① 周济．以服务为宗旨　以就业为导向　实现职业教育快速健康持续发展[J]．职业技术教育，2004，(18)19

② 周培植．营造高品质的教育生态．中国教育报，2004.11.01

③ 马庆发．当代职业教育新论[M]．上海：上海教育出版社，2002

一些地方开始从国外引进高级技工。这一方面说明随着我国改革开放,人才引进呈多样性;另一方面也说明我国高级技工人才短缺已经到了十分严重的地步,已经成为制约我国经济持续快速增长的一个“瓶颈”。因此,积极发展高质量的职业教育,培养数以亿计的高素质劳动者和数以千万计的高技能专门人才,是国家发展战略的要求,也是我国职业教育发展的动力和改革的出路。这说明职业教育面临着艰巨的任务和巨大的挑战,展示出职业教育广阔的发展空间。全面提高劳动者的整体素质,必须以职业教育为基础。

四、发展职业教育是促进就业和再就业的保障

人口多,劳动力供大于求,是我国的基本国情,在相当长时间内我国社会的许多问题皆源于此。我国劳动力人口占世界总量的26%,这决定了我国将面临长久的就业压力。由于我国劳动者整体文化水平和专业技术素质还不高,低劳动生产率的从业人员比重过高,经济发展水平和运行质量相对低下,从而导致在经济结构调整与产业升级优化过程中调整步伐不快,同时使就业压力进一步加大,形成结构性就业问题。当前,我国正面临着新增劳动力就业和国有企业下岗人员再就业、农村劳动力转移同时并存的局面,社会就业压力很大。目前,我国城镇每年有1000万左右新增劳动力和600多万下岗失业人员需要接受职业教育和培训。同时,农村还有1.5亿富余劳动力需要接受职业教育和培训,向二、三产业转移。特别是每年还有700多万初中毕业生①,主要是农村的初中毕业生需要经过系统的职业训练,才能进入劳动力市场。在未来一个较长的时期,我国面临着一个劳动力需求结构急剧变化和技能型人才需求快速上升的严峻挑战。当然,这为职业教育提供了把沉重的人口负担转化为巨

① 周济.以服务为宗旨　以就业为导向　实现职业教育快速健康持续发展[J].职业技术教育,2004,(18)20

大人力资源优势的有利时机，既是机遇也是挑战，更为职业教育提供了巨大的发展空间。

我国正处在社会转型之中，大量企业在重组过程中产生了暂时的分化现象，经济生活中基尼系数增加，劳动者收入和地区差距扩大，不可避免地产生了社会弱势群体，如城镇下岗失业职工、农村富余劳动力等。这些问题不解决好，必然会影响到社会的稳定，进而阻碍改革的深入和经济的发展。只有提高社会弱势群体自身的职业技能和创业能力，增强就业竞争力，才能改变对他们不利的生存环境。大力推进职业教育发展，关系到社会公平与公正，这是教育工作者义不容辞的责任。

展望今后20年，职业教育蕴涵着巨大的发展潜力。从我国目前处在社会主义初级阶段的国情看，进入高等教育的学生还只能是少数；而且进入高等教育的学生中，还有相当一部分(50%)主要接受高等职业教育。到2020年，普及高中阶段教育更多地依靠大力发展中等职业教育。但目前，高中阶段毛入学率仅为44%，中等职业教育在校生也仅占高中教育阶段在校生总数的39%①。总体上看，职业教育仍然是我国教育的薄弱环节。一方面，生产服务一线技能人才特别是高技能人才严重短缺，广大劳动者的职业技能和创业能力与劳动力市场需求有较大的差距；另一方面，职业教育发展面临诸多困难，办学条件比较差，办学机制不灵活，人才培养的数量、结构和质量还不能很好满足经济建设和社会发展的需要。

总之，未来20年是职业教育不可错失的发展机遇期，无论是中等职业教育还是高等职业教育，职业学历教育还是各种形式的职业技能培训，都要有全面的发展，这是树立和落实科学发展观、实现经济增长方式根本转变、发展先进生产力的必然要求，是推动经济和社会可持续发展、提高我国国际竞争力的重要

① 黄尧. 贯彻全国职业教育工作会议精神推动职业教育快速健康持续发展[J]. 职业技术教育. 2004,(18)30

途径，是走工业化之路和加快城镇化建设的必然要求，是加快实施"人才强国"战略和"科教兴国"战略、全面提高劳动者素质和建设人力资源强国的必然要求，是从根本上解决"三农"问题的必然要求，也是拓宽就业渠道、促进劳动就业的重要举措。

第二节　行业背景分析——未来交通的快速发展为交通职业教育创造了更大的发展空间

一、公路、水路交通发展的现状

交通运输业是国民经济的基础产业。构建安全便捷高效的现代化交通运输体系是促进国民经济平稳较快增长，实现社会各项事业健康协调发展，保持社会和谐稳定的主要支撑和先导条件。经济的持续高速增长对交通运输业形成了强大的需求和推动，为交通运输业提供了发展空间。在这一时间内，公路、水路交通运输保持高速的增长，特别是 1998 年以来，中央作出了实行积极的财政政策、扩大内需、加快基础设施建设的重大决策。交通行业紧紧抓住这个机遇，加大公路、水路交通基础设施投资力度，投资总额从 1998 年的 1000 多亿元，增长到 2004 年的近 5000 亿元，交通基础设施建设对经济增长拉动作用明显，"十五"期间公路、水路交通年度资本形成额达 3000 亿 ~ 4000 亿元，占 GDP 的比重 3% 左右[①]。实现了跨越式的发展，公路、水路交通对社会经济发展的"瓶颈"制约得到有效缓解，有力支撑了经济社会的快速发展。

我国公路、水路交通的快速发展，不仅创造了巨大的经济效益，也产生了广泛的社会效益，其影响远远超过了交通行业自身，特别是公路建设不但带动了钢铁、汽车、建筑、能源等相关产

① 交通部. 公路、水路交通"十一五"发展规划纲要. 2005

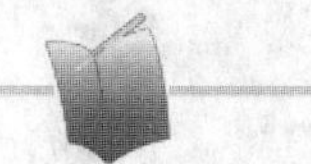

业的发展,同时还创造了大量的就业机会,每亿元公里投资可创造2000个就业岗位。

2003年年底,全国公路里程已达到181万公里,高速公路里程近3万公里,全国除西藏外,其他省、自治区、直辖市均通了高速公路,有13个省区高速公路突破1000公里。除西藏墨脱县外,已基本实现县县通公路,98.5%的行政村通了公路。2003年公路完成客运量达到146亿人,完成货运量达到114亿吨,在五种运输方式中占首位。

2003年年底,我国沿海港口拥有生产性泊位4274个,其中深水泊位748个,基本形成了以20个主枢纽港为骨干的分层次港口布局。2003年沿海主要港口完成货物吞吐量20.1亿吨,集装箱吞吐量突破4460万TEU,跃居世界首位。全国的内河航道通航里程达到12.4万公里,其中四级以上航道达到1.51万公里,初步形成以长江、珠江、黑龙江及淮河与京杭大运河为主干的区域内河航道网。2003年,完成内河水运客运量1.02亿人,完成货运8.15亿吨。内河航运在经济建设中发挥着越来越突出的作用,在可持续发展中孕育着巨大的潜力①。

二、全面建设小康社会对公路、水路交通提出的需求

全面建设小康社会与交通发展直接相关。经济的发展、社会的进步、人的全面发展都需要交通运输提供安全、便捷、快速、可靠的保障。全面建设小康社会目标,提高了人民群众在衣食住行水平方面的期望值,人民群众对出行条件和交通服务水平将不断提出更多、更新、更高的要求。这些期望和要求是交通行业发展的强大动力和客观要求。

未来20年在实现全面建设小康社会的进程中,国民经济将持续快速增长,物流和人流加快,对公路、水路交通需求旺盛;人民生活水平进一步提高,要求自由安全出行,交通消费水平进一

---

① 孙国庆. 在全国交通系统科教处长座谈会上的讲话. 2004

步升级;经济结构的调整对运输服务提出更高要求;经济全球化与我国进一步开放,全球资源的流通,需要公路、水路交通给予有效的支撑;城镇化进程加快、区域经济协调发展要求形成一个四通八达连通世界的交通网络;资源约束加剧,保证人与自然的和谐发展,交通必须走可持续发展之路,公路、水路交通必须适应综合运输体系的发展趋势;国防安全和公众安全要求公路、水路交通提供有效保障,这些客观上都要求公路、水路交通提供更快、更好和更多样化的服务。

交通的发展面临着全新的环境,面临着前所未有的严峻挑战。交通部确定了全面建设小康社会公路、水路交通发展目标。按照科学的发展观,未来交通的发展必然会产生新的变化。在发展理念上,将从侧重技术经济转向提高人民生活质量,体现“以人为本”和“人与自然和谐”;在发展内容上,将从注重基础设施建设转向注重基础设施、运输服务和管理的全面发展,强调运输系统的整体性、功能性和协调性;在发展方式上,将从注重资源配置效率转向效率与公平并重,增强交通运输的国土开发功能;在发展动力上,将从注重依靠传统技术应用和劳动者数量投入转向高新技术应用和劳动者素质提高,以信息化提升传统交通运输业,实现质量型、效益型的超常规快速发展①。

为此,在本世纪头 20 年这一重要战略机遇期,必须实现公路、水路交通全面、协调、可持续发展,实现由低水平、不全面、不平衡、不协调的运输系统向更高水平、更加全面、更为平衡、可持续发展的综合运输系统转化。

三、公路、水路交通发展目标

交通部提出本世纪头 20 年交通事业发展的总体目标是:坚持速度、结构、质量、服务、管理、效益和可持续发展相统一,努力实现交通新的跨越式发展,到 2010 年使公路、水路交通紧张状

① 交通部. 全面建设小康社会公路、水路交通发展目标. 2005

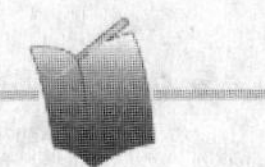

况全面缓解，对国民经济的制约状况得到全面改善，到2020年基本适应国民经济和社会发展、国家安全需要，为全面建设小康社会、适应人民群众的出行需要提供更畅通、更便捷、更安全的交通运输条件。具体目标是，到2010年，全国公路总里程要达到210万～230万公里，其中高速公路总里程达到5万公里；2020年全国公路总里程要达到260万～300万公里，其中高速公路总里程达到8.5万公里，全国公路客货运输量将比2000年增长2倍左右，达到270亿人次和210亿吨。沿海港口总通过能力达50亿吨，集装箱码头总通过能力达2亿TEU，内河航道建设全部达到规划标准，五级以上航道里程达到35000公里以上，其中三级以上达到14000公里。详见表1-4-1。

公路、水路交通发展目标表　　表1-4-1

	2003年	2010年	2020年	说　明
公路网规模（万公里）	181	230	300	规划目标
其中：高速公路（万公里）	3	5.5	8.5	规划目标
二级以上公路总里程	近25	45	65	规划目标
民用汽车保有量（万辆）	2360	6000	15000	预测目标
公路客运量（亿人）	146	220～250	270	规划目标
公路货运量（亿吨）	114	145～160	210	规划目标
水路客运量（亿人）		2.35		规划目标
水路货运量（亿吨）		27.3		规划目标
科技贡献率（%）	35%	55%	65%	规划目标

到2020年我国交通发展的前景是：建成一个更安全、更便捷、更可靠、更经济、更智能和可持续的公路、水路交通系统，达到能力充分、组织协调、运行高效、服务优质、安全环保的目标。

四、公路、水路交通发展对交通职业教育提出新要求

交通职业教育发展战略要为交通发展战略服务，交通的发展对交通职业教育提出了新的要求，集中体现在以下三个方面：

1.交通职业教育要为交通发展提供强有力的人才支持

要实现公路、水路交通发展的目标,必须坚持“科教兴交”和“人才强交”战略,必须坚持以人为本,坚持全面、协调、可持续的发展观,走运输安全型、质量效益型、科技先导型、资源节约型、环境友好型的交通可持续发展之路。交通要发展,关键在人才。要实现交通与自然环境、社会经济协调和可持续发展,不仅依靠科技支持、经费资金投入,更依赖交通从业人员——各级决策者、规划设计者、科技工作者和实施操作者,需要培养和造就数以千万计的高素质的劳动者;不仅需要成千上万的路、桥、车、船专家和高级管理人才,更需要培养大批的动手能力强、精于设备操作和维护、为交通运输服务的应用型技术人员、管理人员与一线工人。交通要实现可持续发展,任务是艰巨的。发展不仅是量的积累,更重要的是质的提高,是科技含量的提高,要依靠科技进步和劳动者素质的提高来推进新的发展。

交通行业发展的基础——交通从业人员队伍建设面临着两个方面的问题。一是交通从业人员素质不高。交通从业人员的素质直接影响着行业的形象、工程质量、运输安全和服务水平。近年来,工程建设中出现的一些质量问题,交通运输中屡屡发生的安全事故,有管理的问题,更有人员素质低、技术水平差的原因。因此,对交通从业人员加强职业道德教育和职业技能培训,是交通职业教育面临的一项长期重要任务。二是交通技能型人才短缺。这不仅包括交通领域的传统岗位,还包括物流管理、信息管理、计算机应用与软件技术等新兴专业岗位,都缺乏具有一定理论基础和较强实践能力的技能型人才。以汽车维修行业为例,我国汽车保有量2000多万辆,形成世界第三大汽车市场,由于汽修技术人员供不应求,大量未经培训的人员进入汽修技术岗位。据中国汽修行业协会统计,我国汽车/摩托车维修从业人员220万。据对831家企业的抽样调查表明,工人文化程度比例,初中及以下为38.5%,高中为51.5%,专科以上为10%,而

发达国家的这种结构比例为2:4:4。我国工人中有22.4%的技术工人不具备任何技术等级证书;技师和高级技工所占比例为8%。具有汽车保障诊断能力工人所占比例,我国为20%,日本为40%,美国为80%。由汽车维修行业这一局部不难看出,交通技能型人才既存在量的短缺,更有质的不足,确应十分重视高技能人才短缺与培养问题。交通职业教育担负着为交通事业发展培养大批生产、建设、管理、服务一线的应用型技能型人才和提高行业从业队伍素质的重任。

2.交通职业教育担负着促进农村劳动力转移和就业培训的重任

目前,交通行业的从业人员已达到了3600多万人。在交通行业从业人员中,有相当一部分是从农业或其他行业转入的。交通行业已成为解决、消化就业的重要行业,为缓解我国就业压力,促进农村劳动力转移,减少城乡差距,作出了积极的贡献。据调查,仅公路建设市场每年就吸纳就业人员351万人,其中,农民工139万人,拉动其他行业就业人员89万人。改善农民进城就业环境,加强农民工培训,多渠道扩大农村劳动力转移就业,成为政府工作的重点,解决好“三农”问题是当前全党工作的重中之重。但我国目前农村劳动力素质状况差,其文化水平不高,专业技术能力缺乏,职业素质亟待提高,已经成为阻碍农村劳动力转移的“瓶颈”。大量农村劳动力转移到交通行业从事公路运输、公路建设与养护、水路运输、港口装卸等工作。甚至存在“放下锄头”直接“走上船头”的现象,缺乏必要的职业培训,构成安全隐患。

交通职业教育有责任帮助转移到交通行业来的农村劳动力和其他人员,提供就业与再就业培训服务,搞好农村劳动力转移培训。农村劳动力转移培训对交通职业教育具有广泛和强烈的社会需求,帮助农村劳动力掌握现代职业技能,是职业教育为新型工业化道路服务的重要内容和社会责任。要充分发挥交通职业教育的作用,帮助转移到公路、水路建设和运输上来的人员学会建设公路,养护公路,学会安全驾车、驾船和修车技术等,通过培训和实践,使他们成为技能型人才,为解决“三农”问题提供服务。

3.交通职业教育要为交通从业人员终身学习提供便利和服务

交通事业的发展不断积累着新知识、新经验,对人的发展提出新的更高的要求,职业教育就是要为人的终身学习、终身发展服务。这也体现了职业教育以人为本的思想。不言而喻,交通职业教育改革和发展必须坚持以人为本,为构建学习型交通行业,建立终身教育体系搭建一个平台,努力为交通从业人员的终身学习提供多样化的教育和培训服务,创造人人学习、时时学习、处处学习和终身学习的环境,为建设高素质交通从业队伍服务。

在交通行业创建学习型行业是现代管理和现代教育结合的理念。学习型交通行业就是要在全行业中形成投资学习、热爱学习、善于学习、享受学习的制度,为交通人提供终身职业教育和培训的“职业教育超市”;为交通人提供多样化的相互沟通的学习组织形式、学习服务理念、学习制度安排;强调学习者对学习内容和手段的选择性、连续性、丰富性,通过培训学习,不断提高交通人才队伍的素质。

以上社会背景和行业背景表明,对交通职业教育的改革与发展要进行战略的思考,必须坚持全面、协调和可持续的发展观,探索出新思路、新机制、新对策和新措施,才能适应交通建设和社会发展的需要。

第三节　交通行业人力资源状况及其对职业教育的需求分析

一、交通行业人才需求类型、指标与影响因素

1.交通行业人才需求类型

经济和社会的发展,是人类认识世界、改造世界的过程,是

发现规律、发明创造、转化应用、生产实践的过程。根据社会经济发展的需要和人的个性发展,要树立全面的人才观,改变片面的人才观,因此交通行业人才需求可大体分为三大类型人才:

(1)理论型、创造型、研究型人才。他们知识渊博,擅长理论思维、创造思维,富有创造能力和研究兴趣;他们的特长和社会功能是认识(研究)事物,发现规律,发展知识,发明创造。这类人才由大学研究生层次培养。

(2)应用型、设计型、策划型、工程型人才。他们知识广博,长于辩证思维、形象思维,富有理论分析与应用的能力和兴趣。他们的特长和社会功能是把少数精英者的发现、发明、创造变成可以实践或接近实践的决策、设计、方案、工程等。这类人才由大学本科层次培养。

(3)实践型、技术型、技能型、技艺型人才,也称技术应用型人才。他们具有相应的知识,擅长具体思维,心灵手巧,富于技能、技术、技艺和实践能力。他们的特长和社会功能是把决策、设计、方案等变成现实,转化为不同形态的产品。此类人才属"一线人员",是职业教育培养的对象,可称职业技术人才。当前,它对应于大专和各级、各类职业学校培养的人才。实践型人才主要是职业教育培养的对象①。

交通行业人才需求预测,是根据经济社会、交通行业发展与教育之间的内在规律,对未来经济和社会、交通发展所需要人才的数量、规格、层次、结构和比例,作出科学的推算和判断,以保证人才的培养与经济和社会发展、交通发展相适应的一种活动。人才需求预测是确定教育发展战略、制定科学的教育规划、提供教育发展目标的先决条件和依据,是开展教育培训、开发人力资源的一项基础性工作。

2.交通行业人才需求主要指标

(1)人才数量需求。一是人才需求量,即某一个目标年度需

① 邸鸿勋. 人才需求分析与职业教育发展战略探讨. 职业技术教育. 科教版. 2002,7

要拥有的人才数。二是人才补充量,人才补充量 = 未来某年度拥有量 - 存留量(含自然减员量)。三是人才密度,人才密度 = 人才数/职工数,即人才在劳动者当中的比例,或专门人才占职工的比例。

(2)人才结构需求。即通常指的人才群体的专业结构、学历结构、年龄结构和职称结构、高中初级人员比例结构等需求。人才随着生产技术结构变化而变化,适应动态结构变化越合理,生产效率就越高。

(3)人才素质需求。即身心、业务、文化、道德等素质的综合需求反映。科学技术越进步,要求人的素质越高。

3.人才需求影响的因素

(1)经济发展水平。

(2)产业结构。

(3)技术水平。

(4)国家对人力资源需求总体发展规划。

二、交通行业人才需求预测方法

人才需求预测是一项探索性很强的工作,它是预测科学的重要分支。人才需求预测又是一项十分复杂的工作,涉及面广,影响因素多。一方面,预测期内影响人才需求的经济和社会发展因素波动易变,具有不确定性;另一方面,预测人员又受到主、客观条件的限制,使预测难以准确。在战略研究中,鉴于人才需求的外部环境因素往往多变,而人才需求内部结构如层次、专业之间往往具有弹性与可替代性,所以对于这种复杂的开放系统进行预测,仅凭经验判断或单一方法是靠不住的,而应采取多层次、多视角、多方位的综合性预测分析技术,才能保证预测结果具有一定的科学性和可靠性。在完善人才需求预测方法的同时,还要注意综合运用抽样调查、结构分析、模拟仿真、专家咨询等多种方法,得出整体性分析。

人才需求预测的方法可分为定性预测和定量预测。总的来说,定性方法简洁方便但准确性不高;定量方法准确科学但所需条件太多。一般在人才需求预测时,首先是采用定性的方法,在人员数量、结构上作出大概的判断,然后运用定量的分析方法进行精确分析,最后再请专家进行修正和主观判断。往返几次,就可以得出比较近似实际的需求量了。

考虑到我国正面临着经济体制改革,人才市场运行机制已初步形成并逐步完善的现状,人才需求预测在研究思路与技术方法上,采用宏观预测与微观调查研究相结合的技术方法。

预测方法采用以下几种:

(1)调查法。

(2)德尔斐法。

(3)趋势外推法。

(4)因果关系及其回归分析预测法。

(5)专家预测法(亦称头脑风暴法)。

(6)教育对象调查预测法。

宏观预测研究的基本思路是:依据行业发展战略规划,借鉴国际人力资源开发的共同规律和发展趋势,综合运用多种人才需求的工具手段和方法,在定性分析和定量分析研究相结合的基础上,对行业人才需求预测作多方案的分析和预测研究。

三、交通行业人力资源拥有量与需求量预测分析

分析研究交通职业技术教育发展需求,必须首先分析交通行业人力资源现状及人力资源需求。交通人力资源,是指从事公路、水路交通运输、建设、管理的各类从业人员。

本课题组关于交通人力资源研究的基本方法是在抽样调查的基础上,尽可能收集相关信息资料,根据交通行业发展状况及远景目标,通过历史分析、逻辑分析、对比分析,进行趋势推断,最后通过专家咨询(包括向权威部门进行咨询)得出结论。

1.2003年交通行业人力资源拥有量状况

根据近年来的变化，本课题关于交通行业人力资源总体规模分别按照营运性公路客货运输及辅助服务业、交通基础设施建设与养护、水路运输、港口、交通行业行政管理等几个部分进行分析。此外，关于机动车维修与检测部门的人力资源规模是从公路运输人力资源总量中分离出来单独进行估算。结果见表1-4-2。

2003年交通行业人力资源拥有量状况（单位：万人） 表1-4-2

类　别	人力资源规模
营运性公路客货运输及辅助服务业	2016
机动车维修与检测	234
交通基础设施建设与养护	1060
水路运输	200
港口	90
行业行政管理	40
合计	3640

2.交通行业人力资源发展规模预测

未来交通持续发展以及交通结构调整、科技进步等发展趋势均表明需要大量的人力资源，特别是高质量的人力资源。

通过对营运性公路客货运输及辅助服务业、机动车维修与检测、交通基础设施建设与养护、水路运输、港口和管理等人力资源进行分类预测计算，交通行业人力资源总规模变动趋势分析结果汇总见表1-4-3。

交通行业人力资源总体规模预测（单位：万人） 表1-4-3

类　别	2003年	2010年	2020年
营运性公路客货运输及辅助服务业	2016	3256	5228
机动车维修与检测	234	288	368
交通基础设施建设与养护	1060	1218	1345
水路运输	200	230	253

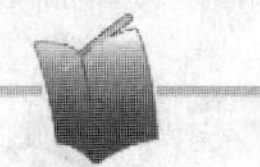

续上表

类 别	2003年	2010年	2020年
港口	90	106	123
行业行政管理	40	36	36
合 计	3640	5134	7354

表1-4-3的计算结果表明:交通行业人力资源总规模在2010年达到5100万人,在2020年可达7300万人。特别要说明的是,交通人力资源占有较大比例的是公路运输系统。根据预测,2010年和2020年的营业性公路客货运输车辆分别达到1700万辆和3000万辆,据此以车均人力资源配置系数即可得出相应的人力资源数量。关于车均人力资源配置系数的确定,分别考虑了运输结构调整、车辆技术改进、运输信息化发展以及国有运输企业人事劳动制度改革等多种因素,并从交通部有关部门提供的数据和对有关省抽样调查最后作出测算。车均人力资源配置系数2003、2010、2020年分别按2.18、1.9、1.7计算。2010与2020年公路运输人力资源总量预测见表1-4-4。

2010与2020年公路运输人力资源总量预测 表1-4-4

年 份	营运车辆(万辆)	配置系数(人/车)	人力资源规模总量(万人)
2003年(实有)	925	2.18	2016
2010年(预测)	1713	1.9	3255
2020年(预测)	3075	1.7	5228

据有关方面预测,中国人口总数2010年为13.8亿,2020年为14.8亿。以全社会就业人口8亿计算,公路、水路交通行业直接从业人数2010年和2020年将分别占全社会就业人数的6.4%和9.1%。由此可以推算,到2020年,公路、水路交通行业人力资源规模加上铁路、航空运输以及相关领域就业人员,可达到全社会就业人数的1/10以上。相当于美国20世纪40~80年代交通行业从业人数占全社会就业人口的同等比例①。

① [美]罗依·桑普森等著 赵传云等译.运输经济——实践、理论与政策.北京:经济管理出版社,1989

3.交通行业新增就业人数分析

对交通行业未来新增就业人数预测(不包含行政管理岗位)见表1-4-5。

交通行业增加人力资源数量预测(单位:万人)　　表1-4-5

类别 \ 年份	2003～2010年	2010～2020年
营运性公路客货运输及辅助服务业	1240	1972
机动车维修与检测	54	81
交通基础设施建设与养护	158	127
水路运输	30	24
港口	16	17
合计	1498	2221

表1-4-5计算表明,除行政管理人员以外,包括机动车维修与检测人力资源需求在内,交通行业在2003～2010年间新增从业人员约1500万人,在2010～2020年间需新增从业人员约2200万人。

以上关于交通行业人力资源补充量预测还应考虑自然减员因素所应得到的补充。

四、交通行业人力资源特点及其对职业教育的需求分析

1.交通行业人力资源特点分析

1)交通人力资源的一般特点

交通行业人力资源分布具有点多、线长、面广、分散的特点,并具有行业、专业、文化、学历、职级或职业等多重属性,而且具有行业开放与国际性、专业和职业多样性等特点。

未来交通人力资源变化的特点,一是随着全面建设小康社会对公路、水路交通带来的巨大需求,交通事业的快速发展,交通行业人力资源总量还将有较大的增长,主要体现在公路交通发展所增加的从业人员。二是经济的发展、社会的进步、人的全

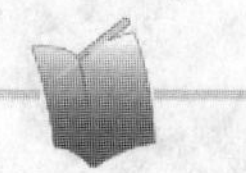

面发展都需要交通运输提供安全、便捷、快速、可靠的保障,人民群众对出行条件和交通服务水平将不断提出更多、更新、更高的要求,这就要求交通行业各层次各类从业人员的素质要普遍提高。关键岗位的从业人员必须经过职业技术教育与培训。

2)交通行业接受中等职业教育及以上人员的比重分析

按照1983年全国专门人才现状调查,专门人才的概念定义为具有中专及以上学历或初级及以上职称的人员。显然,这种定义强调了人才的学历、职称等属性。根据全国人才工作会议的精神,要树立新的人才观,应以对社会创造财富价值能力为标准,打破单纯学历职称论。《中共中央、国务院关于进一步加强人才工作的决定》对人才的内涵有明确的解释:"只要具有一定的知识或技能,能够进行创造性劳动,为推进社会主义物质文明、政治文明、精神文明建设,在建设中国特色社会主义伟大事业中作出积极贡献,都是党和国家需要的人才"。可见,这种解释强调了人才的知识、技能、创造性和贡献。

借鉴上述定义或释义,再用传统的专门人才概念来进行测算人才的需求,显然是不合理的。结合本课题研究的对象特征,选择对交通人力资源中接受中等职业教育及以上人员需求进行测算符合客观实际。

据有关统计数据分析,1949~1999年的50年间,交通部门直接管理的交通教育各级各类院校毕业生105万人(参见《中国交通教育五十年年鉴》大连海事大学出版社)。1979年以前交通系统各类院校培养的各类人才约50万人,1980~2003年交通系统各类院校培养的各类人才累计100万人以上。自1999年以来的4年间,根据国家连续扩大招生规模的实际,并结合以往社会各类院校输送到交通行业的各种专业毕业生,按1:1测算,进入到交通行业的各类人才也在100万人以上,交通行业至少有300余万中职教育及以上的人才。此外,从业人员参加在职学习,包括成人高、中等学历教育、专业证书教育、自学考试、远程教育等多种形式的教育,取得中等职业教育及以上学历人数至少在100余万人以上。如果加上通过各类职业培训方式达到中等职业技术教育水平的各类人员,总量将会更大。本课题组对典型单位现状调查分析,专门人才密度不同地区,不同类型企业与单位差异较大,在抽样调查的五省区一企业61.47万职工中,湖北省交通专门人才密度高达30%,有的欠发达地区仅为11.3%。又根据典型单位调查,部分地区交通系统职工队伍专门人才密度平均约为28%。本课题组调查的交通大中型企业中,具有中专以上学历人数接近甚至超过50%(见表1-4-6),大大高于全国交通系统专门人才密度平均25.4%的水平。综合以上分析,交通从业人员接受中等职业教育及以上人员的比重可按20%估算。

部分大中型交通企业职工具有中专以上学历情况 表1-4-6

单位或系统	在册职工人数（人）	具有中专及以上学历人数（人）	具有中专及以上学历人数所占比例（%）
中国路桥(集团)总公司	17485	9579	54.8
湖南路桥建设集团	3860	2753	71.3
贵州省公路工程总公司	1725	812	47.1
广西新发展交通集团有限公司	4283	2680	66.6
江西省现代路桥工程总公司	1026	576(大专以上)	56.1(大专以上)
合计	28379	16400	57.8

注:表中江西省现代路桥工程总公司数据摘自《中国交通报》,其余数据为典型单位调查所提供。

2.交通发展对职业教育的需求分析

1)2010、2020目标年交通中等职业教育以上人员比重与拥有量预测

根据专家预测,我国人力资源水平提升目标为从业人员中具有大专及以上学历的人员比重将由2000年的4.66%提高到2010年的10%以上;到2020年具有大专及以上学历的人员比重

将提升到20%左右,基本达到OECD国家20世纪末水平①。参照国家预测的人力资源提升水平,结合交通行业的实际,对2010、2020目标年交通行业具有中等职业教育学历及以上人员比重若按28%和38%测算,拥有量、补充量预测见表1-4-7、1-4-8、1-4-9。

2010、2020目标年交通中等职业教育及以上人员比重与拥有量预测

表1-4-7

年 份	2003年	2010年	2020年
从业人员拥有量(万人)	3640	5134	7354
中职及以上人员比重(%)	20	28	38
中职及以上人员拥有量(万人)	727	1427	2780

2004~2010年交通中职学历及以上人员补充量需求预测(单位:万人)

表1-4-8

年 份	2001年	2002年	2003年	2004年	2005年	2006年	2007年	2008年	2009年	2010年	备注
中职及以上人员拥有量			727	800	880	968	1065	1171	1288	1427	增长率10%
中职以上人员补充量				73	80	88	97	106	117	139	总补充量700,年均100

2011~2020年交通中职学历及以上人员补充量需求预测(单位:万人)

表1-4-9

年 份	2011年	2012年	2013年	2014年	2015年	2016年	2017年	2018年	2019年	2020年	备注
中职及以上人员拥有量	1527	1633	1747	1868	2000	2140	2290	2450	2622	2780	增长率7%
中职及以上人员补充量	100	106	114	122	130	140	150	160	172	158	总补充量1352 年均135

经综合分析,交通行业人力资源教育发展的目标水平为交通行业从业人员2010年大专及以上学历的人员拟占具有中等职业教育学历及以上从业人员的30%左右,约430万人,占从业

① 中国教育与人力资源问题报告课题组.从人口大国迈向人力资源强国.北京:高等教育出版社,2003:109~112

人员总数的比重约8.4%。2020年大专及以上学历人员占具有中等职业教育学历及以上从业人员的50%以上,约1400万人,占从业人员总数的比重约19%,接近国家人力资源整体水平。

2)交通职业培训需求预测

交通行业职业培训包括两类。一是行业职业资格制度建设要求的岗位培训。如:注册土木工程师、注册验船师、交通监理工程师、危险货物运输人员和船员等的从业人员培训;二是没有统一、明确的职业资格标准与考试制度要求的岗位,随着经济社会发展和科技进步,对从业人员素质要求不断提高,需要进行基本职业知识、技能和职业道德、规章制度、知识与技术更新和岗位适应性培训。后者培训需求由用人单位自行确定。本报告测算职业培训需求人数见表1-4-10。

未来职业培训需求(单位:万人次)　　表1-4-10

战略时段	2004~2010年	2011~2020年
职业资格培训需求总量	1500	2000
年均培训需求量	214	200

3)对交通职业教育需求预测分析

根据交通从业人员素质与结构需求分析与交通中等职业教育及以上人员补充量需求预测,到2010年交通中等职业教育及以上人员在从业人员中的比重在28%左右,总补充量需700万人,各类职业培训总量约1500万人次,到2020年交通中等职业教育及以上人员在从业人员中比重达38%左右,总补充量需1352万人,各类职业培训总量约2000万人次以上。

鉴于本课题的研究结果,人力资源开发任务十分繁重。因此,必须多途径、有重点、分层次提高需求的满足率。

(1)交通高职、中等职业教育培养。经对交通职业教育办学规模现状的调查,并进行分析推算,交通职业教育的在校生规模约36万人,学制平均按3年测算,每年约有12万毕业生。在校生按8%增长率递增,到2010年在校生达62万人,毕业生累计107万人;2010~2020年在校生按5%增长率递增,到2020年在

校生达100万人，毕业生累计250万人。此外，据了解，利用社会教育资源办高等职业教育、中等职业教育开设交通专业，以及其他专业进入交通行业的毕业生，按交通系统举办的职业教育与社会教育资源举办交通专业培养学生的比例1∶1～2初步测算，2010年对中等职业教育以上人才满足率约为60%，到2020年，对中等职业教育及以上人才满足率约为75%。

（2）发展远程教育、各类成人学历教育及其他在职教育、职业资格培训和各类继续教育，使现有在职人员通过在职学习，达到中等职业教育及以上学历和相应的素质要求。预计2010年和2020年分别对中等职业教育及以上人才满足率约为20%。

（3）发展交通从业人员的各类职业培训。积极发挥各类教育培训资源的作用，开展岗位资格性和适应性培训、在职人员的知识与技术更新培训、职业道德与人文教育以及在职人员的转岗培训和农村劳动力转移培训等。

第五章　交通职业教育发展战略目标

21世纪的头20年，是我国全面建设小康社会，实现中华民族伟大复兴的重要战略机遇期，也是交通行业发展的重要战略机遇期。面临我国加入世界贸易组织、经济全球化不断深入、科技进步日新月异和发展任务十分艰巨的新形势，如何加快交通行业人力资源能力建设和高技能人才培养，全面提高行业从业人员素质，已成为提高交通行业核心竞争力的紧迫任务。

第一节　交通职业教育发展的指导思想与基本理念

一、交通职业教育发展的指导思想

根据交通发展的目标与任务，交通职业教育发展的指导思想是：以邓小平理论和“三个代表”重要思想为指导，树立和落实科学的发展观，坚持以人为本，以服务为宗旨，以就业为导向的方针，紧密围绕交通行业发展，以交通人力资源开发和从业人员能力建设为核心，以促进社会劳动就业和满足交通职工接受各类教育培训需求为出发点，为交通职工提供继续教育和岗位培训服务，为满足交通可持续发展建设高素质从业队伍服务。这既是交通发展对交通职业教育的现实要求，也是交通职业教育生存与发展的关键。

二、交通职业教育发展的基本理念

1.坚持科学的发展观，正确把握交通职业教育发展方向

坚持科学的发展观是党和政府在新时期提出的治国方略，是今后经济与社会发展的重要指导思想，也是推进新时期交通职业教育改革与发展的指导思想。科学的教育发展观是科学发展观在教育上的体现，是基于教育发展的本质、目的、内涵与要求的总体看法和根本观点。包括为什么发展，怎么发展的问题。只有始终坚持以科学发展观为指导，交通职业教育的发展才能有新思路，改革才能有新突破，开放才能有新局面，各项工作才能有新举措。

首先，以科学的发展观为指导，交通职业教育要自觉服务于国家经济社会发展与交通发展的大局。以社会经济发展、行业发展、市场需求为导向，坚持以人为本，这是科学的教育发展观的核心内容。发展观的第一要义是发展，离开了发展就无所谓发展观。为广大的交通行业从业人员提供多形式、多层次、高质量的职业教育和培训服务，为培养和造就一支宏大的高素质的交通从业人员队伍，为交通事业健康持续发展提供人才支持与智力保障。其次，坚持科学的发展观就要统筹交通职业教育与经济建设、劳动就业、交通人力资源开发的协调发展，统筹职业教育与其他各类教育的协调发展，统筹职业学校教育与职业培训的协调发展，坚持规模、结构、质量、效益的协调发展，走全面、协调、可持续发展的新路子。总之交通职业教育的发展既要考虑当前，也要考虑长远；既要考虑经济建设的需要，也要考虑社会进步的要求；既要考虑教育自身的发展，也要考虑教育与经济社会协调发展。最后，进一步明确职业院校的发展定位，充分发挥职业教育的自身优势，把握好自己的发展空间。中等职业教育的定位就是在九年义务教育的基础上培养数以亿计的高素质劳动者，高等职业教育的定位就是在高中阶段的基础上，培养数

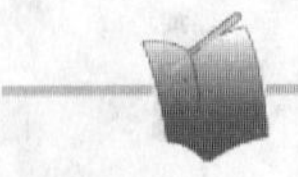

以千万计的高技能人才。各类交通职业院校要安其位，办出特色和品牌，不能在片面“求升格”、“追层次”上下功夫，而应树立“合适的教育才是最好的教育”、“把学生培养成为社会所需要的人才就是最大成功”的理念，创出特色，办出水平，办出效益。

2.坚持科学的人才观，为交通事业的发展培养适用人才

国家建设和交通发展需要的人才是多元化、多层次的，既需要大批优秀的理论型、研究型人才，更需要大批优秀的应用型人才。

2003年年底中央召开的全国人才工作会议，标志着我们党对人才工作重要性的认识达到一个新的高度，标志着我国大力实施人才战略越升到一个新的起点，标志着我国人才工作进入了一个全面展开、整体推进的新阶段，是党在新的历史时期关于以人为本思想的与时俱进。贯彻全国人才工作会议精神，坚持科学的人才观，就要深刻理解“人才资源是经济社会长期持续发展第一资源”的科学论断，树立全面开发人力资源是全面建设小康社会的第一目标，全面开发人力资源是实现富国强民的第一国策，全面开发人力资源是各级政府的第一责任的观念。在交通行业的工作中，要把人才工作放在更加重要的战略位置，在发展中要考虑人才的保证，在制定计划时要考虑人才的需求，在研究政策时要考虑人才工作的导向，在部署工作时要考虑培养、使用人才的措施。

党的十六大提出了三个方面的人才培养要求：一是培养数以亿计的高素质劳动者；二是培养数以千万计的专门人才；三是培养一大批拔尖人才。《中共中央、国务院关于进一步加强人才工作的决定》明确提出树立科学的人才观，指出只要具有一定知识或技能，能够进行创造性劳动，为推进社会主义物质文明、政治文明、精神文明建设，在建设社会主义伟大事业中作出积极贡献，都是党和国家需要的人才。进一步提出“人才资源是第一资源”，“人人都可以成才，人人也都应该成才”、“人才存在于人民

群众之中”的科学人才观,明确了高技能人才的概念。把技能型人才特别是高技能人才纳入全党人才工作的视野之中,把培养技能型人才作为实施人才强国战略的重要内容。

全国人才工作会议对教育事业的改革和发展提出了新的要求,赋予教育战线更加光荣的历史使命。教育是培养人才的基础,也是人才强国的基础,在实施人才强国战略中担负着特殊重要的使命。技能型人才是人才队伍的重要组成部分,是社会主义现代化建设的宝贵资源,应像重视高层次人才那样重视技能型人才培养。交通职业院校是培养技能型人才的重要基地,应当按照该决定的要求,担负起培养高素质劳动者和高技能人才的重任。

教育战线是人才会聚的部门,人才是强教之本,加强教育战线自身的人才队伍建设是一项重要任务。各级交通主管部门和职业院校要认真做好培养人才的教师和教育管理队伍建设工作,创新人才培养、选拔、评价、激励等机制,努力形成优秀人才脱颖而出、人尽其才的制度环境。

3.坚持以人为本,为交通人的全面发展、终身发展、可持续发展服务

坚持以人为本,这是科学发展观的本质和核心。以人为本体现了马克思主义的基本观点。马克思说过,未来的新社会是“以每个人的全面而自由的发展为基本原则的社会形式。”我们从事的是建设中国特色社会主义的伟大事业,理所当然地必须坚持以人为本。以人为本是我们党的执政理念和要求,应该贯穿到经济社会发展的各个方面,贯穿到各项工作中,贯穿到交通全面、协调、可持续发展的过程中,贯穿到交通职业教育的发展过程中。

交通行业作为一个负责任的行业,不仅是公路、水路交通的生产运输组织,而且是学习型组织;不仅是用人的地方,而且是培养人的地方;不仅是发挥人才干的地方,而且是发展人才干的

地方。这是负责任行业的体现,负责任部门的体现。

党的十六大报告提出了本世纪头20年全面建设小康社会的宏伟目标,并对教育发展提出了明确的要求:“形成比较完善的现代国民教育体系。人民享有接受良好教育的机会,基本普及高中阶段教育,消除文盲。形成全民学习、终身学习的学习型社会,促进人的全面发展。”这是一个全面的、内涵极其丰富的、富有时代精神的教育发展目标,充分体现了我们党与时俱进的崭新风貌。十六大对我国进入全面建设小康社会后,如何促进人的全面发展提出了深刻的命题,它重视促进人的全面发展,这将对社会生产力和国家竞争力的提高产生巨大的推动力。

现代社会,由于社会劳动分工由单一工种向复合工种转变,人们不可能通过一次学习掌握一生所需的全部知识和技能,促使劳动者要具有不断开发自身潜能的本领;由于竞争机制的建立,人们不可能一生维系于静态的一次性职业岗位而保持不变,迫使劳动者要具备不断适应劳动力市场变化的能力。因此,人的全面发展、终身发展、可持续发展对教育界提出了新的更高的要求。现代教育应以培养全面发展、终身发展、可持续发展的人作为自身的理想和使命,树立可持续发展的教育观。

坚持以人为本,努力满足人民群众的需要和促进人的全面发展是一个不断发展和进步的过程,只有随着社会财富的不断增加和社会文明的持续进步,人的全面发展才能越充分地得到实现。市场经济越完善,经济社会越发展,越要求劳动者是全面发展的人。终身教育的核心思想是以个人一生主动自愿学习为基础,它的实质是以人为本、品质为优、能力为先、服务为核,它的本质是不断促进人的全面发展[①]。交通部门必须坚持以人为本,坚定不移地把培养人才作为交通发展的关键来抓,为交通人的全面发展、终身发展、可持续发展服务。

---

① 中国教育与人力资源问题报告课题组. 从人口大国迈向人力资源强国. 北京:高等教育出版社, 2003:337

第二节 交通职业教育发展的战略目标与步骤

教育发展战略目标,是指未来较长时期内教育事业涉及全局和长远发展的目标。它有广义和狭义之分。广义的目标包括规模、结构、师资、设施等多方面的发展水平,狭义的目标主要指教育发展的规模和速度。教育发展的战略目标是在某个历史时期内教育生存发展中带全局性、方向性的奋斗目标,是对教育未来发展趋势的科学预见和创新性思考。可以说,教育发展的战略目标的定位是整个教育规划的核心,是制定教育发展规划的主要步骤。教育战略目标的正确定位是制定教育发展战略的前提。

1.交通职业教育发展的总体目标

以改革和创新为动力,加快建立符合交通和社会发展实际的,与市场需求和劳动就业紧密结合的,以全社会职业教育体系为广泛基础的,以具有显著交通行业特色职业教育为主干的,结构合理、规模适度、质量可靠、与各类教育相互沟通、协调发展的、灵活开放的现代交通职业教育体系。为全面建设小康社会,为交通全面、协调、可持续发展提供强有力的人力与智力支持,为交通人的全面、终身、可持续发展服务。到2010年,基本适应交通发展对职业技术人才的需要;到2020年,基本形成现代化的交通职业教育体系,满足交通从业人员终身学习的需求。

2.交通职业教育发展的阶段目标

第一阶段,到2010年,基本适应交通发展对职业技术人才的需要。

交通职业教育形成系统开放、机制灵活、资源配置合理、结构适当、与社会发展协调的新格局。交通人力资源开发能力有显著提高,交通人力资本增长幅度明显,能够基本适应交通发展对职业技术人才的需要。其中,交通职业教育办学规模达到62万人以上,职业培训累计达到1500万人次以上;教育培训的内容、形式、方法形成比较鲜明的职业教育特色,能够适应交通行业关键岗位对职业素质的要求。与此同时,交通行业初步形成学习型行业的特征;交通行业从业人员接受中等职业教育及以上学历的比重达到25%~30%;行业关键岗位从业人员接受规范化职业培训并合格的比例达到100%;转移到交通行业的农村劳动力接受交通职业培训的比例达到30%以上。全行业职工队伍素质明显提高。此外,基本解决紧缺的技能型人才需求问题。

2010年的发展目标:

(1)交通行业行政管理、专业技术和经营管理人才中大专以上学历人员达到75%;

(2)90%的交通职业技术院校达到教育部规定的各项办学标准;

(3)交通高职院校、中等职业学校的整体办学水平以及教育培训质量有明显提高;交通行业有20所交通职业技术院校,成为全国职业教育的示范性院校,有1~3所处于世界职业教育的先进水平;

(4)现代教育技术、实验设备以及实践教学基地的装备水平有明显提高,产学结合有新的突破;重点建成20个现代化的交通职业教育实训基地;

(5)建设50部适应交通行业关键岗位需求并能反映行业新技术、新规范、新标准要求的职业教育与培训优秀教材;

(6)培养50名在职业教育界有一定影响的职业教育教学带头人;

(7)培养10名以上优秀的、卓有成效的交通职业教育专家;

(8)建设一批能够紧跟行业技术进步和岗位技能升级与变化的交通职业教育培训机构,形成30个以上的品牌教育培训项

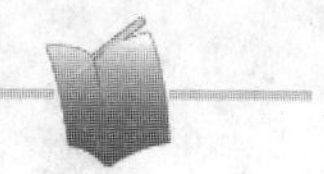

目或品牌性教育培训机构。

第二阶段，到2020年，基本形成现代化的交通职业教育体系。

交通职业教育的布局结构、层次结构、专业结构以及办学体制、运行机制和资源配置格局进一步优化。交通人力资源开发能力有大幅度提升，能够适应交通现代化建设对职业人才的培养需求，解决交通发展的人才制约。其中，办学规模达到100万人以上，职业培训累计达到2500万人次以上；航海职业教育基本达到国际先进水平，内河与公路交通职业教育接近国际先进水平；交通职业教育体系具有高效、灵活的反应能力，能够快速地适应人才市场需求的结构变化、规格变动和岗位工作内容变化，高质量培养相应的职业人才，以满足多样性和不断变化的需求，与此同时，交通行业发展为成熟的、典型的学习型行业，交通人力资本大幅度增长；交通行业从业人员接受中等职业教育及以上学历的人员比重达到35%~40%；交通专业技术人才整体素质接近或达到发达国家21世纪初的水平；从业人员接受职业培训的比例达到60%以上，转入到交通行业的农村劳动力接受职业技术培训的比例达到50%以上。交通行业行政管理、专业技术和经营管理人才中大专以上学历人员达到85%。

关于交通职业培训层次结构目标，本课题作为战略研究，主要从宏观总体上将全行业各类培训划分为三个层次，即高级职业培训和中、初级职业培训。如高级船员培训、工程技术人员继续教育，工程师、物流师等职业资格培训、大中型企业经营管理人员培训、行业行政管理科级以上干部的培训、高级技工培训等均为高级培训。其余为初、中级培训。本课题根据行业人力资源结构发展趋势，估算培训层次结构目标见表1-5-1。

交通职业培训层次结构目标(单位:万人次)　　表1-5-1

战略时段	2010年	2020年
高级培训	>200	>400
初、中级培训	>1300	>2100

第三节　交通职业教育发展战略重点

任何战略实际上都是一种选择，教育发展战略也是如此。因此，在不同的经济社会结构条件下，教育发展与改革战略的选择应该是有所不同的。

交通职业教育发展战略总体思路是促进交通职业教育和经济社会协调发展，促进职业教育内部协调发展，促进职业教育与其他各类教育的协调发展。主要将思路转向增强教育内涵发展、集约化发展，提高教育培训质量效益方面上来。

过去，制定规划较为注重通过扩大外延、增加布点来扩大规模。一提发展，就依赖于外延扩大的高投入、高消耗、低产出、低效益，造成资源浪费，能耗增大，低水平重复建设。现在，要进一步转变教育思路，注重内涵发展，从总体上提高教育的规模效益，做好教育结构性调整工作。

科学地选择教育发展的战略重点对于战略目标的实现具有决定意义。教育事业是一项庞大的系统工程，在我国教育资源有限的情况下不可能做到面面俱到，这就需要根据教育资源的状况、社会经济发展的需要，选择好教育发展的重点。可以把交通职业教育发展中关系全局的重大问题或薄弱方面纳入战略重点的选择范围，也可以把巩固和发展教育的优势作为战略选择的重点，或者抓住机遇，捕捉某个时期的发展重点。战略重点的选择要视野开阔，要与国际国内区域经济、科技、社会发展相适应。

一、交通职业教育发展的重点为中等职业教育

坚持以中等职业教育为重点的发展方针符合我国社会经济发展和交通发展的实际需要。尽管改革开放以来我国经济取得了举世瞩目的巨大成就，但我国是一个发展中国家，就生产力发展的整体情况来看，仍属于工业化中期，城乡二元结构还未消

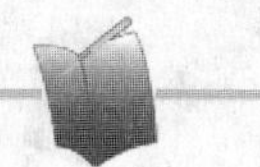

除。不仅广阔的西部地区需要大开发,面广量大的农村地区有不少还处于工业化初期。走新型工业化道路、统筹城乡发展、解决“三农”问题、促进各类教育协调发展,都要求中等职业教育有一个大发展,为我国现代化建设培养数以亿计的高素质劳动者。客观上社会对人才需求是多元化的,从劳动就业结构看是一个正三角形。最少的是占少数的高层次的科研型创新人才和管理人才,其次的是专业技术性人才,最多的是生产、经营、管理、服务等第一线劳动者。当前,我国人才结构性缺陷已经暴露出来,一部分人没有工作岗位,同时,又有一部分社会需求的岗位无人能做,大学生就业失衡问题也已显露出来。交通行业是一个资金、技术和劳动密集型并存的行业,行业人力资源布局具有点多、线长、流动、分散的特点,中等职业技术人才仍是交通行业就业的主体。

交通中等职业技术教育规模下降是必须解决的重要战略性问题。据《交通教育统计资料》,在教育体制改革前的1998年,交通系统共有54所交通普通中专和44所交通职工中专学校,其中包括办学规模最大的交通部电视中等专业学校,在校生规模共计为14.6万人。至2003年,交通中专学校数降至28所,在校生6.5万人。即使加上其他中等职业技术学校的交通类专业在校生,总体规模仍然远远不能满足交通行业现实情况与未来发展的需要。虽然远洋运输呈现资金、技术密集型发展趋势,不再需要扩大航海中职教育,但我国公路交通与内河运输、特别是农村交通发展趋势还需要培养大量中等职业技术人才。到2020年,是我国推进公路、水路交通现代化的重要时期,多种资料表明,公路交通发展是转移农村人口和提供就业的重要渠道之一。大量交通从业人员的职业素质提高,主要通过大规模发展中等职业技术教育的途径来逐步实现。因此,在原有相对优质的交通中等职业技术教育资源转移到高职教育后,必须采取措施,补充并且大力促进交通中等职业技术教育发展。这是职业教育政策指导与宏观管理中的一个重要的战略性问题。

二、交通行业教育发展重点是职业培训和在职人员的继续教育

由于科学技术的迅速发展,知识发展和更新速度的加快,人们从学校教育所获得的知识已远不能适应工作和自身不断发展的要求,大部分知识和能力都要通过工作实践不断的培训和继续教育才能获得,终身教育正在成为经济发展和社会进步的必然条件。交通事业的飞速发展不断积累着新知识、新经验,提出新的更高的需求,总结和传承新知识和经验,激发更新的创造力,促进交通行业成为充满活力的学习型行业,不言而喻,交通职业教育要为构建学习型交通行业,建立终身教育体系构建一个平台,努力为交通从业人员的终身学习提供多样化的教育和培训服务,使交通人深刻理解学习的生命意义,树立学习就是工作,学习就是责任,学习就是素质,学习就是生活乐趣的观念和终身学习的理念。

根据《地方交通行政干部培训模式研究》课题组 1999 年的调查,地方交通行政干部学历偏低,本科以上学历人员仅占 14.9%,其中研究生学历人员占 0.6%;中专及以下学历人员占 44.1%;专业结构不合理,非交通专业人员比例过大,占 60%以上。虽然这些年交通部门干部学历通过在职学习和培训,不同程度地有所提高,但是与交通快速发展的要求仍然不相适应。加强在职干部的继续教育是加强交通行业行政能力建设的战略措施,是促进人的全面发展的必然要求。全国地(市)、县(市)交通局长,特别是近年来新任或新调任的,有相当一部分没有交通专业背景和工作经历,迫切需要进行资格性岗位培训和适应性岗位培训。通过培训,提高战略思维能力和现代化管理水平。各省、自治区、直辖市交通厅(局)长每年至少接受一次交通专业新知识、新技术、现代管理理念和方法等培训,以提高其行政能力。

为提高交通行政执法能力,对交通行政执法人员进行学历教育和岗位培训十分必要和迫切。据 2000 年对 31 个省、自治

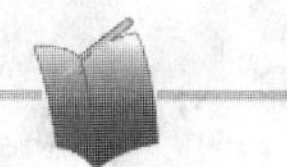

区、直辖市交通厅(局、委)及交通部海事局等单位统计,在交通行政执法队伍中,大专以上学历的人员仅占28%,高中、中专学历的人员占56%,初中以下学历的人员占16%。通过“十五”期间在职教育,交通行政执法人员学历层次有大幅度提高,但交通执法队伍的依法执政能力与交通发展还不适应。

加强交通行业干部职工继续教育和培训工作既是交通行业发展对提高队伍素质的要求,也是交通行业以人为本,为交通职工全面发展,为优秀人才脱颖而出创造条件的重要举措。因此,交通行业教育发展重点在职业培训和在职人员的继续教育。

三、交通高等职业教育发展的重点是提高教育质量

近5年是交通高等职业教育发展最快的时期。交通高等职业院校已由1999年的4所发展到2004年的43所,在校生由8700人增长到10万人左右。交通高等职业院校大多是从一批较好的重点中专学校升格而来,成为我国高等职业教育的一支重要力量。交通高等职业教育的发展对交通行业培养高等职业人才已经或将要发挥重要作用。交通高等职业院校规格从中专升到高职,是学校全面转型的过程,也是学校自身办学的一种突破与超越。中专升格后,如何定位、办出特色、提高教育质量、尽快度过从中职到高职的“磨合期”、实现可持续发展,是摆在所有高等职业院校面前的大事和难点。交通高等职业教育发展到今天的一定规模,提高教育质量是高等职业教育发展的重点。

提高教育质量,首先是定位问题。办学层次的定位既不能沿用中专的人才培养模式和管理模式,把高职办成“中专拓展型”的教育;也不能模仿本科的学科教育模式,把高职办成“本科压缩型”的教育。在培养目标定位上,高职教育的培养目标是面向生产、建设、管理、服务第一线的高等技术应用型人才。在办学功能定位上,既要包括新生劳动力培养,也要包括在岗劳动力提高,具有全日制学历教育、非全日制学历教育和培训三大功能。在发展空间和就业定位上都区别于普通高等教育。其次是

办学特色问题。办学特色体现在培养社会、交通需要的高素质技术应用型人才。需要研究如何以社会、交通需求为导向,合理设置专业;以职业能力为本位,构建课程体系;以岗位技术和能力为主线,重组教学内容;以创新能力培养为重点,改进教学方法;以培养学生技术应用能力为宗旨,加强实践教学;以校企合作、产学结合为途径,提高办学效益。

交通高等职业教育的质量体现在"规格加特色"的有机统一。培养人是学校的根本任务,提高质量是学校的永恒的主题。现阶段,交通高等职业教育的质量提高是其生存和发展的关键。

第六章　交通职业教育发展的对策与措施

交通发展既给交通职业教育带来了前所未有的发展机遇，也对交通职业教育提出了新的挑战。我们要更加深刻地认识发展职业教育对我国现代化建设的意义，更加重视职业教育对交通发展的重要作用，抓住机遇，应对挑战，转变观念，改革创新，以奋发有为、努力拼搏的精神，进一步推动交通职业教育的改革与发展，实施交通职业教育可持续发展战略，把交通职业教育推上新的水平，为交通发展提供人才与智力支持。

交通职业教育发展的对策与措施归纳为“234计划”，即切实担负起两项任务；以三项建设和四项工程为抓手，推进交通职业教育的改革与发展；交通职业院校逐步实现八方面的转变。

1.担负两项任务

促进交通发展和促进就业服务。

2.加强三项建设

①专业现代化建设；
②高素质师资队伍建设；
③高水平实训基地建设。

3.实施四项工程

①交通行业技能型紧缺人才培养培训工程；

②西部地区交通人才培训工程;
③农村劳动力转移培训工程;
④交通远程职业教育培训工程。

4.实现八方面的转变

①办学理念上从计划培养向市场驱动转变;
②管理方式上从政府行政直接管理向宏观引导转变;
③办学方向上从单纯以学校自身的发展向以就业为导向转变;
④办学模式上从以专业学科为本位向以职业岗位需求和就业能力为本位转变;
⑤教学制度上从固定单一的学制向灵活的学制转变;
⑥课程框架结构上从刚性化的课程框架结构向柔性化的课程结构转变;
⑦教学方法上从有组织的可持续的知识传授向有组织的可持续的交流活动转变;
⑧评价机制上从教育内部评价为主向逐步过渡到以社会评价为主转变。

第一节 坚持教育思想、观念创新,以先进的理念为先导

交通职业教育要发展,理念要先行。

1.人力资本是交通行业发展的第一资源

传统的资本概念是仅就有形的物质资本而言的,面对知识经济的挑战和世界经济一体化,与物质资本相比,人力资本是更为重要的资本。人力资本不仅能创造出自身的价值,而且能创造出比自身更大的价值。人力资源是经济社会长期持续发展的第一资源,而人员教育培训是人力资源开发的主要途径与手段。

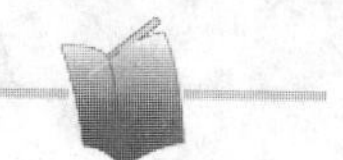

2.教育培训是投资而不是消费

从投入产出的角度来讲,加大对现有人才的培训力度,提高行业人力资源的整体素质,是最具经济和社会综合效益的生产性投入,是成本低、见效快的一种基础性投入。现代人力资源开发与管理的理论与实践反复向人们指出:培训是一项回报率极高的投资。可以这样说,任何设备的功能都是有限的,而人的潜力是无限的。在同样条件下,通过培训,改善人力资源进而使行业或企业效益成倍增长是可望而又可及的事情。

3.合适的教育是最好的教育①

能让每个能力各异的人获得其所需要的、能发挥其能力的教育,才是最公平的教育。人与人之间由于生理上和心理上的差别、多元智力所形成的差别、所处的环境以及经历不同的差别等,使作为个体的人形成不同的个性差异,因此会产生不同的学习需求。把学生、员工培养成为社会需要的人才就是教育最大成功,就是最好的教育。作为行业企业组织应为每一个员工提供平等的学习和发展机会。

4.终身教育和终身学习

终身教育是人类社会一切教育形式的综合和统一,是人类教育的总体化设想,其终极目标是构建一种"学习化社会"。终身学习是相对学习者而言的。

随着知识老化周期的缩短,知识更新的加快,人们要适应迅猛发展的时代就必须不断地充实和完善自己,必须处于终身学习的过程中,学习将成为人们的一种基本需要。因此,用终身教育理论,用动态的、连续的人力资源开发观来指导教育培训工作是十分重要的。我们已看到,当知识、技术等生产要素参与分配

① 韦玉.教育、人力资本与中国经济的未来.南方周末,2004.06.03

时,从业人员比以往任何时候更需要获得教育培训机会的趋势。终身教育是促进人的全面发展的必要条件,一个完善的终身教育体系,不仅要不断满足人们职业发展的需要,还要不断满足人们精神和文化发展的需要。终身教育是为了追求提高人的生活质量而形成的现代教育理念。

按照终身学习理念,将职业教育体系纳入终身教育体系,能使人在一生的各个时期都能与继续教育有效衔接,实现工作与学习的相互交替。

5.发展职业教育也是发展生产力

必须深刻认识交通职业教育在交通发展中的战略地位和重要作用。人是生产力中的决定性因素,发展职业教育就是要培养高新实用人才,就是发展现实的先进的生产力。坚持大力发展交通职业教育,充分发挥职业教育在发展先进生产力、坚持先进文化前进方向和为最广大人民群众谋利益方面所具有的不可替代的重要作用。交通职业教育既要为交通发展提供合格的新生劳动力,也要为在职职工的岗位培训、继续教育和知识技术更新发挥重要作用。

6.经营学校的理念

这里的经营绝不是说办学以营利为目的,而是要求校长要有市场意识、成本意识,在有效的资源和成本条件下,最大限度地满足市场规则的要求,满足求学者不断变化的需求。树立市场观念,了解市场需要什么样的人,明确如何培养这样的人。职业学校的校长要主动研究、开拓培训市场,加强面向市场的能力建设。

第二节　坚持管理体制、机制创新,推动交通职业教育与行业发展的紧密结合

我国改革的历史经验表明,产业革命时期经济腾飞的真正

源泉首先是发挥了先期体制变革积累优势所致。这对职业教育的改革与发展同样具有重要的借鉴意义。为此,寻求交通职业教育新一轮的发展,必须注重管理体制、机制创新。

一、坚持行业指导,发挥行业管理与服务功能

根据国务院的部署,2000年中央部门所属院校管理体制进行了调整,除教育部和少数特殊行业部门及单位继续管理部分院校外,国务院其他部门和单位不再直接管理学校。通过这项改革,普通高等教育的任务和职能归属教育部门统筹和管理,继续教育和职业培训的任务由行业部门负责。

院校管理体制调整后,部门(行业)教育管理的职能、范围和重点发生了变化,其职能:一是对本行业职业教育和培训进行协调和指导;二是引导社会各级各类院校,充分利用社会教育资源,为行业发展培养适用人才;三是以本行业从业人员岗位培训和继续教育为重点,提高从业人员队伍的思想政治素质、职业能力(包括技能)素质、创业能力等全面素质。

部门(行业)教育管理工作的重心由重点抓直属院校、学历教育、高等教育,转到行业教育、非学历教育、职业教育和培训上来,由过去的行政直接管理转到行业教育业务指导与服务上来。

《中华人民共和国职业教育法》明确指出"政府主管部门、行业组织应当举办或联合举办职业学校、职业培训机构,组织、协调、指导本行业的企业、事业组织举办职业学校、职业培训机构"。依靠政府部门、行业组织、企业及社会力量举办职业教育与培训,是改革与发展职业教育的重要方针。职业教育是最贴近行业的教育,行业在推进职业教育发展中具有特殊的作用。

交通行业的主管部门应与教育部门密切合作,加强对社会各类交通职业教育的协调和业务指导,继续办好交通部门管理的交通职业学校和培训机构。在依靠全社会教育资源的基础上,制定交通职业教育发展政策,制定行业职业教育和培训规划。行业组织受主管部门的委托,开展本区域、本部门交通人

力资源调查和需求预测；提供教育培训市场的中介服务，沟通行业内职业教育与培训的信息；参与行业内职业教育和培训的资源配置；组织和协调对行业职业教育和培训的检查和评估工作；组织和指导行业职业教育和培训的教学改革、相关专业的教材建设和教师培训；提出行业特有工种职业技能鉴定规划和鉴定机构设置布局的建议；参与制定行业职业标准，指导本行业特有工种的职业技能鉴定工作等。要充分发挥交通行业职业教育教学指导委员会研究、咨询、指导和服务的功能。

交通行业各级管理部门要充分发挥行业管理职能，按照“统一规划、分工负责、分级管理、分类指导”的原则，紧密结合行业发展，依据交通部制定的行业职业教育和培训发展规划，结合各自的实际情况，制定并实施本地区交通职业教育和培训发展规划，并做好监督检查、组织协调、信息服务等工作。要充分发挥职业院校的作用，抓好在职干部职工的继续教育和岗位培训；切实保障办学条件，在地方政府的统筹领导下与教育行政部门共同推进教育资源的优化配置，不断提高教育质量和办学效益。

此外,应加快搭建交通职业教育信息平台,包括交通行业职业资格制度建设和职业培训的信息,充分利用公共信息平台,对交通职业教育运行机制中相关方面的重要信息进行传递和公布,为社会公民和交通职业院校及培训机构服务,主要发布四大类型信息:一是交通行业、企业人力资源的供需信息;二是交通行业职业培训供需的信息;三是社会各类交通职业教育的综合信息;四是对行业组织、培训机构与考试机构监控的重要信息等。

二、发挥职业教育的积极作用,保障交通行业职业资格制度的有效实施

为保证交通行业关键岗位从业人员的素质,维护执业秩序,交通部启动了交通行业职业资格制度建设工作,力争“十五”期

间基本建立起交通行业关键岗位职业资格制度。这一制度的实施，对交通职业教育既提出了更新更高的要求，也提供了更大的发展空间。

交通职业院校应抓住这一机遇，积极发挥作用。一方面，按照"先培训、后就业"、"先培训、后上岗"的原则，主动为要求进入交通行业的人员做好职业资格培训和职业技能鉴定工作提供相关服务，另一方面，要做好职业资格认证与职业院校专业设置的对接，加强专业教育相关课程与职业资格标准的融通，实现职业资格培训与学历证书教育的有机融合。积极探索交通行业学历证书与职业资格证书相互转换的理论与实践，探索两种证书、两种人才评价体系之间的沟通、衔接与互换的可能性与可行性。按照教育部的要求，有职业资格证书的专业领域，80%以上的毕业生要取得"双证书"。交通职业院校要更加有针对性地开展对交通从业者的教育和培训，为他们取得相应证书服务。同时要改革培养模式，在课程结构、教学内容和教学进度安排上，体现以能力为核心，培养学生的职业技能，提高"双证书"率。

交通行业各级管理部门在建立就业准入制度和推行职业资格证书过程中要充分发挥全社会交通职业教育院校和培训机构的作用，依靠交通职业教育院校和培训机构，开展职业资格体系中的职业教育培训和职业技能鉴定。作为行业主管部门要规范职业资格培训市场，维护市场秩序，保护培训者的利益。

三、依靠交通职业院校与企业合作，建立职业教育发展的战略依托

创新是发展先进生产力的灵魂，企业是技术创新的主体。交通职业院校应发挥自身的优势为交通企业建立创新体系服务。企业发展必须有大批技术娴熟、手艺高超的一线技术操作人员，才能生产高质量的产品，保证安全的运输，保持企业的竞争优势。交通职业院校要主动适应企业发展对人才培养的要求，满足企业多种形式的培训需求，为企业提供人才和技术服

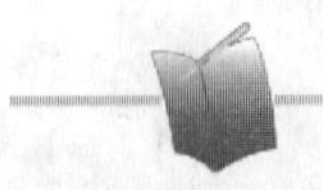

务。鼓励各交通职业院校与企业紧密结合,使交通职业教育人才培养与企业对人才需求实现零距离接触。可以以项目、案例教学的模式,让学生直接接触工程项目中的实际问题,提高学生解决实际问题的能力,增强交通职业教育的针对性、有效性。

交通企业应结合本单位的用人需求,积极与交通职业学校开展"订单"培养,以及多种形式的校企合作,积极为交通职业学校提供兼职教师、实习场所和设备。交通企业通过向学校赠送先进的仪器设备、接受学生实习、吸收学校教师直接参与企业工作培养"双师型"教师以及设立奖学金、奖教金等,支持学校发展。通过校企结合企业从中受益,也解决了学校的实训困难,实现校企"双赢"。企业与学校之间双方的相互依存是职业教育走向成熟和健康发展的重要标志。

强化交通企业履行职业教育和自主培训的功能。企业具有依法举办职业教育和培训的职责。交通企业应从实际出发,建立企业教育与培训制度,开展职工在岗、转岗和再就业培训,特别要加强对技能型人才的培养。加强产科教结合,切实把企业的发展转移到依靠科技进步和提高劳动者素质的轨道上来。

四、创新机制,增强交通职业教育的办学活力

交通职业院校要引入经营理念,瞄准市场和交通发展的需求,创新机制。用市场经济和现代企业管理的理念改革传统的管理模式,由管理学校向"经营"学校转变。既要建立不断产生社会需求从潜在向现实转换的新机制,又要形成职业教育满足社会需求的有效供给机制;既注重教育管理规律,又注重市场经济和现代管理的基本原则。

转换办学机制,运作突出市场化。以就业为导向,按照市场经济和交通发展的要求促进交通职业教育的开放性和多样化。一是提高职业院校面向市场依法办学的活力。二是坚持学历教育与培训并举,职前和职后教育相结合,以社会、交通需求为准则,开展形式多样、长短结合的职业教育。三是在专业设置、课

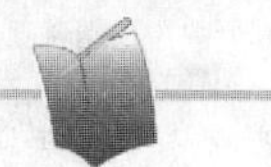

程安排、教学内容、教学方式等方面搞好与市场的对接，着力抓好“订单”、“定点”、“定向”培训。四是整合教育资源，使职业教育向规模化、集约化、连锁化方向发展。

要深化交通职业院校内部运行机制的改革，包括人事、分配制度的改革。建立更加贴近市场、贴近学生、贴近社会的运行机制，使学校经营越来越有生机和活力，教职员工的创造力和潜能得到充分发挥，不断提高办学效益，增强交通职业院校面向市场的自我发展能力。

第三节 坚持以服务为宗旨，以就业为导向，不断提高交通职业教育质量和水平

一、以重点专业为龙头，推进交通职业教育的专业现代化建设

交通重点专业是指支撑交通发展的主干专业，是以公路、水路交通运输、建设和管理为主的相关专业。专业现代化建设包括调整专业结构、布局，优化专业课程结构，更新教学内容，改革人才培养模式，提高师资队伍水平，改善办学条件，增强职业学校应对市场变化的能力等。

以专业现代化建设带动职业学校现代化建设，使交通职业学校建设由办学条件合格向办学水平先进迈进。在专业教育现代化建设基础上，促进由传统教育形态向现代教育形态转变。

专业现代化建设的核心是构建两个体系，一是建立基础适度兼顾针对性和适应性的理论教学体系；二是建立以基本实践能力和操作技能为重点的实践教学体系。为此，专业建设首先要以就业为导向，设置和调整专业，确保专业设置的适应性；其次要以职业能力培养为主线，架构人才培养方案，确保人才培养的应用性。

交通职业院校要根据交通发展、交通技术进步和劳动力市场变化，及时调整优化专业和培训项目，针对交通行业岗位群需

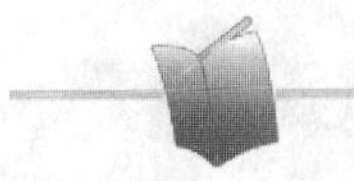

要,探索以能力为本位的教学模式,大力推进学校内部与外部的双向开放,实行弹性学制,学分互认,积极推进课程和教材改革、教学课程的模块化,为社会交通从业人员提供教育培训多样化的选择。在教学模式上要从传统的以教师为主体,以讲课为主、课本为主、课堂为主转变为以学生的自主学习为主、在实践实习中探究为主的新的教学模式。同时,在教育信息化建设过程中,发展远距离教育,建立虚拟校园、数字化校园,在校园网上建立教师工作站和各种资源网站等,实现跨越时空的教育资源共享。面对未来的教育,编写体现专业特色的理论和实践教学系列教材,建立以现代媒体为主的教学方法和手段体系,构建科学、合理和有效的考核方法。

以就业为导向,推进交通职业教育改革创新。解决就业问题是中央十分关注的问题。职业教育要为经济发展服务,就要从单一的学历教育向就业教育转变。职业教育就是就业教育。坚持以就业为导向,就能够给职业教育带来深刻的变化。就业教育必然要实行双证书制度。要按照"订单"培养的要求,推动职业学校运行机制的改革,密切与企业和人才、劳务市场的合作,做好市场调研与预测,建立毕业生稳定、有序、灵活的就业渠道和网络,切实做好毕业生的就业服务。交通职业院校要按照十六大报告提出的"就业是民生之本","完善就业培训和服务体系,提高劳动者就业技能"的要求,提高学生的就业能力并注意为下岗、转岗人员提供再就业培训。充分发挥职业教育对扩大就业的支持作用、服务功能,不仅对国家是一个巨大的贡献,也是"三个代表"重要思想在教育工作中的重要体现。

积极推进交通职业学校的创业教育。创业教育就是培养学生的创业意识、创业能力、创业技巧、创业精神,有效地提升学生的创业素质。在教育改革过程中,要把提高学生的创业能力作为职业教育在新世纪实施素质教育的制高点,不仅仅满足于毕业生获得就业的准备,更要使学生获得创业的能力,为社会创造财富,为别人创造就业机会。

创特色教育，树品牌意识。为适应经济社会发展的需要，交通职业教育要办出特色，在培养目标、人才质量规格和社会效益等各个方面应显著地区别于普通高等教育和普通高中教育。学校要树立自己形象的品牌，要有名专业、名教师、名学生。要加强教材、师资队伍和专业现代化建设；要有现代化的教学手段、实验室及教学设施，高水平的学科和专业带头人及高素质的教师队伍；要在创新教育、素质教育、提高人的个性发展等方面不断创新。

职业教育不应只是重职业技能培养的狭隘教育，而应成为把国家、社会和个人的可持续发展作为根本出发点的终身教育的重要组成部分，既要培养学生的职业岗位能力，为就业服务，又要为未来全面发展打下扎实的基础。培养学生六个学会：即学会学习、学会生存、学会关心、学会负责、学会创造、学会合作，全面提升学生职业素质。给学生打下的基础不是学会了多少，而是会学多少。通过创业教育结合交通职业教育的专业特点来实现综合职业素质的全面提高。把职业能力培养与职业道德培养紧密结合起来，培养学生的爱岗敬业、吃苦耐劳、严谨求实的作风，使学生合作意识、安全意识强，专业技能、实践能力过硬，劳动态度、创业精神好，具有良好的职业道德、健康心理素质和正确的世界观、人生观和价值观。

二、以“双师型”教师培养为重点，推进交通职业院校高素质师资队伍建设

交通职业教育发展的关键在教师。要采取切实措施，以“双师型”教师培养为重点，狠抓教学带头人和骨干教师，推进交通职业院校教师队伍建设。教育部《关于加强高职高专师资队伍建设的意见》要求，“双师型”教师数不低于学校专业课教师总数的70%。应按此要求建设一支数量充足、结构合理、素质过硬、专兼职结合的“双师型”教师队伍。

1.建立"双师型"教师队伍建设的激励机制

研究制定适合职业教育特点的教师职称评审制度,在评优、评先,职称晋升等方面向"双师型"教师倾斜;对同时承担理论教学和实践教学任务的"双师型"教师,在岗位津贴和课时津贴等方面给予特殊政策;设立"双师型"教师津贴和特聘教学岗位,充分发挥"双师型"教师的骨干带头作用,促使更多教师成长为"双师型"教师。

2.建立师资培训和继续教育制度

对学历不达标、年龄在45岁以下的教师,在限定的时间内(3~5年)实现学历达标,并建立继续教育的培训制度,每工作2年要有不少于2个月时间的培训,包括现代职教理论和现代教学方法与手段培训,知识更新,专业理论、专业实践技能提高等。

3.提高教师业务综合能力

各职业院校应逐步建立专业课教师定期到企事业单位实践的制度,努力提高专业课教师的实践能力。对没有实践经验的老师,应有计划安排到企事业第一线进行实习锻炼,提高其操作能力和动手能力;并积极开辟渠道,组织骨干教师到国内重点院校和科研机构进修和出国研修,使其成为复合型人才。同时要加强教师职业道德教育,坚持教书育人的方针。

4.拓宽教师来源渠道

鼓励聘请有岗位工作经历、胜任教学工作的企事业单位专业技术人员到学校任教。充分利用社会资源,开通面向社会招聘职教专业师资的渠道。

5.加强师资培训基地建设

选择几所功能齐全、布局合理、办学水平高,颇具行业特色的高职院校或培训机构作为交通行业职教培训基地,加强职教

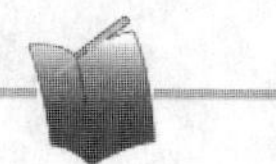

教学理论的研究与实践,组织新教学方法和技术的应用与推广。采取交通部适当扶持、社会参与支持、企业密切合作的办学体制。

6.建立兼职教师管理的规范性制度

加强兼职教师队伍建设是补充教师数量、优化师资结构、适应专业变化要求,是产学结合的有力措施。广泛吸收和鼓励企事业单位的专业技术人员和高技能人员到校担任兼职教师。建立有效的兼职教师聘任机制。制定有关兼职教师的结构和考核的指导性文件,有利于兼职教师的稳定和水平的提高。

三、以“产学结合”的模式,实施高水平实训基地建设

交通职业教育的根本任务是培养有较强实际动手能力和职业能力的技能型人才,而实际训练是培养这种能力的关键环节。加强职业教育实训基地建设是提高职业教育质量,解决技能人才培养“瓶颈”的关键措施。

根据交通行业实际,在实施“交通行业技能型紧缺人才培养培训工程”过程中,分期分批在重点专业领域建成一批条件较好,专业种类齐全,适应技能人才培养需要的 20 个实训基地。实训设备的配置与交通行业运输与建设技术水平相适应,以适用、实用为原则。实训基地建设要统筹规划,合理布局,充分发挥现有资源的作用。交通部拟重点支持以“产学结合”的模式建设的实训基地,实训基地可以建在职业院校或校企结合的企业或培训机构内。要发挥实训基地建设的投资效益,实现区域内高、中职院校和培训机构对实训基地的共享。同时,实训基地要建立自主发展的机制,不仅完成实训任务,而且面向市场开展培训和技术服务。

四、实施“交通行业技能型紧缺人才培养培训工程”

随着交通事业的快速发展,交通技能型人才短缺的矛盾日

益突出，一方面交通职业院校的毕业生供不应求，另一方面，大量的未接受过职业技能培训的人员涌入到交通行业里来，这一矛盾在公路建设、汽车维修领域尤为突出，已成为制约交通行业健康发展的重要因素。加快交通技能型紧缺人才的培养迫在眉睫，要加快培养一大批具有必要理论和较强实践能力，从事生产、建设、管理和服务的一线人才。教育部、交通部等六部门从2004年开始组织实施“职业院校制造业和现代服务业技能型紧缺人才培养培训计划”，汽车运用与维修专业被列入首批培养计划。在继续实施这项计划的基础上，交通部门还要根据国家产业政策、交通行业和劳动力市场的实际需要，启动“交通行业技能型紧缺人才培养培训工程”，在公路、水路领域选择5~8个技能型培训项目，即汽车运用与维修、公路施工与养护、筑路机械操作与维护、港口装卸机械操作与维护、船舶驾驶（船舶操纵以及相关专业、工种）、轮机管理（船舶轮机工）等，有计划地实施这项工程，并重点建设一批示范性培训基地，争取国家和交通部门在资金、政策等方面的重点支持，力争3~5年为全行业培养出一大批高级技工和技师，以缓解目前全行业技能型人才紧缺状况。同时积极探索新的培养培训模式，加快培养交通技能型紧缺人才。各地区各单位可根据各自的人才需求情况，把交通行业技能型人才培养纳入到交通教育培训发展规划之中，制定技能型紧缺人才的培养方案，加大培养力度，缓解技能型人才紧张的矛盾。

五、扩大交通职业教育的对外交流与合作

实行开放式办学，加强交通职业教育国际交流与合作。采取多种形式和途径，学习借鉴国外职业教育的办学先进理念、经验和有效的运行机制，引进国际优质教育资源，增强交通职业教育在课程、教学、研究、服务和管理等方面的开放性、交流性和通用性。鼓励交通职业学校主动参与国际教育服务的竞争，拓展交通职业学校毕业生海外就业的渠道，提高交通行业从业人员

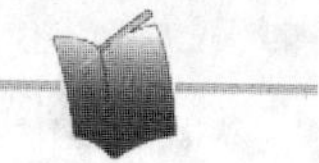

参与国际劳务市场竞争的能力。

第四节　坚持以人为本，创建学习型行业，为交通从业人员的终身教育服务

交通行业人才培训遵循的原则是：以人为本，全面发展；全员培训，提高质量；按需施教，注重能力；与时俱进，改革创新。

一、构建交通行业终身教育体系，创建学习型行业

交通人才资源能力建设是人才培养的核心。要重点加强交通高级公共管理人才、企业经营管理人才和专业技术人才等三支人才队伍建设，提升行业领导干部的行政能力。要树立大教育、大培训观点，在提高交通人的思想道德素质，科学文化素质和健康素质的基础上，重点培养交通人的学习能力、实践能力和创新能力，提高从业人员的素质。

1.构建丰富多彩的培训内容体系

以提高交通系统领导干部行政能力及驾驭市场经济的能力和水平为目标，构建知识更新培训体系；以提高交通各类管理人员履行岗位职责为目标，构建岗位管理和技能培训考核体系；以促进交通从业人员的全面发展为目标，构建人文教育体系。

2.采取灵活多样的教育形式

采取自学与集中培训相结合、理论学习与实践锻炼相结合、国内培训与国外培训相结合。在培训形式上，广泛采用数字信息技术、网络技术和多媒体手段及远程教学等。在培训手段上，采用案例教学、情景模拟、拓展训练、考察实习等。从知识灌输变为能力提高，满足不同类型、不同层次培训需求，实现以能力为本位的培训。

3.建立科学、规范、高效的运行机制

完善政府主导、市场引导、齐抓共管、多元开放的宏观管理

机制;形成以人为本、围绕中心、有的放矢、按需施教的教育机制;形成对办学行为和教育质量的监督和评价机制;实行学习培训考核制度和干部训用相结合的激励约束机制。

4.体现工作学习化、学习工作化特征

学习型行业的特征是工作学习化、学习工作化。学习的目的是为了指导实践。要学会学习、学会发展、学会创新、学会解决前进过程中的各种矛盾和问题。

在传统的学习中,知识是学习的主要内容。作为学习型交通行业的"学习",其重要内容还包括学会发展、学会创新、学会解决各种矛盾与问题,这是更重要的学习。交通发展必然面临更多、更复杂的矛盾和问题。如资金制约、资源制约、人才制约、体制制约、技术制约、不良的利益关系格局的制约等。认识、调查、研究交通发展进程中不断产生出来的各种问题,把握问题的症结与本质所在,探讨各种有效的、合理的解决办法,进行技术创新、方法创新、工艺创新、制度创新、规范创新、措施创新,都是更重要的学习内容。

二、实施"西部地区交通人才培训工程",为西部交通可持续发展服务

西部交通人力资源的开发与管理是西部交通高效建设与发展的基础。根据中央有关精神以及西部交通建设与发展需要,在完成"十五"交通部支持西部地区交通干部培训计划,即"5531计划"执行的基础上,认真调查研究和总结经验,不断探索新的模式和途径。建议交通部主管部门为西部交通可持续发展积极争取资金,在"十一五"期间继续开展支持西部干部培训工作,实施"西部地区交通人才培训工程"。在培训工作中紧密结合西部地区交通建设与发展的战略目标和重点任务,以观念更新为先导,以提高能力为重点,以学习交通业务和交通新知识为主要内容,采取多种有效措施和形式,分层、分期和分批展开。要充分

发挥中央和地方两个积极性,各地部门联动,东部和西部通力合作,更加强调培训的针对性和有效性,向交通发展更需要的地区延伸,向交通发展更需要培训的部门和人才延伸,充分发挥投资的效益。

三、实施"农村劳动力转移培训工程",努力为"三农"服务

实施农村劳动力转移培训是党和政府的重要工作,理所当然也是各级交通部门特别是职业学校和培训机构的重要工作。

在交通部门实施"农村劳动力转移培训工程"。目前仅转移到公路建设上的农村劳动力就占建设从业人员总数的40%以上。帮助农村劳动力掌握现代职业技能,是职业教育为新型工业化道路服务的重要内容。大量的农民工转移到交通建设上来,交通部门职业学校和培训机构有责任为他们提供培训服务。交通部提出"修好农村路,服务城镇化,让农民兄弟走上沥青和水泥路",同时交通职业教育部门也要让农民兄弟实现"学会当技工,走上致富路"。通过职业教育帮助转移到交通公路建设和运输上来的农民兄弟学会建设公路、养护公路,学会安全驾车和修车及交通实用技术。要把培训鉴定工作的重点,放在对工程质量和安全生产有直接影响的工种上。采取师傅带徒弟、工学交替、完全学分制、个人自学与集中辅导相结合等多种形式,还要充分发挥交通远程职业学校的作用,按照"实际、实用、实效"的原则开展转移前培训和转移后培训。通过培训和实践,提高他们的文化水平和就业能力。按照"明确责任、成本分担"的原则,培训经费由政府、企业和农民个人共同负担,并按工资总额的1.5%~2.5%提取培训经费,另要积极争取社会各界和国际组织的捐赠和支持。交通职业技术院校和培训机构要办成人力资源开发、技术培训与推广、劳动力转移培训和扶贫开发服务的基地。

四、实施“交通远程职业教育培训工程”，为交通从业人员提供便捷的学习服务

利用信息网络技术发展职业教育是解决交通职工工学矛盾最适宜的方式,同时也是最经济的方式。远程学习的成本一般是传统学习成本的1/3~1/2①。

针对交通行业点多、线长、流动、分散的特点,要充分利用交通信息化建设的历史性机遇,运用现代化教育教学手段,积极发展现代远程职业教育,使创建学习型交通行业在技术手段方面得到突破,使交通行业从业人员可以不受时间、空间和教育资源配置的限制,随时随地按照实际需要查找信息动态,选择学习项目和内容,最大限度地为交通行业从业人员提供学习和培训条件,开辟终身教育的新途径。充分发挥交通远程职业技术学校的作用,扩大中等职业教育的办学规模,开展远程职业培训。在实施这项工程中,坚持制度创新,建立远程学习和在校学习相互沟通的体制;建立和完善深入交通基层单位的远程学习支持服务体系;建立远程教育培训与职业资格证书培训与发证相互沟通的体制。在教学过程中,实现信息技术与教学要素的有效整合,发挥信息技术传输、表达和处理信息的优势,提高教学效率、改善学习效果,为交通一线的从业人员提供及时、便捷、经济的学习服务。通过加快教育信息化进程,推动教育观念、教育手段、教学内容、教育技术和教育管理等的现代化。

五、改革教学管理制度,增强创建学习型交通行业服务的功能

学习型交通行业的创立要求职业教育适应经济结构的调整,以新兴产业和现代服务业的发展为目标,开展职业教育;以培养人的素质和创新能力为目的,改革职业教育;以职工的职业道德和职业技能培训为第一需求,发展职业教育。

① 德斯蒙德·基更. 远距离教育:国际终生教育的第一选择. 开放教育研究,1998,2

交通职业院校和培训机构要努力将职业技术院校办成面向行业的、开放的、多功能的教育和培训中心，并将院校开展职业培训数量和质量作为考核学校运行水平的一个主要指标。鼓励行业外职业院校参与交通行业的职业培训，创造各类培训机构公平竞争的环境。建议在教育行政部门的指导下，加快行业所属院校学制模式的改革。教学管理制度要根据交通行业的特点，根据不同专业、不同教育培训项目和学习者的实际需要，实行灵活的学制与学习方式，可采取"零存整取"、"学分银行"的方式，推行学分制与弹性学习制度。抓好五个结合：全日制与部分时间制相结合，职前教育与职后教育相结合，集体培训与个体自主学习相结合，现场培训与远程培训相结合，培训合格证书和学历证书相结合，按需施教。鼓励将行业培训转换为累计学分，推进交通行业从业者通过职业培训增加受教育年限，提高职业素质，为交通行业构建终身教育体系发挥重要作用。

第五节 坚持多渠道投入，为交通职业教育健康发展营造良好环境

一、坚持多渠道投入，不断改善交通职业教育的办学条件

针对交通职业教育投入不足的问题，一是建议政府加大对交通职业教育投入的力度；二是力争交通企事业单位和用人部门支持交通职业教育的发展，在学生实习基地建设、培训职教师资和专业建设上给予支持；三是争取国际合作项目，给予交通职业教育支持；四是积极发挥社会力量办学，开办交通职业教育。

交通行业各级交通主管部门和各企业应继续办好所属的交通职业学校和培训机构，充分发挥市场机制的作用，充分利用国家政策，坚持多渠道筹措经费，加大对交通职业院校和培训机构的投入，并力争逐年有所增加。各地交通部门应继续保持对交通职业教育与培训的投入政策，继续延用从交通规费（税）中提

取1%左右的经费用于交通教育与培训的政策。交通部拟积极筹措资金用于支持交通职业教育师资培养和农村及西部地区交通职业教育发展。

各交通企事业要按《中华人民共和国职业教育法》和《中华人民共和国劳动法》的规定,承担职工教育培训费。一般企业要按职工工资总额的1.5%足额提取教育培训费;从业人员要求高的企业可按2.5%提取教育培训费;交通基础建设重大项目、企业技术改造和项目引进等均应按规定要求提取教育培训经费,支持交通职业教育与培训,促进职业教育持续健康发展。

二、坚持尊重各类人才,努力营造交通职业教育良好的发展环境

1.在交通行业内大力宣传先进典型

大力宣传交通职业教育和高素质劳动者在交通现代化建设和交通新的跨越式发展中的重要作用,对在交通职业教育工作中作出突出贡献的先进单位和个人,要大张旗鼓的进行宣传和表彰。通过抓典型,在全行业形成重视、关心和支持交通职业教育发展的良好局面,努力在交通行业营造有利于交通职业教育改革和发展的良好环境。

2.优化技能型人才成长的良好环境

树立人人都可以成才的观念,改革用人制度,建立技能型人才成长的激励机制,从各个方面提高技能型人才的地位和待遇。有条件的单位可建立优秀技能人才津贴制度,提高其社会地位。企业应尽可能采取多种形式开展技能竞赛活动,不断发现和选拔高技能人才,从而引导交通职工学技术、比技巧、作贡献。要通过大力宣传像许振超这样的典型人物,弘扬“知识改变命运,岗位成就事业”、“当不了科学家,可以练就一身绝活,当不了能工巧匠,也要当一名优秀工人”的主人翁精神,促进全行业交通职工爱岗敬业、刻苦钻研业务风气的形成。在全行业形成合理

使用各种人才，造就岗位成就人才、行业凝聚人才、环境留住人才的激励机制及鼓励各种人才全面发展的氛围。

3.在企业内部形成培训、考核与使用、待遇相结合的激励机制，调动职工学习的积极性

通过劳动工资制度改革，将技术工人工资与职业资格证书和岗位绩效挂钩，充分发挥娴熟技术工人、技师和高级技师的作用，创造有利于人才成长的良好环境。

4.切实加强交通行业从业人员职业道德建设

要把职业道德建设贯穿于交通各项工作中，逐步形成“爱岗敬业、诚实守信、服务群众、奉献社会”的职业道德风尚，提高交通职工职业素质和文明程度，增强交通职工的责任意识、质量意识、服务意和安全意识，促进交通事业的发展。

大力推进交通职业教育的发展，任重道远，并将始终伴随于我国社会主义现代化建设的进程之中，我们应当按照时代发展的要求，与时俱进，开拓创新，不断把交通职业教育事业推向前进。

第二篇

专题研究报告

报告一 交通职业教育发展现状调研报告

一、调研工作概况

1.调研工作目的

我国正处在全面建设小康社会、加快推进社会主义现代化建设的重要阶段,职业教育也进入了深化改革、加快发展的历史时期。交通快速发展、交通产业结构调整和交通科技进步等新形势对交通职业教育提出了新的任务和要求,交通职业教育作为我国职业教育和交通现代化建设的组成部分,面临着新的发展机遇和新的挑战。为全面了解交通职业教育发展情况,找出交通职业教育存在问题,研究交通职业教育发展政策、对策,为交通部制定交通职业教育改革与发展的相关政策和“十一五”发展规划提供依据。在交通部科教司支持下,课题组对全国交通职业教育现状进行了专题调研。

2.调研方式

为全面、客观了解全国交通职业教育及培训的基本现状,课题组采取了面上调研、典型单位调研、问卷调查和重点单位查询及检索四种主要方式。

(1)面上调研。主要对交通职业院校(高职学院、中等职业学校)和交通教育主管部门(各省、自治区、直辖市交通厅(局、委)教育处)进行表格调查。对交通职业院校分别发放了《普通高等学校基层报表》(对交通高职学院)、《中等专业学校基层报表》(对交通中专学校和交通技工学校)。对交通教育主管部门分别发放了《交通职业教育培训机构及培训情况调查表》、《交通职业院校变化情况调查表》。前后共收回35所交通高职学院和28所交通中专学校的报表,188所交通技工学校的基本情况,27个省、自治区、直辖市交通厅(局、委)教育主管部门的反馈意见。

(2)典型单位调研。按照交通部科教司《关于开展交通职业教育现状专题调研的通知》(科教教培训函〔2003〕046号)要求,在交通部科教司的主持下,2003年3~4月、2004年6~8月两次分别对广东、湖北、青海、内蒙古、山西、山东、浙江、湖南、广西、贵州和长江航运集团总公司等10个省、自治区和1个交通大型企业集团进行典型单位调研,调研单位情况见表3-1-1。调研单位共103家,其中包括10个省、自治区交通厅教育主管部门,16个交通企业单位,46个省交通厅所属行业局、科研院所,26所交通职业院校(含培训中心、交通干校)。召开了31次座谈会,参加人员446人,其中包括教育主管部门领导、教育管理人员、教师等。

典型调研单位情况 表3-1-1

单位 地区	交通厅机关 (教育主管部门)	厅属行业局 及科研院所	交通职业院校 (含干校、培训中心)	交通企业单位	其他单位
广东	1	4	高职院1 培训学校1 技工学校1	3	广州市交委1
湖北	1	4	高职院2	/	武汉市交委1
青海	1	3	高职院1 (含干校、技校)	2	/
内蒙古	1	6	高职院2 中职校1	/	区教育厅1 区劳动厅1

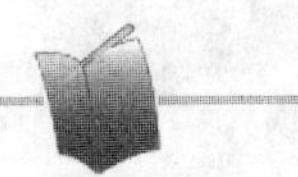

续上表

单位 地区	交通厅机关 （教育主管部门）	厅属行业局 及科研院所	交通职业院校 （含干校、培训中心）	交通企 业单位	其他单位
山西	1	8	高职院 1 交干校 1	2	
山东	1	4	3	3	
浙江	1	4	4	1	
湖南	1	5	3	2	
广西	1	3	3	2	
贵州	1	5	1	1	
长航集团	1		高职院 1		
合计	11	46	26	16	4

(3)问卷调查。设计了《交通职业教育发展现状问卷调查表》,涉及交通职业教育及培训的管理体制、投资体制、专业设置、教师队伍建设、教学质量、培训机制、培训需求 7 个方面 24 个问题,发至 9 个省、自治区共 650 份,共收回 451 份。

(4)重点单位查询及检索。为使现状调研情况更全面、数据更真实可靠,课题组还分别对交通高等教育研究会、交通职业教育研究会、交通技工教育研究会等单位进行咨询和调研。另外,为了解交通系统外开办交通主要专业的情况,课题组还到教育部教育信息管理中心进行计算机检索,获得了交通系统外开办交通主要专业的基本情况。

3.交通职业教育及培训总体情况

(1)交通职业院校基本情况见表 3-1-2。

2003 年全国共有交通职业院校 251 所,在校生 260173 人,其中高等职业学院 35 所,中等职业学校(包括中专和技工学校)216 所。

交通职业院校基本统计　　表 3-1-2

学校类别	学校数量(所)	建筑面积(平方米)	教职工数(人)	专任教师数(人)	在校生数(人)	师生比	校均规模(人)	招生数(人)	毕业生数(人)
高职	35	6538862	12010	6463	92747	1:14	2649	28732	16500
中专	28	1489800	4966	3227	65268	1:20	2331	20250	10800
技工	188	4658000	13793	6938	102158	1:15	543	34479	25311

注:本报告中交通职业院校主要指各省、自治区、直辖市交通厅(局、委)、大型交通企事业单位所管理的交通职业院校和原(1999 年以前)属交通部及交通大型企事业单位、部分省、自治区、直辖市交通厅(局、委)管理的院校,经教育体制改革后,划归或调整到其他部门管理的交通职业院校。

(2)交通职业培训基本情况见表 3-1-3。

2002 年全国独立设置交通培训机构共有 218 家,其中省交通厅直属培训机构 34 家,省交通行业局及地市交通局所属培训机构 184 家。2002 年培训规模为 817748 人次。

交通培训机构基本情况统计　　表 3-1-3

培训机构(个)	建筑面积(万平方米)	专任教师队伍(人)	年培训规模(万人)
218	187.4	3586	81.8

注:表中数据为 2002 年年底,27 个省、自治区、直辖市交通厅(局、委)教育主管部门上报数据。

在调研中发现,培训机构(主要是省、自治区、直辖市交通厅(局、委)的所属交通干部学校和培训中心)除承担交通行业的各种培训任务之外,还承担了大量的大专以上学历教育任务,主要有远程学历教育、函授教育、中央电大教育、自学考试等类型,对象主要是交通系统在职人员,规模较大,不容忽视。如北京交通管理干部学院与北京交通大学合办的交通远程教育,在全国已有 29 个教学中心,2003 年在校生达到 1.42 万人。其他培训机构开展成人在职学历教育情况见表 3-1-4。

培训机构承担学历教育情况统计　　表 3-1-4

承担学历教育的培训机构	数量(所)	2003 年招生数(人)	2003 年在校生数(人)
远程学历教育教学中心	29	7540	14200
承担学历教育的培训机构	31	14700	35620
合　计		22240	49820

(3)交通系统外院校开办交通主要专业情况见表3-1-5。

表3-1-5列出了交通系统外高、中等职业院校开办交通主要专业情况。2003年全国交通系统外开办交通主要专业的普通高等学校85所(高职高专),独立设置的高职高专学校117所,中等职业学校1159所(不包括技工学校)。需要说明的是,检索查询是以交通主要专业代码为主题词,由于高职高专没有专业代码(前不久教育部刚刚公布),所以只能用高等学校的专业代码来检索,这样带来的后果有可能高职高专学校实际开设的交通主要专业没有被教育部教育信息管理中心收入数据库,造成相当部分交通主要专业遗漏,故表3-1-5所列数据仅供参考。

交通系统外院校开办交通主要专业情况统计　　表3-1-5

数量 / 学校类别	数量(所)	2003年交通主要专业招生数(人)	2003年交通主要专业在校生数(人)
开设高职专业的普通高校	85	6477	18266
独立设置的高职高专学校	117	24087	48519
中等职业学校(含中专、职高、成人中专)	1159	87747	193356

二、交通职业教育基本现状

1.交通高等职业教育发展迅速

表3-1-6列出了交通高等职业学院的发展变化情况,图3-1-1为交通高等职业院校数量变化图,图3-1-2为交通高等职业院校校均规模变化图。由表3-1-6和图3-1-1、图3-1-2可以看出,近几年,交通高等职业教育快速发展。1999～2003年,学校数量从4所增加到35所,增加8.8倍;在校生数从8700人增长到9万多人,增加10.7倍,每年以80%的速度增长;教职工数从1500人增加到12010人,年平均增长70%;校均在校生规模从2172人增加到2649人;招生人数从2000人增加到28000人,年平均

增长 90%；毕业生数从 1000 人增加到 16500 人，年平均增长 100%。全国普通高校 2003 年比 2002 年招生数增长 19%，在校生数增长 22.72%，毕业生数增长 40.39%。

交通高等职业学院的发展变化情况统计　　表 3-1-6

年份	学校数量（所）	建筑面积（平方米）	教职工数（人）	专任教师数（人）	在校生数（人）	生均面积（平方米/人）	师生比	校均规模（人）	招生数（人）	毕业生数（人）
1995 年	3	266000	1000	480	2000	133	1:4	667	650	650
1999 年	4	742000	1566	848	8690	85.4	1:10	2172	2000	1000
2003 年	35	6538862	12010	6463	92747	70.5	1:14	2649	28732	16500

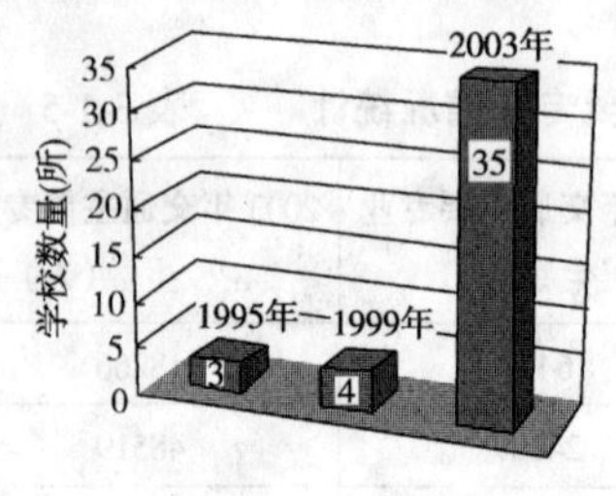

图 3-1-1　交通高等职业院校数量变化图

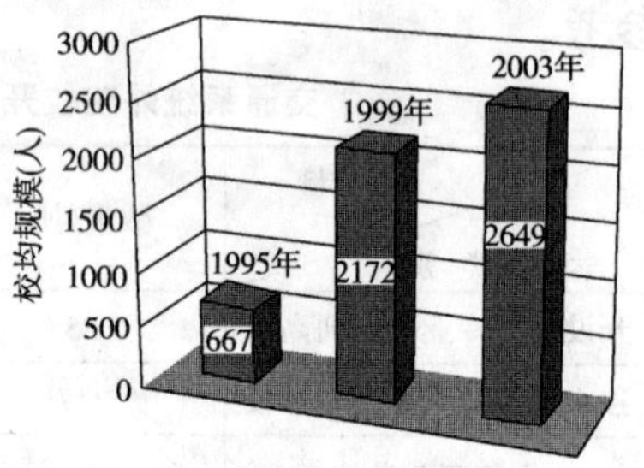

图 3-1-2　交通高等职业院校校均规模变化图

交通高等职业教育快速发展的原因，一是由于教育体制的调整，交通教育资源优化整合，大批普通中等专业学校升格；二是由于交通建设的快速发展对交通职业人才需求急剧增加，交通职业院校在专业设置、人才培养等方面适应了这种需要，主要体现在毕业生的就业率上。近几年交通职业院校的就业率为 86%，而普通高等院校的就业率为 75%，交通职业院校良好的就业形势也促使了更多的人报考交通职业学院。

2. 交通中等职业教育走出低谷，规模逐年扩大

表 3-1-7、表 3-1-8 分别列出了交通中等专业学校和交通技工学校 1995～2003 年的基本情况统计。由表 3-1-7、表 3-1-8 和图 3-1-3、图 3-1-4 可以看出：

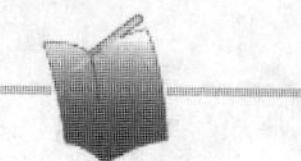

交通普通中等专业学校发展情况统计 表 3-1-7

年份	学校数量（所）	建筑面积（平方米）	教职工数（人）	专任教师数（人）	在校生数（人）	生均面积（平方米/人）	师生比	校均规模（人）	招生数（人）	毕业生数（人）
1995 年	53	1764356	10437	4345	51204	34.4	1:12	966	20783	12830
1999 年	51	2172163	9470	4557	88204	38.8	1:19	1729	28361	21401
2003 年	28	1489800	4966	3227	65268	38.3	1:20	2331	20250	10800

交通技工学校发展情况统计 表 3-1-8

年份	学校数量（所）	建筑面积（平方米）	教职工数（人）	专任教师数（人）	在校生数（人）	生均面积（平方米/人）	师生比	校均规模（人）	招生数（人）	毕业生数（人）
1995 年	182	5950000	18211	8208	73339	81.1	1:9	402	32274	14359
1999 年	185	6480000	18360	7936	83061	78.0	1:9	411	30319	27964
2003 年	188	4658000	13793	6938	102158	45.6	1:15	543	34479	25311

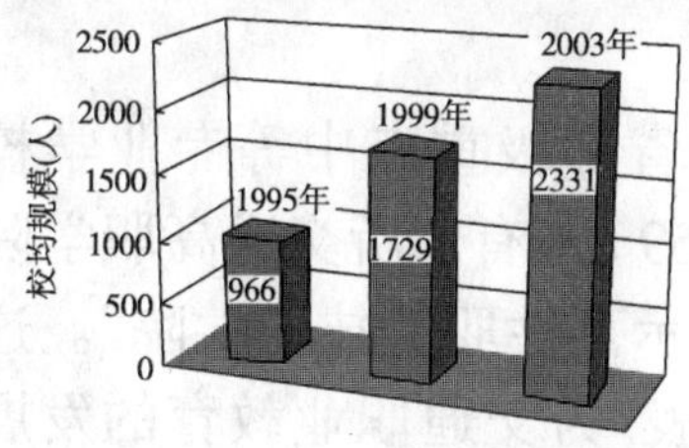

图 3-1-3 交通普通中等专业学校校均规模变化图

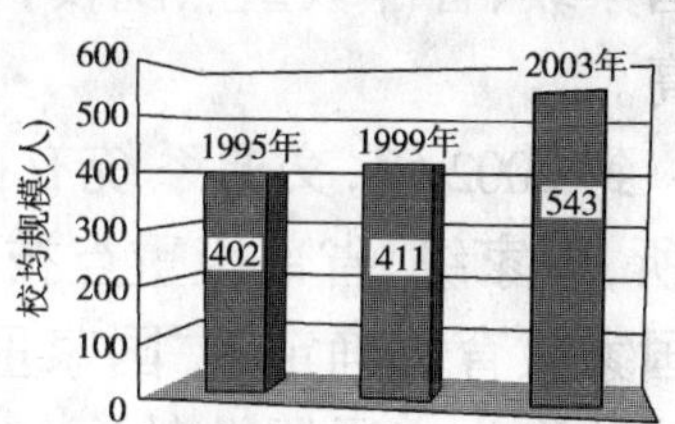

图 3-1-4 交通技工学校校均规模变化图

(1)交通中等职业教育总体规模有所增加，学校数量由 235 所到 216 所，变化不大；在校生由 124543 人增加到 167426 人，平均每年增加 4.5%；校均规模普通中等专业学校由 966 人增加到 2331 人（见图 3-1-3），增加 2.41 倍，技工学校由 403 人增加到 543 人（见图 3-1-4），增加 34.7%。

(2)交通中等职业教育的发展不平衡，1999 年中职学校 236 所，在校生总数为 171265 人，2003 年为 216 所，在校生为 167426 人，这说明 1999 年是交通中等职业教育发展最好的一年。在调查中不少职业学校的校长反映，中职招生低谷是在 2000 年和 2001 年，2002 年和 2003 年逐渐回升。

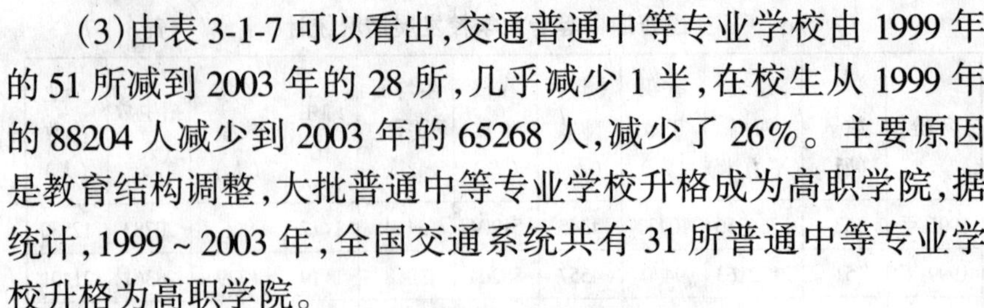

(3)由表 3-1-7 可以看出,交通普通中等专业学校由 1999 年的 51 所减到 2003 年的 28 所,几乎减少 1 半,在校生从 1999 年的 88204 人减少到 2003 年的 65268 人,减少了 26%。主要原因是教育结构调整,大批普通中等专业学校升格成为高职学院,据统计,1999 ~ 2003 年,全国交通系统共有 31 所普通中等专业学校升格为高职学院。

由以上分析可知,交通中等职业教育近几年稳定发展,经过调整,资源得到一定程度的优化组合,并且已经走出低谷,规模正在逐步扩大。

3.交通职业教育质量不断提高

交通职业教育的发展不仅是规模的扩大,也体现在质量的提高。经过长期的建设,交通职业院校形成了一批具有示范性的国家级、省部级重点院校,学校教育和培训的质量得到进一步提高。

到 2002 年,交通系统有国家级、省部级重点中等专业学校 35 所,国家级、省部级重点技工学校 59 所;有 5 所交通高职学院被国家教育部确定为“国家重点建设示范性职业技术学院”。这些院校作为交通职业教育的典型代表,为交通职业教育的发展起到了很好的示范作用。

交通职业院校的教师培养工作得到加强,部通过对 30 名交通中职教学带头人进行重点培养,促进并带动了整个交通职业院校专业教师的培养工作。据对 7 所交通高职学院调查显示,教师队伍中本科以上学历比例为 82%,大专及以下学历比例为 17.8%;教师队伍中高级职称教师比例为 25.7%,中级职称比例为 49.2%,初级职称比例为 24.7%;“双师型”教师比例平均为 47%,有的学校高达 80%。教师队伍的学历结构和职称结构有了明显的改善。

交通职业院校的毕业生受到用人单位的普遍欢迎,毕业生就业率高。据对 7 所交通职业院校调查显示,交通职业院校毕

业生就业率近3年平均为86.5%,高于全国普通高校平均水平。有些院校的就业率为100%,如武汉航海职业技术学院有些专业的学生毕业前一年就被用人单位预定。另外,交通职业院校交通主干专业的毕业生受到用人单位的普遍欢迎,如北京交通学校的汽车维修专业和内蒙古大学交通职业技术学院的公路专业毕业生都是供不应求。用人单位反映,他们宁要这些学校的中专生和高职生,而不要某些高校的本科生。

4.交通职业培训重点突出,注重实效

表3-1-9列出了27个省、自治区、直辖市交通职业培训情况统计,2002年交通职业培训规模为81.8万人次(含非独立设置的培训机构的培训人数),比2000年增长了43.8%,其中:岗位培训48.9万人次,占60%;继续教育培训13.9万人次,占17%;其他培训17万人次,占21%。

交通职业培训情况统计(单位:人次)　　表3-1-9

年　份	培训总量	岗位培训	继续教育培训	其他培训
2000年	568831	342841	110365	104594
2001年	690535	423536	121245	129776
2002年	817748	488149	138950	171066

通过对27个省、自治区、直辖市交通职业培训调查和对典型地区的专题调研情况看,交通职业培训有以下特点:

一是重点突出,"九五"期间,交通部确定代表交通行业形象的10个交通行政执法关键岗位作为职业培训的重点,经过3年多的努力,共对10个交通行政执法岗位的19.5万行政执法人员进行了有组织有计划的系统培训,大大提高了交通行政执法人员整体素质,这项工作已经成为交通行业职业培训的常规性工作。

二是注重实效,"九五"期间,交通部共投入交通教育扶贫资金4000万元,各省级交通主管部门配套资金1.6亿元,为562个贫困县培训了19万交通管理和技术人员。交通部先后投入

1200万元,重点支持西藏自治区交通厅建设西藏交通职工中专学校。“十五”期间,部又投入1800万元,通过举办培训班、组织讲师团、开办研究生班等形式实施支持西部地区交通干部教育与培训计划。到目前为止,已培训西部地区交通管理和技术人员9700余人次,在西部地区产生了较大反响,大大提高了西部地区交通管理干部的整体素质。

三是基本形成了多层次、多形式、多渠道的交通职业培训体系,近几年来,由于交通建设的快速发展对交通职工队伍素质要求的提高,交通职业培训受到各级交通主管部门的高度重视,交通职工培训需求急剧增加,从表3-1-9可以看出,受训人数每年以20%的速度增加。从各省交通教育培训主管部门统计的数字看,交通系统职工平均培训率在30%左右,有些省达到了60%,如湖北省交通系统在职职工为19万人,2002年和2003年培训人次分别为13.7万人次和11.3万人次,培训率超过了60%。交通职业培训不仅规模逐年增加,而且培训的类型多样化,主要有岗位培训、职业资格培训、继续教育培训等;培训形式多样化,有脱产培训、业余培训、短期培训、适岗性培训、学历教育培训等,已经形成多层次、多形式、多渠道的交通职业培训体系。

5.交通职业教育投入多元化

交通职业教育资金投入方式主要有三种:即政府事业拨款、主管部门投入和自筹资金投入。据统计,在交通职业教育投入经费中政府事业拨款为40%,主管部门投入占25%左右,而教育和培训机构自筹资金占35%左右。投入资金中60%~70%从交通规费中提取。

通过对25个省、自治区、直辖市交通厅(局、委)调查显示,近3年交通厅(局、委)对交通职业教育的投入分别为:2000年4.15亿元、2001年4.0亿元、2002年4.6亿元。

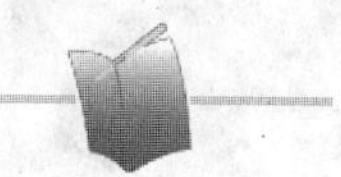

6.交通职业教育管理体制发生较大变化

1999年教育体制改革后，交通职业教育体制也发生了较大变化，部属的13所普通高校、16所成人高校、15所普通中专学校、8所职工中专、19所技工学校，除大连海事大学外全部划归地方或并入其他学校。1999年交通普通中专学校61所（《中国交通教育五十年年鉴》）的变化情况为：合并到普通高校的有7所（其中3所仍为高校下属交通职业技术学院），整合后或单独升格为交通高职学院的28所，仍保留为中等专业学校的26所。

在被统计的35所交通高等职业学院中，有27所由交通部门主管，4所由教育部门主管，4所由交通企业主办；在被统计的28所中等专业学校中，有20所由交通部门主管，1所由交通企业主办，7所由地方教育部门主管；交通技工学校大部分由地方交通部门主管，部分由交通部门和地方劳动部门共同管理。从总体来看，仍有80%的交通职业学校由交通部门主管。

三、交通人力资源现状

1.专门人才总量不足

表3-1-10列出了8个省、自治区和一家企业集团的专门人才统计情况，可以看出：交通系统从业人员中专门人才的密度呈东高西低的态势，西部的贵州省和内蒙古自治区交通专门人才密度为12%，最高的是山东省，专门人才比例为36%。从总体来看，交通专门人才密度平均为27.6%。

表中专门人才是指中专学历及初级职称以上层次的人才，而根据新的人才观，专门人才的概念和范围已发生了较大的变化，但表3-1-10所列的数据也反映出目前交通系统专门人才的情况。

部分地区交通系统专门人才情况统计表　　表 3-1-10

序号	地区	交通职工队伍总数（万人）	专门人才数量（万人）	专门人才比例（%）
1	山东	25	9	36
2	内蒙古	5.97	0.7164	12
3	广西	7	2.38	34
4	湖北	19	5.7	30
5	贵州	6	0.72	12
6	广东	16.5	3.3	20
7	青海	1.5	0.375	25
8	山西	12	3.24	27
9	长航集团	6.5	2.041	31.4
合计		99.47	27.4724	平均 27.6

注：表中数据为课题组调研中各省、自治区交通厅和企业教育主管部门的提供。

2.交通人力资源结构不平衡

随着交通建设规模的不断扩大，大量的农村劳动力投入到交通建设中，据对调研的 6 省、自治区资料统计，在东部和中部地区交通行业从业人员中农民工的占交通职工的比例为 10%～20%，而在西部的贵州省，在 6 万交通从业人员中，农村劳动力为 2.1 万人，这一比例达到了 34%。通过对调研省、自治区资料统计，交通工程技术人员中，高学历的人员比例偏少，研究生占 3%，本科生占 18%，大专生占 34%，有 45%的人员为中专及中专以下学历，见图 3-1-5。

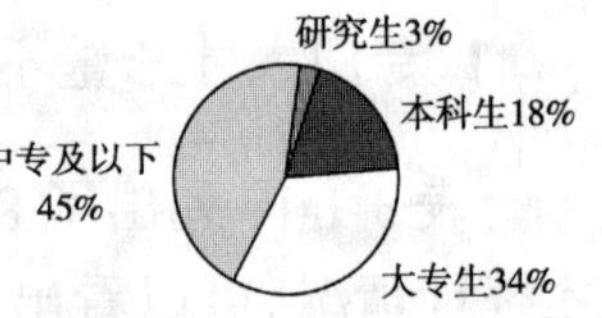

图 3-1-5　交通系统人力资源学历结构图

3.高技能人才缺口较大

表 3-1-11 列出了广东等地区高级专门人才比例情况，可以看出，广东等地区交通从业人员中研究生学历以上人员比例和高技能专门人才比例平均都不到1.0%，这不是个别现象。在典

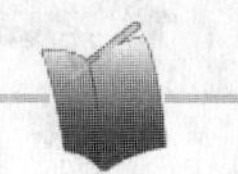

型单位调研中，普遍反映交通系统高级专门人才缺口较大，特别是高技能专门人才或是奇缺，或是断档。

部分地区交通高级专门人才比例　　表 3-1-11

地　区	高技能专门人才比例（%）	研究生以上人员比例（%）
广东	1	1.3
湖北	1	1
青海	0.18	0.11

四、发展交通职业教育的主要经验

1.观念更新是交通职业教育发展的先导

“发展经济，交通先行；发展交通，教育先行”、“发展教育就是发展先进生产力”已成为交通人的共识。广大交通工作者在实践中深切体会到：知识改变命运，教育成就未来，教育与人才是促进交通发展的关键因素；接受教育、更新知识、提高能力是拓展职业空间、创造财富、增加收入的有效途径。只有坚持终身教育才能适应交通跨越式发展的需要。广大交通教育工作者也深刻认识到：在社会主义市场经济条件下，面向市场，服务行业，抢抓机遇，改革创新，培养和造就一大批高素质的劳动者和高技能的人才是新的历史使命。

2.政策支撑是交通职业教育发展的保障

交通部在 1995 年全国交通成人与职业教育工作会议上明确提出：“继续坚持从交通规费中提取 1%左右的经费用于交通教育，严格按不低于职工工资总额的 1.5%的比例提取职工教育经费，为交通职业教育加快发展提供了政策支持和资金保障。”各地交通部门认真贯彻落实这一政策，采取多种措施，不断加大对交通职业教育与培训工作的投入，显著改善了交通职业教育的办学条件，增加了职工教育与培训经费。据统计，各省、

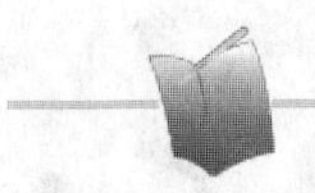

自治区、直辖市交通厅(局、委)1996年对交通职业教育的投入为4.2亿元;1997年为6.2亿元;1998年达到5.7亿元。课题组对25个省、自治区、直辖市交通厅(局、委)调查,2000~2002年期间,每个交通厅(局、委)每年对交通职业教育投入的经费平均在1600万元以上,为促进交通职业教育的发展作出了积极努力。

3.交通事业的发展是交通职业教育发展的动力

交通职业教育发展的实践证明,交通事业的发展为交通职业教育的发展提供了不竭的动力。近几年来,随着交通事业的快速发展,交通基础设施的投资力度不断加大,由“九五”初期的投资1000多亿元增加到了2003年的3900亿元,有力地支持了交通事业的跨越式发展,取得了举世瞩目的成就。交通事业的快速发展,带来了对技能型人才和高素质技术人才的高需求,这也给交通职业教育的发展创造了良好机遇,给交通职业教育提供了最大动力。几年来,交通职业教育依托行业,围绕交通发展需要,加强改革,努力创新,为交通事业输送了大批技能型人才,仅2003年交通职业院校的毕业生就达到近6万人,培训人数达到近100万人。行业的需求是办好交通职业教育、保持交通职业教育生命力的根本所在。据问卷调查显示:“有95%的被调查者认为交通行业有必要办职业教育”。行业办学能给学校和培训机构提供更多的校外实习基地,使学校和培训机构在专业设置、培训内容的安排方面能紧密结合交通建设和发展的实际。

4.适应市场是交通职业教育发展的关键

专业的设置要适应就业市场的需求,才能在职业教育领域拥有自己的一席之地。在发展较好的院校中,主动适应市场是他们取得成功的法宝。如浙江交通高级技工学校,这几年看准市场对人才的需求,除了做强做优汽车主干专业外,还拓宽开设了汽车营销与评估、汽车美容与装潢、汽车商务、现代物流等专

业。利用地域经济和区位条件，扩大高级技工班的规模，同时开展汽车驾驶员、汽车维修工及技师、营运驾驶员、教练员、计算机操作员等培训项目，既满足了社会需求，也增加了学校的社会和经济效益。又如江苏交通高级技工学校，通过对市场的调查，发现各企业为了提高效益，管理机构都作了精简，但对人力资源的开发要求越来越高，企业必然会利用社会力量来提高本企业职工队伍素质。针对这一新的发展趋势，学校迅速成立市场开发科和招生就业指导中心、培训中心等三个对外部门，共同负责开发市场，为用人单位服务主动承担企业人力资源开发职能，真正达到了企业、学校双赢的目的。

5.校企结合是交通职业教育发展的根本途径

校企结合是近几年交通职业教育的又一亮点。校企结合的方式一般有两种：一种是学校与外部企业的联合；另一种是学校自办企业，进行产学结合。如北京交通学校在校企结合方面通过有力的探索和研究，取得了很好的效果。学校自 1994 年与日本丰田汽车公司合作建立国内首家丰田技术培训——TEP 教室，与丰田公司不断深化合作，以“订单教学”的方式为丰田公司在北京的 12 个维修站培养合格的高技能技术人才。又如湖南交通职业技术学院与国内著名企业三一重工股份有限公司、广东汽车市场维修中心等 20 多家单位联合办学，定向为企业培养专业人才，学生毕业时由定向单位录用，实现了招生即招工、毕业即就业的良好态势。

在交通职业教育发展过程中，还有的学校提出了“前厂后院、前店后校、一专业一实体、订单式教学”的经营教育理念，实行产教结合的方式发展交通职业教育。如江苏交通高级技工学校，利用教学资源直接参加生产，为交通建设服务，不仅提高办学能力水平，同时又取得了良好的社会效益和经济效益，从而又加大了对教学的投入。近 5 年来，产教结合共创收 7800 多万元。产教结合不仅可以改善办学条件，产生显著的社会效益和

经济效益,更重要的是使教师的教学水平能够跟上生产技术发展的步伐,在某些方面甚至能处于领先位置。

五、交通职业教育发展存在的主要问题

1.交通职业教育经费投入缺口较大

我国职业教育的投资体制是多元化的。投资主体的多元化,已基本形成了国家、地方政府、企业和个人多渠道依法筹集职业教育发展资金的多元化投资体制。对于交通职业教育,政府投资比例普遍不足30%,不少高职院从中专升格后仍是原来的投入不变,明显投入偏低。职业院校的办学经费,主要来源于政府拨款、社会资助、捐赠、学生个人学费。各省、自治区、直辖市政府制定本地区职业院校学生人数平均经费标准,国务院有关部门会同财政部门制定本部门职业院校学生人数平均经费标准,政府按照学生人数平均经费标准足额拨付给国有的职业院校教育经费。非国有的高职院校只能依靠学生个人学费及社会资助、捐赠,经费管理缺少有效的激励手段。据统计,目前交通职业教育资金缺口一般在20%~40%之间。

2.东中西部交通职业教育发展不平衡

(1)东中部教师学历和职称结构明显好于西部。以广东交通职业技术学院和青海交通职业技术学院为例,在师生比例方面,广东交通职业技术学院专职教师186人,在校生6700余人,师生比为1:36;青海交通职业技术学院专职教师228人,在校生3300人,师生比例为1:14。在教师学历和职称方面,广东交通职业技术学院教师本科以上学历和高级职称分别为100%和19%;青海交通职业技术学院教师本科以上只占教师队伍的38%,高级职称只占14%。所以在教师队伍素质方面东、西部有较大差距。

(2)东中部专业设置比西部更适应市场。广东交通职业技

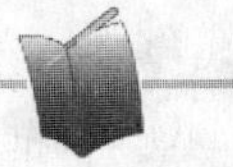

术学院有高职专业21个，专业面较宽；而青海交通职业技术学院只有高职专业5个。在校生中，广东交通职业技术学院交通类专业学生占52%；青海交通职业技术学院交通类专业学生占70%，说明广东交通职业技术学院更适应市场，按市场需求设置专业，面向社会服务市场。

(3)东中部与西部交通专门人才密度差距较大。虽然西部大开发的政策实施以来，西部交通职业教育也取得了较大的发展，但西部与东部的差距依然存在，表现在交通人才密度、交通职工中专业人员比例、专业人员中大学本科以上学历的比例、交通企事业单位人员的学历和职称比例等方面。东部的浙江和西部的贵州比较见表3-1-12。

东西部交通职业教育状况对比(单位:%)　　表3-1-12

项　目	东部地区(浙江)	西部地区(贵州)
交通专门人才密度	50	12
职工中专业技术人员比例	50	28
技术人员中本科以上比例	16	12
交通企业职工本科以上比例	63	21
交通企业中技术人员比例	79	45
企业技术人员高级职称比例	38	6

从表3-1-12中还可以看出，贵州和浙江两省的交通专门人才密度及高职称的人才方面还存在着较大的差距，今后国家在制定相关政策时就应该考虑解决这一问题。

3.交通职业资格和就业准入制度不完善

目前，我国职业教育证书体系包括学历证书、职业资格证书两类。职业教育学历证书由政府教育部门颁发，职业资格证书则由政府劳动人事部门核发与管理，其中劳动部负责以技能为主的职业资格鉴定和证书的核发与管理；人事部负责专业技术人员的职业资格证书的核发与管理。这种职业教育证书体系的多头管理，导致了不同种类的职业资格证书在内容上缺乏沟通，

在认证时存在互不相认的现象。

目前交通系统只有海上专业等少数专业有职业资格证书核发管理职能，而公路、运输、汽车等行业的特殊岗位都没有职业资格证书核发管理权限，这对建设交通行业职业资格证书和就业准入制度是很大憾事。

4.交通职业教育管理体制不顺

高等职业教育由国家教育部高教司归口管理；中等职业教育由教育部职成教司归口管理。各省、自治区、直辖市的高等职业教育由教育厅高教处归口管理；中等职业教育由教育厅职成教处归口管理；技工教育则由劳动部门管理。这种管理模式，造成了我国职业教育管理职能上的分割局面，影响了我国职业教育政策法规上的统一性、整体性。

在这一背景下，交通职业教育的管理出现了“多头管理，无序竞争”的局面，有些交通职业学校被从交通主管部门移交给教育主管部门，而各个管理部门的管理职能划分不清，出现了“多主管而无人管”的现象。经问卷调查统计，有31.6%的人认为交通职业教育存在“多头管理，无序竞争”；有43.0%的人认为交通职业教育应由行业主管部门实行宏观管理、协调指导；有36.4%的人认为交通职业教育管理体制应该政府统筹、行业主管、地方协调、社会参与。

5.交通职业教育的生源质量不高

随着各类学校招生规模的不断扩大，存在着一些无序的竞争，有的学校一次报到率很低，只能达到30%左右，学校为了完成招生任务，二次、三次扩招。问卷调查显示，有70%的被调查者认为目前交通职业学校的生源质量不高。生源质量下降的原因是多方面的，一是人们、社会对职业教育的认识问题；二是近年来高校一再扩招，学生、家长认为上高中以后考大学容易，而上职业学校对个人以后发展不利等。

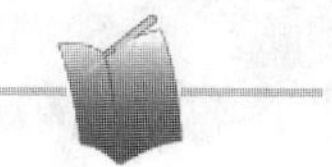

6.交通职业教育和培训教材相对滞后

交通职业院校所使用的教材落后，虽然这几年交通教育主管部门对职业教育的教材进行了一些指导，出版了一些统编教材，但相对于快速发展的交通职业教育和培训来说，无论是教材的数量和质量都还有较大差距。如高等职业教育还没有比较成熟的教材供学校选择，执法人员培训教材是1997年编写的，在这期间，国家的法律、法规等都发生了变化，而培训教材却没有进行修订或是重新编写。

7.交通职业教育实操和实训基地建设需要加强

各交通职院校都十分重视实践教学，强调在编制教学计划时，实践教学的课时比例一般不少于50%，综合实习一般不少于1学期，以此来强化职业技能训练，增强学生实践应用能力；实操、实训基地是培养学生实际操作能力和培养“双师型”教师的重要基础。目前交通职业院校的实验、实习条件受资金方面的限制、数量不足，普遍落后于交通行业、企业的生产技术水平，难以满足实践教学的需要。现在由于交通企业与交通主管部门的脱钩，企业不太愿意接受实习的学生，而职业院校的规模在不断扩大，在校生数量迅速增加，使得学生实训基地显得非常紧张。

六、发展交通职业教育的建议

1.按照“统筹规划、分级管理、分类指导”的原则，建立交通职业教育管理体系

交通教育主管部门应加强对职业教育工作的领导，切实承担起发展职业教育的责任，统筹规划，分级管理，分类指导，依法推进职业教育的改革与发展，统筹协调交通职业教育工作，研究解决交通职业教育工作中的重大问题，并加强对职业院校和培训机构的评估检查。

交通部应加强对交通职业教育的宏观管理和业务指导,在全国建立完整的职业技术教育与培训管理机构,制定并发布交通行业关键岗位的职业标准,以交通职业标准为导向,使职业教育面向市场培养生产一线的应用型、管理型的人才,同时也可以有效规范职业教育市场。

各级交通主管部门也要相应调整教育管理机构,建立一个完整、统一的职业技术教育与培训管理体系。把交通职业教育及培训工作纳入本地区本单位事业发展规划,加强领导和指导,继续办职业院校和培训机构。

2.加大对交通职业教育的投入力度

建议政府应加大对职业教育的投入力度,尽快设立政府职业技术教育与培训专项基金,改善职业技术教育与培训特别是高职教育的办学条件。建议将劳动人事部门现有的培训场所全部向高职教育开放,以提高社会教育资源的利用率,改善目前职业教育资源相对匮乏的局面。另外,加强职业技术教育的经费管理,引入竞争机制,对办得好的院校优先给予经费政策方面的扶持,以实行优胜劣汰。

交通行业各级交通主管部门和各企业应继续办好所属的交通职业学校和培训机构,充分发挥市场机制的作用,充分利用国家相关政策,坚持多渠道筹措经费,加大对交通职业学校和培训机构的投入,并力争逐年有所增加。各地交通部门对交通职业教育与培训的投入政策应继续保持,继续延用从交通规费(税)中提取1%左右的经费用于交通教育与培训的政策。交通部应继续积极筹措资金用于支持交通职业教育师资培养和农村及西部地区交通职业教育发展。

各交通企事业要按《中华人民共和国职业教育法》和《中华人民共和国劳动法》的规定,承担职工教育培训费。一般企业要按职工工资总额的1.5%足额提取教育培训费;从业人员要求

高的企业可按2.5%提取教育培训费;交通基础建设重大项目、企业技术改造和项目引进等均应按规定要求提取教育培训经费,支持交通职业教育与培训。

3.加快交通职业资格和就业准入制度的建设

建议尽快建立统一的国家证书资格框架,以实现职业技术与培训与其他教育的有效衔接,提高职业技术教育与培训管理的规范性。并实行就业准入制度,以确保职业资格证书的法律效力,提高职业技术教育与培训管理的有效性。

职业技术教育与培训应尽快实现职业教育文凭证书与职业资格证书的有机统一,即将职业教育的学历证书与职业资格证书合二为一。并建议劳动部门与人事部门各种等级的职业资格的要求内容,真正体现在相应等级的职业技术教育与培训的规划中,同时建立相联系的内部等级。这样,职业院校毕业生获得的学历文凭即是上岗的相应等级的职业资格证书,职业技术教育与职业资格培训才能协调统一。

4.为培养西部地区交通职业人才培养服务

根据中央有关精神以及西部交通建设与发展需要,建议交通部制定西部交通职业教育与培训发展规划,对重点项目进行扶持。西部各级交通主管部门、交通职业院校及培训机构也要发挥各自的优势,大力发展本地区本单位的职业教育及培训。针对西部交通行业岗位群需要,探索以能力为本位的教学和培训模式,积极推进培训课程和教学改革;把教学活动与交通生产实践、社会服务、技术推广及技术开发紧密结合起来,加强实践教学和学生就业能力的培养,为西部地区的人才培养和交通发展服务。

5.抓好农村劳动力转移培训,为解决“三农”问题服务

实现农村劳动力转移培训是党和政府的重要工作,理所当

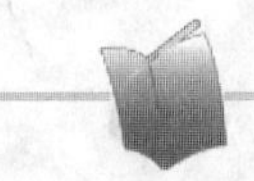

然也是各级交通部门特别是职业教育培训机构的重点工作。要从全面建设小康社会,保持国家长治久安的高度来认识这一问题。

帮助农村劳动力掌握现代职业技能,是职业教育为新型工业化道路服务的重要内容。大量的农民工转移到交通建设上来,从保证交通建设质量的角度要加强对他们的培训。贯彻交通部党组提出的"修好农村路,服务城镇化,让农民兄弟走上沥青和水泥路"的要求。同时也要让他们实现"学会当技工,走上致富路"。要以高度的责任感和深厚的感情,通过职业教育帮助转移到交通建设和运输上来的农民兄弟学会建设公路、养护公路,学会安全驾车和修车,通过培训和实践,使他们都能成为技能型人才,这也是职业教育的光荣使命。

6.加强师资队伍建设,不断提高教育和培训质量

建立交通骨干专业教师培训、实习基地,对骨干教师进行专门的师资培训或学历提高;设立专项奖金对成绩优异者进行激励;建议加快职教师资的培养,加强现有师资的职业技能培训,提高"双师型"教师比例,提高高级职称和骨干教师的比例,建立一支结构合理的高质量的职业教育师资队伍。要鼓励教师到科研、建设一线进行实践锻炼,对"双师型"教师应该有适当的政策倾斜。

同时,还要加强与行业或企业间的合作,这既可以为职业教育提供部分技能型兼职教师,又可以为现有专职教师及学生提供一个可以定期实践的实训基地。另外,职业院校要建立自己的师资人才库,以避免兼职教师过多带来教学秩序上的冲击或影响,以确保高职教育的教学质量。

7.加快交通职业教育实训基地建设

加强职业教育实训基地建设是提高职业教育质量、解决技能人才培养"瓶颈"的关键措施。要认真落实教育部、财政部

关于加强职业教育实训基地建设的意见，切实改善交通职业院校的实训条件，力争到2007年，分期分批在重点交通领域建成一批条件较好、专业种类齐全、适应技能人才培养需要的实训基地。培训设备的配置要与企业生产技术水平相适应，以通用、实用为原则，重点解决好数量不足、实习工位短缺等问题，为学生提供足够时间的高质量的实际动手训练机会。要不断提高职业教育装备水平和现代教育技术水平，促进职业教育的现代化建设。

建议加大政府投入，改善职业教育的实训条件。在现有资金困难的情况下，建议在职业院校相对集中的城市，政府投入资金，建设一批设备先进的公共专业的实训基地，最好是在各市现有的劳动部门职业培训基地（或中心）的基础上改进、扩建，有偿提供给本地区职业院校的实训教学使用。这样既可提高政府投资的利用效率，又可解决某些职业院校燃眉之急。另外，行业、企业要支教、助教，这需要立法保障，即具备一定规模的行业、企业必须每年接受一定时间的职业院校的实训安排（可以是有偿的，标准由政府规定）。同时，建议政府给予相应的减免税优惠待遇，以便充分调动行业、企业接待学生实训的积极性。

8.加强交通职业教育和培训教材建设

交通职业院校和培训机构要在现有教材资源中选用适合自己特点的教材，也可根据实际需要开发和编写实验教材和多媒体教学课件，为专业教学提供丰富、多样和实用的教学材料，丰富教材形态，建立具有明显特色的教材体系。一方面，对知识更新较快的课程，可通过制作流媒体课件，进行网上教学，或出版电子教材。同时，要加强新开发专业的专业课教材教学大纲的编写，要根据交通行业职业岗位发展需要实行统筹管理。另一方面，要加强教材使用的监管、抽查、评比，保证现用教材的质量水准。

加强对交通主干专业教材的统一规划，减少中间环节，加快出版周期,以适应知识的快速更新,使教材能及时地为教学和生产实践服务。

附件:1.交通系统外院校开办交通主要专业情况调查汇总
2.交通职业教育发展现状问卷调查统计分析
3.交通部科教司关于开展交通职业教育基本情况调查的函(科教教培函〔2003〕046号)
4.交通部科教司关于开展交通职业教育现状专题调研的通知(科教教培函〔2003〕054号)
5.交通部科教司关于开展交通职业教育发展情况调研工作的通知(科教教培便函〔2004〕076号)

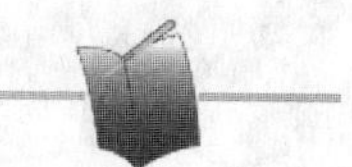

附件 1

交通系统外院校开办交通主要专业情况调查汇总

2004 年 11 月,课题组就交通主要专业职业教育(交通系统外)情况进行调研,调研单位为教育部教育信息管理中心。现将有关情况汇总如下:

一、调研查询专业

1. 高等学校交通主要专业

从教育部《高等学校专业目录》查到交通主要专业 10 个,见表 3-1-13。

高等学校交通主要专业目录 表 3-1-13

序 号	专业名称	专业编码
1	交通运输	81201
2	交通工程	81202
3	土木工程(公路与桥梁)	80703
4	港口航道与海岸工程	80803
5	交通土建工程	80805
6	道路交通管理工程	82004
7	汽车与拖拉机	80309
8	航海技术	81205
9	轮机工程	81206
10	船舶与海洋工程	81301

2. 中等职业学校交通主要专业

从教育部《中等职业学校专业目录》查到交通中职主要专业 16 个,见表 3-1-14。

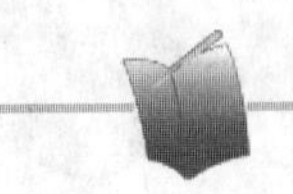

中等职业学校交通主要专业目录　　表 3-1-14

序　号	专 业 名 称	专 业 编 码
1	公路与桥梁	0412
2	汽车制造与维修	0508
3	汽车运用与维修	0615
4	交通运输管理	0616
5	高等级公路养护与管理	0617
6	港口与航道工程	0417
7	船体制造与修理	0518
8	船舶机械装置	0519
9	船舶驾驶	0520
10	轮机管理	0605
11	船舶水手与机工	0606
12	外轮理货	0607
13	船舶电子设备	0608
14	船舶检验	0609
15	船舶电子设备	0705
16	船舶通信与导航	0710

二、调研查询问题

(1)开办交通主要专业(10 个交通专业)的高等院校有哪些？每个专业 2003 年招生数和在校生数以及这些学校高职高专(大专)职业教育的招生数及在校生数。

(2)独立设置的高职高专(大专)开办交通主要(10 个交通专业)专业的学校有哪些？每个专业 2003 年的招生数和在校生数。

(3)开办交通主要(16 个交通专业)专业中等职业学校(中专、职高、技校、成人中专)情况？每个专业 2003 年招生数和在校生数。

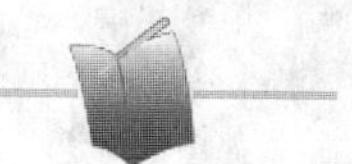

三、调 研 结 果

1.基本情况

开办交通主要专业的高等院校共 286 所,独立设置的高职高专(大专)院校 117 所;开办交通主要专业的中等职业学校共 1159 所,具体情况汇总见表 3-1-15。

交通系统外各类院校开办交通主要专业情况统计表　表 3-1-15

学校 \ 数量	数量(所)	2003 年交通专业招生数(人)	2003 年交通专业在校生数(人)
开办交通主要专业的普通高校	286	61029	215808
开办交通主要专业的高职高专学校	117	24087	48519
开办交通主要专业的中等职业学校(含中专、职高、技校、成人中专)	1159	87747	193356

2.几点说明

(1)286 所普通高校开办交通类专业,其中有高职高专学生的学校 85 所,2003 年招生 6477 人,2003 年在校生 18266 人。

(2)独立设置开办交通专业 117 所高职高专院校中,有交通系统的高职院校 24 所,2003 年招生 10238 人,2003 年在校生 19671 人(仅限 10 个交通专业)。

3.中等职业学校专业设置情况

中等职业学校交通主要专业学生情况见表 3-1-16。

中等职业学校交通主要专业学生情况表　表 3-1-16

专　业	学校(所)	2003 年招生数(人)	2003 年在校生数(人)
汽车运用与维修	1061	76406	163867
交通运输管理	53	3943	10185
公路与桥梁	51	3664	10801
高等级公路养护与管理	3	221	482
水上专业(共 11 个专业)	44	8021	3513
合　计	1159	87747	193356

附件 2

交通职业教育发展现状问卷调查统计分析

为贯彻落实全国职业教育工作会议精神，了解全国交通职业教育与培训的基本情况，课题组采取面上调查、抽样问卷调查和实地重点调查等方式对全国交通职业教育与培训基本情况进行了调查。面上调查，设计了"交通职业教育培训情况调查表"、"交通职业教育培训机构调查表"、"交通职业教育院校变化情况调查表"和"交通职业技术院校承担各类培训情况调查表"，共有27个省、自治区、直辖市反馈了意见。抽样调查，设计了"交通职业教育发展现状问卷调查"发至9个省、自治区，共收回451份问卷。实地调查，课题组先对广东，湖北、青海、内蒙古、山西等进行实地调查，召开座谈会20多次。通过上述工作，取得了大量一手资料和原始数据，为本课题的深入开展打下了基础。

一、基本情况

1.年龄结构

调查449人，其中35岁以下164人，占36.5%；36~45岁189人，占42.1%；46岁以上96人，占21.4%。

2.岗位类别

调查451人，其中交通职业教育院校（培训机构）负责人30人，占6.7%；交通职业教育教师198人，占43.9%；交通职业教育管理工作者107人，占23.7%；其他交通职业教育在岗人员116人，占25.7%。

3.学历层次

调查450人，其中本科以上249人，占55.3%；大专（高职）

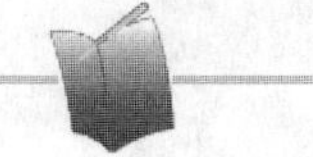

176人,占39.1%;中专(高中、技校、职高)24人,占5.3%;初中以下1人,占0.3%。

4.专业分类

调查450人,其中交通类专业201人,占44.7%;非交通类专业249人,占55.3%。

5.地区分布

调查444人,其中东部地区84人,占18.9%;中部地区195人,占43.9%;西部地区165人,占37.2%。

二、职业教育体制

1.国家职业教育管理体制改革

调查446人,其中认为符合国情、效果良好的82人,占18.3%;认为符合国情,但效果一般的115人,占25.8%;认为因地区、行业不同而效果不一样的184人,占41.3%;认为某些地区、某些行业职业教育受到影响的65人,占14.6%。

2.职业教育管理体制

调查448人,其中认为职业教育管理体制应该是政府统筹,分级管理,地方为主,社会参与的44人,占9.8%;认为应该政府统筹,分级管理,行业为主,社会参与的146人,占32.6%;认为应该政府统筹,分级管理,地方、行业共同主管,社会参与的95人,占21.2%;认为应该政府统筹,行业主管,地方协调,社会参与的163人,占36.4%。

3.交通职业教育管理

调查448人,认为交通职业教育管理应该是交通部主管、统筹,各级交通部门(企业)主办、指导、协调的186人,占41.5%;认为交通部协调,各级交通部门(企业)主管的130人,占

29.0%；认为应该是交通部指导、协调，地方政府主管，各级交通部门协助的132人，占29.5%。

4.交通职业教育的投入体制

调查446人，认为交通职业教育的投入体制以政府为主，其他为辅的300人，占67.3%；认为以学校为主，其他为辅的119人，占26.7%；认为以企业、社会捐助为主，其他为辅的27人，占6.0%。

三、交通职业教育基本情况

1.交通职业教育的发展

调查443人，认为交通职业教育的发展完全适应交通事业发展需求的53人，占12.0%；认为基本适应交通事业发展需求的290人，占65.5%；认为不太适应交通行业发展需求的95人，占21.4%；认为完全不能适应交通行业发展需求的5人，占1.1%。

2.学校设置、办学规模和办学层次

(1)学校设置：

调查447人，认为学校设置合理的108人，占24.2%；认为基本合理的253人，占56.6%；认为不尽合理，需要调整的86人，占19.2%。

(2)办学规模：

调查446人，认为办学规模合理的44人，占9.9%；认为基本合理的264人，占59.2%；认为不尽合理，需要调整的138人，占30.9%。

(3)办学层次：

调查443人，认为办学层次合理的50人，占11.3%；认为基本合理的227人，占51.2%；认为不尽合理，需要调整的166人，

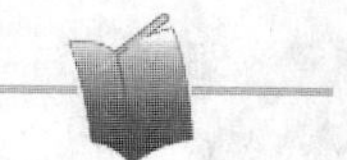

占37.5%。

3.教师队伍

(1)教师队伍数量:

调查441人,认为满足教育要求的47人,占10.7%;认为基本满足教育要求的227人,占51.5%;认为不能满足教育要求的167人,占37.8%。

(2)教师队伍结构:

调查447人,认为结构合理的35人,占7.8%;认为结构基本合理的283人,占63.3%;认为结构不合理的29人,占28.9%。

(3)教师队伍素质:

调查440人,认为素质较高的59人,占13.4%;认为素质一般的332人,占75.5%;认为素质不高的49人,占11.1%。

4.管理人员队伍

调查441人,认为管理人员基本满足教育要求的201人,占45.6%;认为不能满足教育要求的115人,占26.1%;认为整体素质不高的83人,占18.8%;认为人员流失过多,不能满足要求的42人,占9.5%。

5.教育教学资源

调查445人,认为教育教学资源较好,能满足现有办学要求的115人,占25.8%;认为一般,基本能满足现有办学要求的226人,占50.8%;认为不能满足现有办学要求的104人,占23.4%。

四、交通职业培训方面

1.交通职业培训管理体制

调查440人,认为体制顺畅的30人,占6.8%;认为体制基本顺畅的 271 人,占 61.6%;认为多头管理,无序竞争的 139 人,占 31.6%。

2.交通职业培训机制

调查 437 人,认为交通职业培训应该由交通部统一规划、统一协调、分级管理的 182 人,占 41.6%;认为应由交通部实行宏观管理、协调指导的 188 人,占 43.0%;认为应由地方统筹协调,各级交通部门(企业)管理的 67 人,占 15.3%。

3.交通职业关键岗位实行就业准入制度

调查 443 人,认为交通职业关键岗位实行就业准入制度应由交通部统一组织管理 220 人,占 49.7%;认为应由劳动部门统一组织管理的 71 人,占 16.0%;认为应由地方政府统一管理的 53 人,占 12.0%;认为应由行业(企业)组织统一组织管理的 99 人,占 22.3%。

五、被调查人情况

1.工作年限

调查 425 人,从事交通职业教育工作年限在 3 年及以下的 60 人,占 14.1%;工作年限 4~6 年的 61 人,占 14.4%;工作年限 7 年及以上的 304 人,占 71.5%。

2.对从事交通职业教育工作的看法

调查 427 人,认为热爱交通职业教育工作的 207 人,占 48.5%;比较热爱的有 166 人,占 38.9%;一般的有 50 人,占 11.8%;不热爱的有 4 人,占 0.8%。

3.对从事交通职业教育工作的态度

调查 427 人,认为立志奉献,建功立业的有 132 人,占 30.9%;认为做好本职工作的 272 人,占 63.7%;认为只求有工

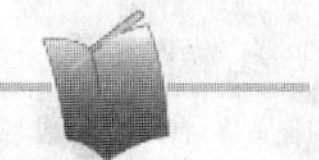

作,不求作贡献的4人,占0.9%;希望调换工作的有19人,占4.5%。

4.参加职业培训的需求程度

调查425人,认为参加职业培训的需求很急需的有155人,占36.5%;较为急需的有199人,占46.8%;可有可无的有41人,占9.6%;暂不考虑的有30人,占7.1%。

5.参加职业培训的需求类别

调查421人,认为岗位适应性培训最合适的有107人,占25.4%;认为岗位资格性培训最合适的有69人,占16.4%;认为继续教育最合适的有213人,占50.6%;认为其他培训最合适的有32人,占7.6%。

6.参加职业培训的方式

调查419人,有116人希望全脱产,占27.7%;有147人希望半脱产,占35.1%;有127人希望自学加集中辅导,占30.3%;有29人希望自学,占6.9%。

附:交通职业教育发展现状问卷调查表

附

交通职业教育发展现状问卷调查表

序号	内容	编码
1	您的年龄是(　　) ①35 岁及以下　②36～45 岁　③46 岁以上	A1□
2	您的职业是(　　) ①教师　②教学管理人员　③行政管理人员　④企业管理人员　⑤其他	A2□
3	您的学历是(　　) ①本科以上　②大专(高职)　③中专(高中、技校、职高)　④初中以下	A3□
4	您工作的地区是(　　) ①东部地区　②中部地区　③西部地区	A4□
5	您对企业办学的认识(　　) ①企业应该自己办学　②应该由社会为企业办学　③应该由企业与社会联合办学	B1□
6	您认为国家职业教育市场化(　　) ①符合国情,效果良好　②不符合国情,效果不好　③不好说	B2□
7	您认为职业教育管理应该是(　　) ①政府统筹管理,社会参与　②行业管理,社会参与	B3□
8	您认为交通职业教育管理应该是(　　) ①交通主管部门统筹管理　②交通部指导、协调,地方政府主管,各级交通部门协助	B4□
9	您认为交通职业教育的投入体制是(　　) ①政府为主,其他为辅　②学校为主,其他为辅　③企业、社会捐赠为主,其他为辅	B5□
10	您认为交通职业教育的发展(　　) ①完全适应交通行业发展需求　②基本适应交通行业发展需求　③不太适应交通行业发展需求　④完全不能适应交通行业发展需求	C1□
11	您认为现在交通职业教育生源质量(　　) ①高　②较高　③不高	C2□ C2□ C2□
12	您认为交通职业教育的教师队伍 (1)数量上是否满足教育需求(　　) ①满足　②基本满足　③不能满足 (2)结构上(　　) ①合理　②基本合理　③不合理 (3)素质上(　　) ①较高　②一般　③不高	C31□ C32□ C33□

续上表

序号	内 容	编码
13	您认为交通职业教育管理人员队伍( ) ①基本满足教育要求 ②不能满足教育要求 ③整体素质不高 ④人员流失过多,不能满足要求	C4□
14	您认为本单位的教育教学资源( ) ①较好,能够满足现有办学要求 ②一般,基本能满足现有办学要求 ③不能满足现有办学要求	C5□
15	您认为交通职业培训应该( ) ①由交通部统一规划,统一协调,分级管理 ②由地方统筹协调,各级交通部门(企业)管理 ③行业协会管理,社会参与	C6□
16	您认为交通培训中心的师资应该是( ) ①以培训中心为主 ②以社会师资为主 ③以本培训中心和社会师资相结合	C7□
17	您认为对交通职业关键岗位实行就业制度( ) ①由交通部统一组织管理 ②由劳动部门统一组织管理 ③由地方政府统一组织管理 ④由行业(企业)组织统一组织管理	C8□
18	您在目前工作岗位上的工作年限( ) ①3 年及以下 ②4～6 年 ③7 年及以上	D1□
19	您对本职工作的看法( ) ①热爱 ②比较热爱 ③一般 ④不热爱	D2□
20	您对本职工作的态度( ) ①立志奉献,建功立业 ②做好本职工作 ③只求有工作,不求作贡献 ④希望调换工作	D3□
21	您参加职业培训的需求是( ) ①很急需 ②较为急需 ③可有可无 ④暂不考虑	D4□
22	您认为哪种培训对你最为合适( ) ①岗位适应培训 ②岗位资格性培训 ③继续教育 ④其他培训	D5□
23	您希望参加的培训方式为( ) ①全脱产 ②半脱产 ③自学加集中辅导 ④自学	D6□
24	您对交通职业教育与培训有何建议? 对您的合作再次表示感谢!	

附件 3

关于开展交通职业教育基本情况调查的函

（科教教培函〔2003〕046 号）

各省、自治区、直辖市、新疆生产建设兵团交通厅（局、委），交通部珠江、长江航务管理局，部海事局、救捞局，中国船级社，部属有关单位，各类交通职业技术院校：

为筹备召开全国交通职业教育工作会议，我司决定开展全国交通职业教育发展现状调查工作，调查数据的汇总分析工作委托北京交通管理干部学院承担。请各省、自治区、直辖市、新疆生产建设兵团交通厅（局、委）及部属有关单位认真填写《交通职业教育培训情况调查表》（见附 1）、《交通职业教育培训机构调查表》（见附 2）及《交通职业教育院校变化情况调查表》（见附 3），并于 2003 年 3 月底前寄至北京交通管理干部学院。

请各类交通职业技术院校填写《交通职业技术院校承担各类培训情况调查表》（见附 4），并将 2002/2003 学年年初《普通高等学校基层报表》、《中等专业学校基层报表》、《成人中等专业学校基层报表》及《技工学校基层报表》（如一所学校含有高等职业教育、中等职业教育、技工学校或成人教育等办学层次时，应分办学层次填写）一并于 2003 年 3 月底前抄送给北京交通管理干部学院。

联系人及电话（略）。

附：1. 交通职业教育培训情况调查表

2. 交通职业教育培训机构调查表

3. 交通职业教育院校变化情况调查表

4. 交通职业技术院校承担各类培训情况调查表

二〇〇三年二月二十七日

附 1

交通职业教育培训情况调查表

填表单位：　　　　　（盖章）　　　　　　　　　　　　　　　　联系人：　　　　电话：

年份	培训人次					交通职业教育总投入		交通职业教育培训基建资金投入				培训资金投入情况				交通专门人才比例
	合计	岗位培训	继续教育		其他培训	合计（万元）	从交通规费中提取经费（万元）	合计（万元）	其中投入到			合计（万元）	其中投入到			
			学历	非学历					职业院校	培训机构	其他		职业院校	培训机构	其他	
2000年																
2001年																
2002年																
本省（单位）交通职业教育目前存在的主要问题																
本省（单位）发展交通职业教育的主要措施																
希望交通部在职业教育培训方面解决的问题																

填表说明：1. 本表的填写单位为省、自治区、直辖市、新疆生产建设兵团交通厅（局、委）及交通部直属单位。

2. 岗位培训主要指职工岗位的资格性培训和适应性培训，如技术等级培训和交通行政执法培训等。

3. 继续教育包括学历教育和非学历教育，非学历教育指专业技术人员、各类管理人员（含行政干部）的更新知识、提高专业文化素质的培训。

4. 本表中的内容可另附纸填写。

交通职业教育培训机构调查表

填表单位：　　　　（盖章）　　　　　　　　　　联系人：　　　　电话：

<table>
<tr><td rowspan="6">省交通厅所属培训机构情况</td><td rowspan="2">培训机构名称</td><td rowspan="2">主管单位</td><td rowspan="2">占地（亩）</td><td rowspan="2">校舍面积（平方米）</td><td rowspan="2">固定资产（万元）</td><td colspan="3">教职工数（人）</td><td colspan="5">2002 年培训人数（人）</td><td colspan="2">资金情况</td></tr>
<tr><td>总计</td><td>其中专任教师数</td><td>专任教师中高级职称教师数</td><td>总计</td><td>岗位培训</td><td>继续教育培训</td><td>转岗与再就业培训</td><td>其他培训</td><td>投资渠道</td><td>年运行经费（万元）</td></tr>
<tr><td></td><td></td><td></td><td></td><td></td><td></td><td></td><td></td><td></td><td></td><td></td><td></td><td></td><td></td><td></td></tr>
<tr><td></td><td></td><td></td><td></td><td></td><td></td><td></td><td></td><td></td><td></td><td></td><td></td><td></td><td></td><td></td></tr>
<tr><td></td><td></td><td></td><td></td><td></td><td></td><td></td><td></td><td></td><td></td><td></td><td></td><td></td><td></td><td></td></tr>
<tr><td></td><td></td><td></td><td></td><td></td><td></td><td></td><td></td><td></td><td></td><td></td><td></td><td></td><td></td><td></td></tr>
<tr><td rowspan="3">地（市）交通部门所属培训机构情况</td><td rowspan="2" colspan="2">培训机构总数（所）</td><td rowspan="2">总占地（亩）</td><td rowspan="2">校舍总面积（平方米）</td><td rowspan="2">固定资产总额（万元）</td><td colspan="3">教职工数（人）</td><td colspan="7">2002 年培训人数（人）</td></tr>
<tr><td>总计</td><td>其中专任教师</td><td>专任教师中高级职称教师</td><td>总计</td><td>岗位培训</td><td>继续教育培训</td><td>转岗与再就业培训</td><td colspan="3">其他培训</td></tr>
<tr><td colspan="2"></td><td></td><td></td><td></td><td></td><td></td><td></td><td></td><td></td><td></td><td></td><td colspan="3"></td></tr>
</table>

填表说明：1. 本表的填表单位为省、自治区、直辖市交通厅（局、委）及交通部直属单位。

2. 省交通厅所属培训机构为省、自治区、直辖市交通厅（局、委）及其行业局所属独立设置的职业教育培训机构。

3. 地（市）交通部门所属培训机构情况是指本省、自治区、直辖市内所有地（市）交通部门所属培训机构。

4. 主要投资渠道是指上级投入、自筹及其他三种方式。

5. 表中所填各项数据为 2002 年年底的数据。

附 3

交通职业教育院校变化情况调查表

填表单位：　　　　　　　（盖章）　　　　　　　　　　　　　　联系人：　　　　电话：

1999 年院校情况		变化形式	2002 年院校情况			备　注
院校名称	主管单位		院校名称	主管单位	办学规模（人）	

填表说明：1. 本表的填写单位为省、自治区、直辖市、新疆生产建设兵团交通厅（局、委）及交通部直属单位。

2. 交通职业教育院校包括高等职业技术学院、中等专业学校、技工学校、成人中专学校、职工大学、干部学校等。

3. 学校变化形式指原学校的合并、更名、并入、划转、撤销等变化。

4. 办学规模是指主管部门批准的学校规模。

附 4

交通职业技术院校承担各类培训情况调查表

填表单位：　　　　（盖章）　　　　联系人：　　　　电话：

序　号	培训项目名称	项 目 来 源	培 训 人 数

填表说明：本表所填内容为各校 2002 年所承担的各类培训项目，若表格不够用可续表。

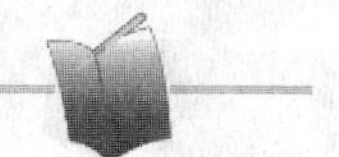

附件 4

关于开展交通职业教育现状专题调研的通知

（科教教培函〔2003〕054 号）

各有关单位：

为贯彻全国职业教育工作会议精神，落实国务院《关于大力推进职业教育改革和发展的决定》，同时为召开全国交通职业教育工作会议做好筹备工作，我司决定对交通职业教育及培训现状进行专题调研，现将有关事项通知如下：

一、调研主要内容

1.各省近几年来交通职业教育工作取得的成绩和经验。

2.交通职业教育工作中存在的主要问题及采取的措施，特别是全国职业教育工作会后，各省厅采取了哪些具体措施促进交通职业教育的发展。

3.交通系统人力资源现状及“十五”期间各类交通人才需求预测。

4.交通职业教育如何紧密结合交通发展的实际需要，培养合格人才。

5.各类交通职业教育资源情况，包括院校、培训机构数量、教育数学资源以及办学（培训）规模、专业设置、办学层次、管理体制、投资体制等情况。

6.对如何开展全国交通职业教育工作的建议。具体调研题纲见附 1、2。

二、调研方法及调研单位

本次调研采取召开座谈会、实地考察与问卷调查相结合

方式。

调研的单位包括省交通厅科教处、省厅所属行业局、交通职业技术学院、中专及技工学校、交通干部学校及培训中心等单位。

三、调研组人员组成及时间安排

1.调研组人员组成:

李祖平　于敏　王文标　周万枝　尤晓時

2.时间安排:

3月10~11日　广东　11日晚由广州到武汉

3月12~13日　湖北

3月24~25日　青海　26日由西宁到呼和浩特

3月27~28日　内蒙　29日由呼和浩特到太原

3月30~31日　山西

请各有关单位重视本次调研工作,按调研提纲要求提前做好准备,尽可能提供书面材料。

附:1. 各级交通教育培训主管部门(单位)调研提纲

2. 交通职业院校(培训机构)调研提纲

二〇〇三年三月六日

附 1

各级交通教育培训主管部门(单位)调研提纲

一、交通职业教育发展的现状

1.近几年交通职业教育工作的成绩和经验。

2.教育培训机构的设置及资源情况。

3.人力资源现状(包括数量、层次、专业和学历结构等)。

二、交通职业教育培训的基本情况

1.教育培训的专业、类型、层次和规模。

2.经费来源及培训准入情况。

3.主要做法、经验和不足。

4.当地政府及其他行业在职业教育培训方面政策、措施、经验。

5.用人单位对职业教育培训重视程度及参加培训人员的积极性。

三、人力资源的需求情况

1.当地的经济发展和交通事业发展对交通人力资源的需求状况。

2.交通职业院校培养人才的模式和专业设置是否满足经济建设和交通发展需求。

3.“十五”期间对人力资源的数量、专业、层次、素质及适应能力等需求预测。

四、问题与建议

交通职业教育培训工作存在的问题,对做好交通教育培训工作的建议。

附 2

交通职业院校(培训机构)调研提纲

一、基 本 情 况

1.办学规模、教职工总数、教师的数量、职称结构、学历结构(包括兼职教师数量、“双师型”教师数量)及管理人员数量等。

2.开设的专业、层次、学生人数等。

3.硬件设施情况(包括校园面积、建筑面积、计算机数量、多媒体教室数量、实验实习条件及图书馆藏书量等)。

二、学生基本情况

1.在校生的数量、专业(交通类专业和非交通类专业)和层次。

2.近3年学生的报到率、就业率、毕业去向及用人单位反馈等。

3.社会或其他行业(企业)举办交通类专业职业教育的情况。

三、培训方面的情况

1.培训规模、类型和层次。

2.培训经费的来源、收费标准等。

3.培训的需求情况。

四、管理体制方面的情况

1.管理体制(含管理体制变更)情况。

2.经费来源和使用情况。

五、差距与发展规划

当地的经济发展状况、学生能力和素质与用人单位需求的差距及“十五”期间交通职业院校的发展规划情况。

六、问题与建议

交通职业教育工作存在的主要问题，对开展交通职业教育工作的建议。

附件5

关于开展交通职业教育发展情况调研工作的通知

（科教教培便函〔2004〕076号）

各有关单位：

为进一步贯彻落实全国人才工作会议和全国职业教育工作会议精神，以科学的发展观和正确的人才观为指导，促进交通职业教育的健康发展，为交通行业跨越式发展提供智力支持和人才保障，全面了解交通职业教育发展情况，做好全国交通职业教育工作会议筹备工作，经研究，决定开展交通职业教育发展情况调研工作，并列入部的重点调研。现就有关事宜通知如下：

一、调研目的

通过调研了解交通职业教育发展现状，发现问题，总结经验，提出今后一段时间交通职业教育发展方针、政策和措施，为制定“十一五”交通教育培训规划提供依据。

二、调研范围

交通系统举办和管理的职业教育学校、培训机构，交通职业教育的主管部门和交通企事业单位。

三、调研内容

1.近5年交通职业教育工作的基本情况，各类交通职业教育资源情况，教育体制改革、环境变化和交通行业发展对交通职业教育的影响。

2.当前交通职业教育工作中存在的主要问题和原因，目前

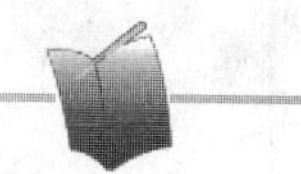

采取了哪些解决措施和措施的效果,解决问题的意见和建议。

3.交通系统人员队伍的现状,需求预测,开展干部、职工教育培训的基本情况,存在问题和原因,解决问题的意见建议。

4.交通行业应如何贯彻落实国家人才工作和职业教育工作的两个决定,推动交通行业职业教育的工作意见和建议。

四、调 研 方 法

采取全面搜集基本数据和抽样调查结合,利用调查表形式搜集行业职业教育基本数据,选取东中西部3条路线9个地区(1.内蒙、陕西、贵州,2.湖南、湖北、广西,3.山东、江苏、浙江)进行实地考察、召开座谈会和现场问卷等形式作抽样调查。

五、调 研 成 果

提交交通职业教育发展基本现状分析和改进工作建议的调研报告。提出《关于进一步推进交通职业教育改革和发展的若干意见》。

六、调研组成员

翁孟勇副部长、孙国庆司长、张延华副司长、教培处人员和其他有关人员。

此次调研拟于2004年6~7月分三次组织,每次安排6天,具体时间另行通知,请各有关交通厅按本通知要求做好准备,并协助组织相关的调研活动。

二〇〇四年五月二十八日

报告二　交通行业人力资源状况及其发展趋势分析报告

一、概　　述

1.研究交通人力资源状况的意义

交通职业教育是开发交通人力资源、提升交通人力资本的重要途径，为科学地把握交通职业教育的发展，必须对交通人力资源的规模、特点、变化趋势进行分析、估算和判断。这是交通职业教育发展战略研究或发展规划研究的一项基础性工作。

资源作为经济学术语，通常被理解为“资财的来源”或“社会财富的源泉”[①]。随着社会进步和人的本质力量的发展，人力资源在当代社会被认为是促进经济繁荣的最重要的资源，比物质资源具有更重要的意义。因此，在我国交通发展快速走向现代化而又受到物质资源制约的关键时期，研究并进一步借助职业教育的强有力手段大力开发交通人力资源，大幅度提升交通人力资本，无疑是重要的战略性举措。

交通行业广大从业人员不仅是经济学意义上的“资源”，即不仅是促进交通现代化的重要工具或手段，在以人为本的科学发展观的指导下，人也是交通发展的主体和目的。广大从业人员逐步得到良好教育并充分发展自己的潜能，能够不断提高自

① 赵景华主编.人力资源管理.山东:山东人民出版社,2002

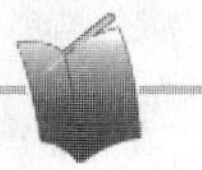

身的素质，从而对社会产生良好的影响，这也是交通现代化的重要标志，是交通行业精神文明的重要体现。因此，了解、分析和判断交通行业人力资源的总体状况与变化特点，以便确定相应的政策与措施，充分发挥交通职业教育在拓展人力资源开发深度与广度方面的重要作用，不断提高从业人员的主体性能力，是交通行业贯彻落实以人为本的科学发展观的现实任务。

2.交通人力资源界定

经济学界一般认为，“人力资源”是指具有智力劳动或体力劳动能力的社会适龄人群，包括数量和质量两个方面的基本特征。本课题所称“交通行业人力资源”或“交通人力资源”，是指公路、水路交通行业各类从业人员。

按照经济学解释，“人力资源”的范畴还包括即将参加工作的后备劳动力以及可以进入交通行业具有劳动能力的社会适龄人群，称之为潜在人力资源。本课题以下关于交通人力资源状况的评估不包括这一部分。

在传统经济体制下，交通行业从业人员即公路、水路交通部门的职工，一般有固定的编制和确定的统计数据。20年前，全国总数约500万人。随着经济体制改革的深化和交通经济规模的快速扩张，交通行业已经成为转移和吸纳大量农村劳动力的主要行业之一，从业人员的规模有了很大增长。于此同时，从业人员的劳动人事关系和劳动组织方式也呈现出多样化、复杂化的特点。原来具有固定劳动人事关系的职工人数逐步减少，由劳动和人事合同关系规制的从业人员，以及临时聘用人员和个体从业人员规模有了大幅度增长，人员的流动性、变动性以及总体规模的不确定性显著增强。这是自改革开放以来交通人力资源状况发生的最显著的变化之一。

3.本课题关于交通人力资源研究的基本方法和主要内容

现代科学关于人力资源的研究已经发展成为一门相对独立

的学科领域。限于本课题的任务和目的,考虑到体制变化、交通快速发展条件下交通行业人力资源状况的复杂性,采用的基本方法是通过抽样调查,尽可能收集直接与间接的各种相关信息资料,根据交通行业发展状况及远景目标,进行历史分析、逻辑分析、对比分析与趋势推断,最终得出结论。

20世纪80年代曾有一部分学者对中国2000年发展状况进行预测,结果发现除人口预测基本准确外,其余方面预测都失败了。这一现象使人们对预测的科学性或可能性发生怀疑。本报告认为,20世纪80年代是中国开始体制变革的时代,对于经济体制变革所带来的社会变化,一般是难以通过数学模型或定量方法予以把握的。事实证明,复杂的数学模型反映不了体制变革时代复杂的社会变动因素。现在由于体制变革的基本趋势已经确定,特别是交通发展的基本规律已经展现出来,因而,根据交通发展的一般规律,通过相关预测数据反映交通人力资源变化的基本趋势是可能的。

二、2003年交通行业人力资源规模分析与估算

根据近年来的变化,本课题关于交通行业人力资源总体规模分别按照公路运输、交通基础设施建设与养护、水路运输、港口、交通行业行政管理等几个部分进行分析。此外,关于机动车维修与检测部门的人力资源规模将从公路运输人力资源类别中分离出来,单独进行估算。上述关于交通行业人力资源的分类与通常分类不大一致,这主要是考虑从可能获得的信息资料出发,便于估算。

1.公路运输人力资源总量分析与估算

本课题所称公路运输是指营运性公路运输,包括公路运输辅助业与公路公共交通运输,但不包括非经营性单位自备车辆运输。这是现代社会交通最广泛的运输形式,也是交通行业为人口众多的中国社会提供就业岗位最多的部门,是转移农村劳

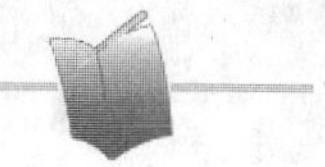

动力的重要渠道。

公路运输人力资源，是指直接从事客、货运输服务的驾驶人员、乘务人员、管理人员、技术人员以及站务、装卸、货运代理、信息配载等辅助性服务人员。机动车维修与检测等技术性服务人员总量另行计算。

本课题关于全国公路运输服务从业人数的基本估算方法是以营运汽车总数乘以车均人力资源配置系数。其中，营运车辆总数按交通部综合规划司发布的统计数字计算，至于如何合理确定车均人力资源配置系数，则是关键性问题。

本报告收集到最近几年全国和部分地区车均人力资源配置系数在2.01～2.38之间，平均为2.185。据交通部公路司官员介绍，发达国家车均人力资源配置系数一般在2.3～2.7之间。本课题组根据查到的资料计算德国2000年全境货运车辆车均人力资源配置系数为2.72，与官方介绍的情况是一致的。另外，对国内而言，还可以根据实际情况分析：一般情况下，一辆客车至少有驾驶人员、乘务人员共2人，城市客运车辆的驾驶乘务人员还需要倒班，一台车可能多达4人；大城市如北京、武汉每台出租车大都由2人换班经营；客货长途运输也必须有2个驾驶人员倒班。因此，平均每台车的驾乘人员可按1.8的系数计算。除此而外，还有经营管理与技术人员，站务人员，装卸人员，货运代理、货运配载服务、驾驶人员培训、教练人员等。每台车如果按2.18人计算，实际处于下限。为此，本报告取值2.18，即上述近2年国内平均数。

根据交通部综合规划司发布的统计数据，2003年全国共有营运汽车924.6万辆。据此，2003年全国公路运输从业人数总量为2015.6万人。

除以上情况外，全国还有农用车辆从事或兼事营运。统计资料显示，自1985年以来，运输拖拉机台数逐年增长。2002年已突破1000万辆。除从事农村生产性运输活动外，轮胎拖拉机一般还兼营或专营短途运输，是农村地区重要的运输力量，同时也为就地转移农业劳动力开辟了途径。1000万辆运输拖拉机至少可以认为提供了500万个非农业就业岗位，但本课题暂不计算在公路运输从业人数内。因此，以上关于公路运输从业人数达2015.6万人总体规模是按低限估算的。

2.机动车维修与检测人力资源规模分析与估算

据交通部《中国道路运输发展报告》公布，2001个全国维修人员约有220万人。此外，交通部公路司官员为本课题组提供的资料表明：2002年全国维修人员总数为225.63万人。2002年维修人员总数比2001年增长2.6%。由于近年来民用车辆以年均11.7%的速度增长，因此，可以按维修人员2.6%的增长率对应民用车辆11%的增长率推算，2003年全国维修人员的数量为231.5万人。

231.5万人维修人员的数字要比实际从业人员数量少。原因在于社会中存在少部分维修站点未经审批而进行经营活动的情况，难以统计在官方数字中。从低限考虑，本报告仍按231.5万人取值。

据《中国道路运输发展报告》公布，2001年全国有汽车综合性能检测站1260余家，其中A级站380多家、B级站700多家。如果每站平均按20人计算，则有2.5万人。虽然其从业人员数量在全部公路运输从业人员数量中所占比例微乎其微，但技术要求高。

从低限考虑，以上两项合计，即234万人作为2003年机动车维修与检测人力资源规模。

3.交通基础设施建设与养护人力资源规模分析与估算

交通基础设施建设与养护、管理等工作领域包括公路、桥梁、站场、公路安全设施、公路环保设施等构筑物的施工、监理、勘察设计、技术研究、公路养护与管理以及港口建设、航道施工等多方面的大量工作岗位，是交通行业吸纳社会人力资源，转移

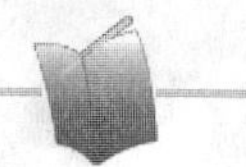

农村劳动人口的重要渠道,技术、资金和劳动力三者都有一定的密集度。

本课题根据官方提供的数字及有关方面的信息资料,分析2003年全国交通基础设施建设与养护人力资源规模至少在1060万人以上。

交通基础设施建设与养护人力资源规模总量实际上处于变动之中,具有不确定性,是一个模糊量。本课题的测算是从模糊中把握相对确定的数量值。

4.水路运输人力资源规模分析与估算

水路运输从业人员由远洋运输、沿海运输、内河运输等船上工作人员、船公司岸上相关管理人员、服务人员以及船舶代理、货运代理、船检等部门的工作人员组成。其中,远洋运输、沿海运输船队载重吨位、运输量、周转量大,但所占用人力资源少;内河运输船舶吨位变异系数大,个体运输户数虽然有逐年下降趋势,但户数比例大。内河运输为农村劳动力转移提供了一定空间。

关于2003年水路运输从业人员规模,从几个方面进行估算:

1)由历史数据进行推算

国务院发展研究中心发展战略和区域经济研究部曾组织一项题为《可持续发展与我国交通运输》的研究。该课题组根据有关省市调查和统计资料分析,1995年全国水路运输方式从业人员175万[①]。1995~2003年,虽然运输船舶总数减少43%,但货运船舶净载重量吨位增长40%,货运量增长39.8%,货运周转量增长63.6%。因此,可以估计水路运输从业人员总量增长,按运输能力和运输量增长率40%的一半即20%的增长率估计,2003年人力资源规模可以估算为210万人。

---

① 王慧炯等主编.可持续发展与交通运输 北京:中国铁道出版社,2000

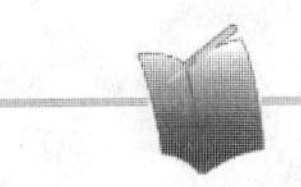

2)由执证船员人数估算

据交通部海事局船员处提供的数据,2003 年海运执证船员 50 万人,内河执证船员 100 万人,合计 150 万人,其中可能已有不上船工作人员,但加上船公司管理人员和陆上服务人员、船检部门、船舶代理公司服务人员以及内河无证运输人员、水库、湖泊等水域未登记的运输从业人员等,总数估计在 200 万人以上。

3)根据区域状况推算

据交通部珠江航务管理局提供的资料,2003 年珠江全水系省内、省际运输客、货运船舶共 21792 艘,共有管理人员及一线工作人员 30 万人(不包括远洋运输船舶及从业人员)。由此可以推算,全国水运人力资源总规模在 267 万人左右。

综合以上三组数据,从低限考虑,2003 年水路运输从业人员总规模至少在 200 万人以上。

另据《中国交通报》2004 年 11 月 4 日的报道,江苏省除 8 万余艘运输船舶外,另有 20.9 万艘乡镇农用自备船舶。这个数字显然不在权威部门发布的全国 20.4 万艘运输船舶总数内。但由此可以估计全国乡镇船舶的规模及其人力资源状况。所以,以上关于 200 万人水上运输人力资源总规模的估算只能是最低限度。

5.港口人力资源规模分析与估算

据《水路运输文摘》2003 年第 8 期引用的资料介绍,目前中国大陆有 1467 个港口,其中海口 165 个、河港 1302 个。根据历史资料统计,大型海港人力资源总量达到 1 万人以上,大型河港也有数千人(包括临时聘用人员)。本课题估算全国约 1500 个港口包括各类服务人员在内的人力资源在 90 万人以上。

6.公路、水路交通行业行政管理队伍规模估算

估计全国地方交通主管机关、路政、航政、港政以及中央与地方海事行政管理人员共约 40 万人。其中,仅公路运政管理人

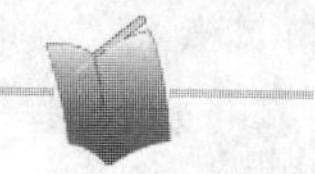

员超过18万人。

综上所述,2003年交通行业人力资源规模见表3-2-1。

2003年交通行业人力资源规模(单位:万人) 表3-2-1

类　别	人力资源规模
公路运输	2015.6
机动车维修与检测	234
交通基础设施建设与养护	1060
水路运输	200
港　口	90
行业行政管理	40
合　计	3639.6

表3-2-1显示,2003年公路、水路交通全行业从业人数约为3640万人,这是按下限测算的,实际从业人数应在3640万人以上。

据有关方面调查统计,2003年全国城乡就业人员74432万人。可以估计,除去其中至少一半以上从事农业生产的人员外,非农业就业人员约在3.5亿人左右。因此,交通行业现有3600万人以上的从业人数,已经超过全国非农业就业人口的10%。从数字看,这一比例与美国的情况相似。据美国学者罗依·桑普森等人调查,1981年美国全部在运输与运输有关领域就业的人数超过1000万人,相当于全美劳动力总数的10%以上。美国运输协会的研究也表明,这一比例自1940年以来一直相当稳定。①但是,美国的统计是按全部就业人口计算的,其中包括约3%~5%的农业就业人口在内。在中国,如果计算农业就业人口在内,那么3600万人交通行业从业人数只占全国74000万余人就业人口的4.8%,即使加上铁路运输、航空运输的从业人员总数,也还没有达到美国10%以上的水平。这与中国的交通运输规模没有达到美国的规模是一致的。

① (美)罗依·桑普森等著.赵传云等译.运输经济——实践、理论与政策.北京:经济管理出版社,1989

另据报道,交通部科学研究院有关人员经研究认为,近3年来,公路、水路交通投资直接创造的就业岗位年均约1000万个,且以年均175万个的速度增长。直接创造的就业岗位中,有近70%提供给了农村富余劳动力,即每年约700万个。另外,全国公路、水路运输业每年直接创造就业岗位1400万个,直接和间接创造就业岗位总和约3640万个。上述估算的交通建设投资直接创造1000万个的就业岗位与本课题估算交通建设养护领域从业人员1060万人是一致的。

三、未来交通行业人力资源变化趋势分析

1.未来交通人力资源变化的一般特点

未来交通人力资源变化决定于交通事业发展状况和交通科技进步,并受到教育发展以及劳动人事制度改革、劳动组织方式变化等诸多因素的影响。从中国的现实状况出发,还应充分考虑推进城镇化战略以及广大农村劳动力转移等现实问题。

未来交通人力资源变化有以下两个基本特点:

(1)交通全行业人力资源总量还将进一步增长,主要体现在公路交通发展所增加的从业人员方面。

(2)全行业各层次各类从业人员的素质要普遍提高。以机动车维修与检测行业为例,随着汽车技术快速进步以及社会安全、环保等方面对汽车性能要求将日趋严格,机动车维修与检测的技术要求将越来越高,因而从业人员的素质必须不断提高。

2.交通人力资源发展规模预测

1)公路运输人力资源发展趋势预测

公路运输发展对人力资源的需求是一种刚性需求,即增加1台营运车辆,必须增加相应的操作服务人员。因此,判断公路运输人力资源发展趋势应当从预测营运车辆增长情况入手。

(1)全社会公路运输发展趋势预测。随着社会经济规模继

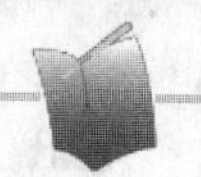

续增长和人民生活水平不断提高，公路客货运输量将持续增长，并在综合运输体系中所占比例将进一步提高。据有关方面分析和预测2020年全社会公路运输发展趋势的结果见表3-2-2。

2020年全社会公路运输量预测结果　　表3-2-2

年　份	客运量（亿人）	旅客周转量（亿人公里）	货运量（亿吨）	货物周转量（亿吨公里）
2000年（实际值）	147.5	7805.8	111.6	6782.5
2020年（预测值）	377	30000	210	16800
2020年值:2000年值	2.56	3.84	1.88	2.48

资料来源：交通规划研究院。

从背景条件分析，今后满足上列需求的两个条件都能得到保证：一是各等级公路进一步增长，公路总里程至2020年将达到300万公里，其中高速公路近8.5万公里，农村公路建设处于快速发展期；二是中国汽车工业同样处于快速发展和质量不断提高的阶段。以上条件将可基本满足全社会公路运输需求，相关问题是如何判定营业性公路运输发展规模及相应的人力资源需求。

(2)营运性公路运输车辆发展趋势预测。表3-2-2所援引有关部门的资料是关于全社会公路运输量的发展趋势预测。其中只有一部分运输量由营业性运输车辆来完成。因此，按照表3-2-2所列全社会公路客、货运输量增长的同等倍数来计算营业性运输车辆增长规模。

①按全社会运输量增长的同等倍数计算营运车辆结果见表3-2-3。

按全社会运输量增长的同等倍数计算营运车辆数　　表3-2-3

名　称	2000年实际值（万辆）	增长倍数	2020年预测值（万辆）
客运车辆	129.66	2.56	331.93
货运车辆	440.47	1.88	828.08
合　计	570.13		1160.01

以上按预测的全社会公路运输量增长的同等倍数(低限)计算营运车辆增长规模,其结果显然不符合实际情况。根据权威部门发布的数字,2003 年营运客、货车分别为 352.19 万辆和 572.45万辆,合计 924.6 万辆。其中营运客车 352.19 万辆,已经超过按全社会公路运输量增长的同等倍数计算的 2020 年预测值 331.93 万辆;客货营运车合计已接近同样方法计算出来的 2020 年预测值。所以,上述预测方法及结果不能作为依据。

②按营运车辆增长率计算。

首先,分析近年来营运车辆的实际增长率见表 3-2-4。

1998 年以来公路营运车辆增长情况 表 3-2-4

年 份	客 车(万辆)	年增长率(%)	货 车(万辆)	年增长率(%)	客货车合计(万辆)	年增长率(%)
1998 年	82.6		386.1		468.7	
1999 年	92.1	11.5	409.6	6.1	501.8	7.1
2000 年	129.66	40.8	440.47	7.5	570.13	13.6
2001 年	255.1	96.8	509.3	15.6	764.4	34.1
2002 年	289.6	13.5	536.8	5.4	826.3	8.0
2003 年	352.19	21.6	572.45	6.6	924.6	11.9
年均增长率(%)		33.6		8.2		14.1

资料来源:中国交通年鉴。

从表 3-2-4 可以看出,自 1998 年以来,营运性客、货车辆年均增长率分别为 33.6%和 8.2%;合计平均增长率为 14.1%。

其次,用该数字与同期全国民用汽车增长率情况(见表 3-2-5)进行比较。

全国民用车辆 1998 ~ 2002 年年均增长率 表 3-2-5

1998 年	2002 年	增长率	年均增长率
1319.30 万辆	2053.17 万辆	55.6%	11.69%

资料来源:中国交通年鉴。

表 3-2-4 和表 3-2-5 的计算结果表明,近年来营运性客、货车辆合计年均增长率为 14.1%,比同期全部民用车辆年均增长率

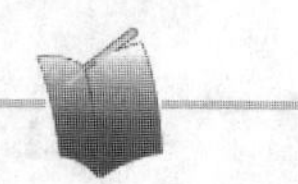

11.69%高出2.8个百分点。

营运性公路运输是社会交通的重要组成部分。发达国家已经大力提倡发展公用交通。我国在人口众多、资源制约度很高的条件下,公路运输发展更需要、也更应该大力提倡提高公用交通在整个公路交通中的比例。货运方面,随着市场经济体制进一步确立和现代企业制度的建立,企业货运将充分考虑成本因素而依赖于效率更高的公用运输;客运方面,虽然小汽车进入中国家庭在大城市已呈迅猛之态,但在中国绝不可能有燎原之势,大力发展公用交通是由中国国情所决定的。因此,营运性车辆增长率高于全社会民用车辆增长率,符合现代社会强调发展公用交通的要求。

根据以上特点,可以按低限估计。到2010年,营运性客、货车辆分别按14%和6.5%的增长速度计算;2010~2020年,分别按8%和3.5%的增长速度计算。见表3-2-6。

营运性车辆发展规模预测 表3-2-6

名　　称	2003年实际值①(万辆)	2010年		2020年	
		增长率(%)	预测值(万辆)	增长率(%)	预测值(万辆)
营运性客车	352.19	14	880.47	8	1900.86
营运性货车	572.45	5.5	832.73	3.5	1174.65
合计	924.6		1713.39		3075.51

①2003年实际值来源于交通部综合规划司公布的正式数据。

表3-2-6预测结果为营运性汽车在2010年将达到1700万辆,2020年将达到3000万辆。表中关于客、货车年均增长率取值根据是考虑到运输结构调整,运输组织水平提高,营运性车辆的效率将明显提高等因素。但预测数字仍然是按低限作出的。

(3)营运性公路运输人力资源发展趋势预测。表3-2-6预测2010年和2020年的营运车辆分别为1713.39万辆和3075.51万辆,再乘以车均人力资源配置系数即可得出相应的结论。

关于车均人力资源配置系数的确定,同样应该考虑到运输结构调整,车辆技术改进,运输信息化发展以及国有运输企业深

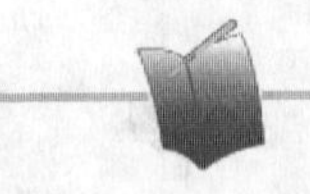

化人事、劳动制度改革等因素，将会提高运输组织水平和劳动效率，因而车均人力资源配置系数将比2003年有所降低。故人力资源配置系数2010年按1.9、2020年按1.7计算，见表3-2-7。

2010年与2020年公路运输人力资源总量预测 表3-2-7

年份	营运车辆（万辆）	配置系数（人/车）	人力资源规模总量（万人）
2003年（实有值）	924.6	2.18	2015.6
2010年（预测值）	1713.4	1.9	3255.46
2020年（预测值）	3075	1.7	5227.5

从表3-2-7测算结果可以预计：公路运输人力资源总规模（不包括机动车维修与检测人员）到2010年达到3250万人；2020年将达到5000万余人。这是预测的下限。

(4)公路运输人力资源分类发展趋势预测。营运性公路运输人力资源可以概略地划分为驾乘人员、经营管理与技术人员、其他辅助性服务人员三类。三类人员的数量都由营运车辆总数决定，分别估算的相应比例和具体测算的人数见表3-2-8。

公路运输人力资源分类发展趋势预测 表3-2-8

类别 \ 名称 \ 年份	2003年			2010年			2020年		
	车辆数（万辆）	分配系数	人员数（万人）	车辆数（万辆）	分配系数	人员数（万人）	车辆数（万辆）	分配系数	人员数（万人）
驾乘人员	924.6	1.8	1664.3	1713.4	1.6	2741.4	3075	1.5	4612.5
经营管理与技术人员		0.11	101.7		0.09	154.3		0.06	184.5
其他辅助性服务人员		0.27	249.6		0.21	359.8		0.14	430.5
合计		2.18	2015.6		1.9	3255.5		1.7	5227.5

从表3-2-8测算结果可以看出：公路运输经营领域到2010年需驾乘人员2700万人，经营管理与技术人才约150万人，其他辅助性服务人员360万人；到2020年需驾乘人员4600万人，经营管理与技术人员180万人，其他辅助性服务人员430万人。

2)机动车维修与检测行业人力资源发展趋势预测

如前所述,本报告根据《中国交通年鉴》公布的数据计算出1998~2002年全国大陆(港、澳、台地区除外)民用汽车年均增长率为11.69%。又根据交通部公路司公布和提供2001年与2002年两年维修人员的数据,计算出2.6%的年增长率。考虑到市场不规范条件下统计数字的不完整性,故本报告分别按3%和2.5%的年均增长率估算2010年和2020年维修与检测行业人力资源发展趋势,见表3-2-9。

机动车维修与检测领域人力资源发展趋势预测 表3-2-9

年份	2001年（实有值）	2002年（实有值）	2003年（估算值）	2010年（预测值）	2020年（预测值）
人力资源规模(万人)	210	225.6	234	287.8	368.41

表3-2-9显示,机动车维修与检测行业到2010年约需280余万人,到2020年约需370万人。

3)交通基础设施建设与养护人力资源预测

根据交通发展规划,交通基础设施建设与养护规模还将保持增长势头,管理任务也将扩大。但现有1060万人的人力资源规模将基本保持稳定,今后主要趋势是结构调整和人员素质提高。

本报告计算结果是:2010年交通基础设施建设与养护人力资源总规模达1200万人,2020将达到1350万人。

4)水路运输人力资源发展趋势估算

影响水路运输人力资源未来变化趋势的因素有下列几项:

(1)水路货运规模将持续增长:

①沿海与长江、珠江流域是中国经济发达地区,该区域发达的水路运输带来较低成本的运输条件是支撑其经济发达的重要因素之一。

②世界石油价格上涨,将促进相对低能耗的水路运输在综合运输中所占比例有所增加。

③经济全球化促进国际贸易进一步增长,推动远洋运输发

展。因此,水路运输的增长态势具有必然性。

(2)水运船舶平均载重吨位将继续提高,性能继续改进,运输结构进一步调整,使水路运输量增长带来的人力资源需求将在一定程度上被抵消。

(3)国有水路运输企业进一步改革,剥离富裕人员和剥离非水路运输经营人员,大中型企业的人力资源规模不会有明显增长,甚至有可能在2010年之前有所下降。人力资源结构调整是国有水运企业的基本趋势。

本报告综合多方面分析,预测水路运输人力资源规模2010年达到229万人,2020年达到253万人。

5)港口人力资源总规模变动趋势分析

综合分析港口人力资源总规模变动因素,预测港口人力资源在2010年为106万人,2020年为123万人。

6)交通人力资源总体规模变动趋势

交通行业人力资源总规模变动趋势分析结果汇总见表3-2-10。

交通行业人力资源规模预测结果汇总　　表3-2-10

类别＼年份	2003年	2010年	2020年
公路运输	2015.6	3255.6	5227.5
机动车维修与检测	234	287.8	368.4
交通基础设施建设与养护	1060	1217.9	1345.3
水路运输	200	229.7	253.59
港口	90	106	123
行业行政管理	40	36	36
合计	3639.6	5133	7354

表3-2-10计算结果表明:交通行业人力资源总规模在2010年达到5100万人,在2020年可达7300万人。

据有关方面预测,估计中国人口总数在2010年为13.8亿人,2020年为14.8亿人。以全社会就业人口8亿人计算,公路、

水路交通行业直接从业人数在2010年和2020年将分别占全社会就业人数的6.4%和9.1%。由此可见，到2020年，公路、水路交通行业人力资源规模再加上铁路、航空运输以及相关领域就业人员，总数可达到全社会就业人数的1/10以上，相当于美国20世纪40～80年代交通行业从业人数占全社会就业人口的同等比例。

3.交通行业发展过程新增就业人数分析

1)交通行业未来新增就业人数测算

预测表明，除行政管理人员以外，包括机动车维修与检测人力资源需求在内，交通行业2003～2010年新增从业人员约1497万人，2010～2020年新增就业人员约2200万人。

以上关于交通行业新增人力资源需求估算是仅根据交通事业发展趋势测算的结果，计算新增就业人数还应考虑自然减员因素所应得到的补充。

2)考虑自然减员因素的新增就业人数总量

在考虑自然减员因素需要补充人员的情况下，本报告预测交通行业2003～2010年与2010～2010年增加的人力资源总量分别约为2000万人和3000万人。

3)交通行业人力资源最大规模的岗位分析

本报告分析得出公路运输是人力资源相对密集的行业。其中，又以驾乘岗位为主，见表3-2-11。

驾乘人员总数占交通行业人力资源总量的比例　　表3-2-11

类别＼年份	2003年	2010年	2020年
全行业人力资源总量(万人)	3635.6	5092.2	7318
驾乘人员数(万人)	1664.3	2741.4	4612.5
驾乘人员所占比例(%)	45.8	53.8	63

从表3-2-11计算结果可以看出，公用交通驾乘人员在交通行业从业人员中的比例逐步增高，是随着交通发展为社会提供

就业机会最多的岗位。发展公共交通也是当代世界潮流,特别是由中国国情所决定的。它既适应石油资源限制条件下的公众交通需求,又可以为人口众多的中国社会容纳一部分劳动力。

报告三　中远集团教育培训实践与发展研究

中国远洋运输(集团)总公司(以下简称“中远集团”)是拥有和经营着600余艘现代化商船、3000余万载重吨、年货运量超过2亿吨的综合型跨国企业集团。作为以航运、物流为核心主业的全球性企业集团,中远集团在全球拥有近1000家成员单位、7万余名员工。标有“COSCO”醒目标志的船舶和集装箱在世界160多个国家和地区的1300多个港口往来穿梭。作为世界著名、中国最大的远洋运输企业,中远集团在加快核心业务发展,促进中远集团远洋运输事业繁荣的同时,充分发挥自身在吸引、会聚航运人才方面的优势,采取多种措施,吸纳、培养、用好各类航运专业人才,努力把中远集团建设成为中国的航运人才高地。中远集团根据岗位和个人特点,制定有针对性的培养方案,通过职业生涯设计、选送参加院校培训、选送国外短期工作、选送赴基层锻炼等多种方式提高人才的综合素质。

一、中远集团教育培训的现状分析

经济全球化的进程使各种生产要素在全世界流动的速度加快。中远集团面临的市场竞争将更加激烈,企业必须看到,企业的教育培训不仅是培养人才的主要手段,在一定程度上也是稳定企业人才队伍的重要措施。知识经济的到来,船舶技术含量的提高,网络信息技术、电子商务、物流技术、现代管理理论等方面的不断创新,使企业的生存与发展在很大程度上取决于技术

领先。面对这样的形势，中远集团近年来制定了人才规划和培养计划，加强了对人力资源开发与培训工作的研究，取得了较好成绩，在这方面主要开展了以下工作：

1.建立科学的管理模式

"学习型企业"是我们追求自身发展的目标。《"十五"教育培训规划》中确定重组教育培训的架构，为的是适应中远集团产业结构的调整，实现"一业为主、三业支撑"的战略格局。

集团人事部在《关于加强中远集团教育培训体系建设的意见》中提出了"集团主管，统一规划；公司主办，自主实施；研究开发，质效评价"的教育培训的基本模式。

(1)"集团主管，统一规划"。集团总部负责中远集团发展战略规划，从发展战略的角度，结合国际形势和科技发展趋势，确定人力资源开发的发展战略，明确人才培养的专业方向，使教育培训工作适度超前。教育培训由集团主管，统一规划，有利于人力资源开发和教育培训满足集团整体发展战略需要；有利于人力资源开发与教育培训适应集团产业结构的调整与拓展；有利于形成人力资源开发与教育培训统一规划，资源共享，发挥整体效益。

(2)"公司主办，自主实施"。中远集团是跨国家、跨地区、跨行业的大型企业集团，由于地域分布和业务领域不同(包括人力资源基础条件的差异)，决定了集团人力资源开发与教育培训必须在总部的统一规划指导下，由直属各公司结合各自的发展方向、产业结构、人才需求、人员素质等特点，利用各种资源自主开展员工培训，提高培训的针对性和收益率，使企业教育培训从粗放向集约的转变，提高教育培训的投资效益。成立教育培训研究室，通过各公司的兼职教育培训研究人员，提出重要的和急需的企业培训需求，发挥集团整体作战的优势，共同研究开发针对性强的培训项目。教育培训研究室也是一个及时收集信息和反馈信息的环节。通过对全系统教育培训管理、实施的过程评估，

向集团教委会提供信息，便于教委会及时在全系统范围内推广经验、纠正不足。

(3)“研究开发，质效评价”。为使中远集团教育培训适应性强、质量高，效益大，更具针对性、实用性和前瞻性，采取“研究开发，质效评价”的方式，对教育培训各环节予以加强和保证，形成策划—实施—评估—改进的完整闭环。中远集团教育培训体系框架见图3-3-1。

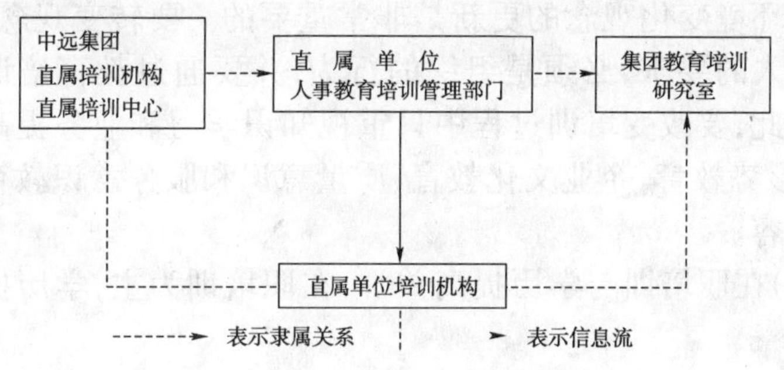

图3-3-1　中远集团教育培训体系框架图

2.重视教育培训的组织实施

有了好的制度，还需要重视过程的组织实施。在中远集团教育培训的组织实施中，重点抓住了以下几个环节：

1)关注“两个需求”

“两个需求”即企业与员工的学习需求。企业经营发展要适应不断变化的市场环境，企业和员工只有通过不断学习，才能把握竞争的主动权。随着社会的发展和进步，理解人、尊重人的价值正得到广泛重视。社会财富的不断增加，生产力的不断发展使得员工要求在工作中能较多地体现人的价值，一旦得不到这种满足，企业难以实现既定目标。员工个人只有不断学习才可能在激烈的竞争中立于不败之地，才能丰富和实现其主体性。员工学习往往是为了谋求个人的发展，由于个人(特别是年轻员工)对发展方向的需求不同，因此企业人力资源开发工作应对员工个人的发展方向加以引导，通过与员工共同设计职业发展方

向,使每一个员工真正意识到只有与企业共同发展才是最可取的。企业尊重员工学习的权利,员工也要认识到参加为企业发展所需而组织的培训是他们的义务。个人需求与企业需求应尽量靠拢。

2)采取“六个并举”

(1)观念更新与知识更新并举,观念是先导。

中国正处在经济转型时期,创新是民族振兴之魂,企业和员工适应环境变化观念的更新是非常重要的。要转变观念,绝不仅是个人的要求,必须是组织的行为,并要通过教育培训来实现。因此,要改变培训过程中只重视知识学习和业务提高的现象,将形势教育、企业文化教育、质量意识和服务意识教育纳入培训内容。

(2)在职培训与学历提高并举,在职培训为主,学历提高为辅。

在职培训机动灵活,不受时间地点和方式限制,有利于与工作需要相结合,目的明确见效快。学历教育使人系统地掌握某一方面的知识和提高自我学习的能力,对员工个人发展和改变人力资源队伍整体结构起到积极作用。只有处理好两者关系,才能使企业的教育培训工作真正服务于人力资源开发。

(3)“超前培训”与“适岗培训”并举,超前才能创新。

适岗培训是岗位的必备要求,环境改变了,岗位要求随之变化,所以在职员工和转岗员工需要通过培训适应岗位要求。企业发展带来的机构调整和变化、新技术的出现、法律、法规的完善和产业领域的拓宽都需要设立新岗位,取消一些不适合的岗位。为了提前储备人才和适应岗位变化,必须重视超前培训,比别人先学一步才能占有先机,赢得市场。适岗培训的特点是大量的、经常性的,较之于超前培训更重要,更需要认真策划。

(4)多种形式培训并举,互动式学习提高。

从个性化学习和建立“学习型企业”的角度考虑,网络学习、个人读书、专题研讨、科研项目、调研报告、技能比武、知识竞赛

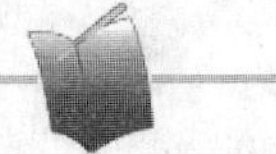

等都可以使员工和团队素质通过学习得到提高，并在实践中创造出更多、更好的培训方式。

(5)学习与运用并举，运用中学习。

学习的目的在于应用，在应用中促进学习、促进创新，绝不能把学习与工作对立起来。学习与运用并举就是要把培训学习与日常工作、与科研项目、与业务研究结合，从工作中创造的业绩来考查学习效果。

(6)质量评估与效益评估并举，以质量促效益。

培训是对人力资源开发的投资，投资收益率是考查企业培训工作的标准。投资收益率主要体现在培训质量与培训效益两个方面。培训质量要看是否使受训者达到了预定的目标，培训效益要看预定的目标是否设定的合理、受训者是否调派得当、培训后是否得到使用、成本消耗是否合理等。培训质量与培训效益评估是以投资收益率为导向，只有经过不断检测、不断改进，才能使教育培训真正为企业的可持续发展服务。

3)重视“三个区分”

(1)区分不同对象。对内部员工的培训主要分为船员培训和陆上员工培训；对外部顾客的培训存在于企业外部，他们包括最终顾客、最终使用者，以及其他直接或间接得到企业产品或服务的人。

(2)区分不同内容。对船员的培训主要侧重于岗位技能培训，管理级和支持级船员要加强经济、管理、法律知识的学习和安全意识的培养。

对陆上在岗人员的分类培训包括：①管理/领导类培训；②质量控制类培训；③技术/业务类培训；④市场和营销类培训；⑤新员工上岗培训；⑥员工转岗培训、下岗员工再就业培训。

(3)区分不同方法。企业的教育培训方式要注重个性化原则，即“因人施教、因材施教”。对不同岗位从事不同工作的员工要采取不同的培训方式，大体上可概括为：在职培训、脱产培训和网络培训三种。

3.协调教育培训资源的配置

中远集团提出:采用“利用社会、开发自有、合作办学”的方式,实现教育资源的优化配置与利用,建立质量效益型的实施体系,合理有效地利用教育资源,减少重复投入,提高内部培训机构的整体效应。我们充分利用市场机制选择培训能力最强、质量最高的高等院校和培训中心,培养集团高级人才,就近聘请专家讲学,选择实用的培训机构,开展社会共性的岗位培训和英语、计算机等技能培训;利用国家远程教育网络开展在职教育和单项培训。

社会上所不具备培训能力而中远集团又急需的培训项目,要在自有教培机构中开发,形成自有教育培训资源的特色项目;同时对中远集团的客户培训、企业文化的培训和教育,要在自己的培训中心进行。培训机构又成为了中远集团企业营销网络的一个部分,成为了中远集团企业文化开发与传播的基地。

中远集团的院校和培训机构合理分工,用其所长,减少了不必要的投资,最大限度地利用了自有教育资源。大连海运学校正式并入大连海事大学;南京海运学校的移交工作已完成。青岛远洋船员学院在校庆时举行了“中远集团培训中心”挂牌仪式,成为集团培养高级船员和陆上专业人员的重要基地,起到了集团培训龙头的作用,这一举措得到了国家教委职教司的充分肯定,并称其为院校改革中具有校企合作特色的办学典型。广州海员学校转变办学观念,积极引入市场机制,把一个完全依赖广远公司拨款的老旧技工学校,改造为集船员培训和专科学历教育为一体的“金桥经贸管理学院”,闯出了企业教育资源走产业化发展的路子,使企业教育资源和无形资产不断升值。

“合作办学”是利用中远集团的品牌,与国内外企业或教育机构合作,培养精通市场规则的国际化人才,自有的教育培训机构从外部聘请师资或与名牌大学合作办学,提高自己的培训能力。

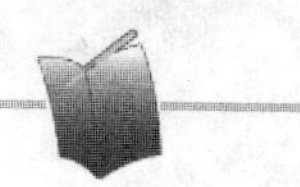

4.重视制度建设

教育培训的制度必须与企业人力资源开发政策相衔接,以利于员工和企业的共同发展。这些制度主要包括:

1)完善分层次、分类别、重实效的教育培训制度

巩固和完善各级经营管理者脱产学习、在职自学和中心组学习制度;在岗人员的培训制度;员工培训持证上岗制度;培训的考核发证制度;先培训后上岗的岗前培训制度;逐步建立培训后的使用和相关待遇制度;岗位培训的评估、监督、奖惩制度;培训基地条件审核、师资认定和教材编审制度;岗位培训工作管理制度等,逐步使集团教育培训制度化。在培训机制建设上,中远集团在船员培训方面形成一整套从水手到船长、从机工到轮机长的人才培养模式。对陆上人员也要逐步建立起培训与用人相结合的机制,将船员培训考试、持证上岗、任职实践、逐级晋升的一整套办法引用到陆上人员的培养使用上来,形成培训激励、约束和协调机制。

2)完善岗位职责标准,逐步推进持证上岗制度

针对集团陆上岗位的不同需要,修订、完善岗位标准,逐步构建"一横一竖"的陆上员工岗位培训体系(竖线指"从新进员工到集团高层领导等不同人员";横线指"员工需要掌握的不同培训内容"),将培训与上岗、使用、待遇、离岗等有机地结合起来。针对不同岗位职责,有针对性地实施包括技能(外语、计算机)、知识(本岗位需要的理论知识、前瞻性的知识)、素质(忠诚度、敬业心、综合协调能力)等各个方面的培训,建立起集团陆上员工岗位培训体系。

3)建立教育培训质量评估制度

制定对集团内各单位培训工作和培训院校、培训中心工作质量评估指标体系和评估办法,建立教育培训质量评估制度。从调查、分析培训需求、确定培训目标、制定培训计划、策划培训项目和内容、确定培训方式、选聘培训师资,到对培训过程的全

程管理、对培训效果的评估等各个环节，对学校和培训中心教育培训质量的监督和检查，对培训的组织、人员的调派、培训机构的选择、培训后的人员使用以及培训的投入受益进行评价。

5.完善师资队伍建设

建立优化教师队伍的有效机制，加强对教师的培养。实施教师资格证书，完善教师职务聘任；重视对现职教师、特别是中青年教研骨干和学术带头人的培养，采取挂职锻炼、进修深造、承担重大科研课题、加强与企业的交流、合作等方式，努力提高教师的政治素质、业务能力和教学水平；继续关心和改善教师的工作条件和经济待遇，形成优劳、优质、优酬的分配机制，并向一线教师倾斜；根据结构合理、素质优良、专兼结合、动态管理的原则，在集团内外部聘请高水平的专家学者和有丰富实践经验的经理、船长、轮机长及优秀的业务骨干作为兼职教师，改善教师队伍的结构；建立教育培训师资信息库，完善优胜劣汰机制。培训机构的师资建设在中远集团教育培训评估体系中占有重要的权重，也是对学校领导考核的重要内容。

二、经济转型时期企业教育培训战略思想研究

1.经济转型时期企业教育培训的作用

(1)企业教育培训战略在企业发展战略中的地位。

企业教育培训战略是企业根据战略任务和由此确定的企业文化设计而制定的。企业发展战略是教育培训战略的外部条件和前提，教育培训自身规律是产生教育培训战略的内部条件和依据。企业战略任务和企业文化是企业战略产生的逻辑前提，是企业完成战略任务的保证。企业教育培训战略是企业战略的重要组成部分，企业战略中的其他战略（如经营战略、营销战略、科技战略、人才战略等），尤其是人才战略直接影响着教育训培战略的制定，同样教育培训战略对企业文化建设具有重大的影

响作用,对企业发展战略具有保证作用。

(2)企业教育培训战略在企业人力资源开发中的作用。

国家确立了"科教兴国"战略,把"培养、吸引和用好人才"作为一项重大任务,充分说明人才的重要性。当前,"以人为本"已经成为企业发展的最根本的理念,成功企业的领导都把人才战略看成是企业兴衰的先决条件,这是因为人力资源的开发能使企业人力资本增值,提高企业的核心竞争能力,从而实现企业的战略目标。企业教育培训是人力资本积累和增值的基本途径,也是实现企业战略任务和企业再造并获得可持续发展的基础性工作,更是企业人力资源开发的重要组成部分。人力资源开发的形式是教育培训,教育培训的目的是人力资源开发。所以教育培训战略应紧紧贴近人力资源发展战略,并成为人力资源发展战略的组成部分。

(3)中远集团教育培训工作的战略目标和任务所面临的环境。

①外部环境。全球经济一体化企业对教育培训的要求更加迫切,在严峻的挑战面前,中远集团必须加大人力资源开发的力度,将教育培训尽快与国际接轨,培养出适应经济全球化的各类人才。科技发展与人才争夺给企业教育培训带来挑战和机遇,企业的教育培训不仅是培养人才的重要手段,在一定程度上也是稳定企业人才队伍的重要措施。国际与国家颁布系列职务标准激发了员工学习的自觉性。国家教育结构的调整促进了企业教育资源的合理配置。企业教育机构可以从作为企业的附属转为直接面对市场以企业方式经营。

②内部环境。中远集团在向现代企业制度转变过程中给教育培训提出新课题,这不仅要求企业教育培训要在思想观念上转变,还要在培训内容、方式、方法上进行创新、适应转变。中远集团产业结构调整及行业领域拓宽急需人才,开拓新领域进入世界500强,需要重视和实施人才战略,加强人力资本投资。同时,中远集团员工的学习要求迫切,也是企业培训的内部动因。

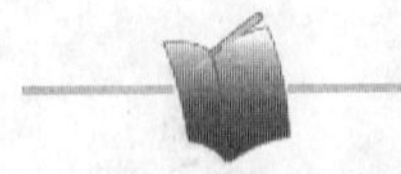

2.企业教育培训的发展趋势

(1)明确终身教育、构建"学习型企业"的企业教育培训战略思想。

终身教育已纳入国家教育方针。企业教育培训应该以终身教育思想为指导,知识经济的兴起,使企业面临着迅速跨越"适应性企业"阶段,直接迈向"创新性企业"阶段的挑战。创新是21世纪企业生存的关键,教育培训对促进企业创新具有至关重要的作用。为加快企业发展步伐,适应企业发展方向,构建"学习型企业"成为了企业的战略性任务。

(2)构建企业教育培训战略科学、有效的实施体系。

企业教育培训战略必须通过科学、有效的体系才能得以实施。特别是国有大型企业集团在确立尊重知识、尊重人才和构建"学习型企业"的基础上,应明确企业教育培训战略目标,建立和完善四个实施体系:①向"学习型企业"转变的教育培训管理体系;②适应企业和员工发展需求的教育培训施教体系;③适应环境变化和企业结构调整的教育培训研究开发体系;④按教育培训战略思想设计的企业教育培训评估体系。

三、未来企业教育培训的发展方向

1.把握转型期企业培训的自主化、产业化特点

经济转型期的企业培训既保持着计划经济体制的某些特性,又向市场经济转化,具有明显的过渡性特征,同时又受到企业发展阶段和社会经济发展的影响。企业培训既有政府因素,又有市场因素,上级约束和市场约束并存。因此,未来企业的教育培训有其特殊的规律性。

(1)企业培训自主性日趋加强。

首先,企业市场化程度日益加深,市场约束日趋加强。企业组织培训不能无视市场的要求。

其次,企业虽然还没有从体制上完全脱胎换骨,但企业已拥有了绝大多数的经营自主权,已树立了现代企业的部分经营理念。

再次,市场竞争的加剧和短缺经济的结束,迫使企业走内涵式扩大再生产的发展道路。在企业各生产要素中,管理与技术的地位和作用日益突出,企业越来越认识到加强企业培训、提高员工素质的重要性。

(2)市场化、产业化是企业培训发展的方向。

经济体制转型的目标是建立社会主义市场经济体制;转型企业的终极目标是建立现代企业制度。生产要素商品化、经济行为市场化是市场经济的本质特征。企业培训作为企业的一种管理活动,市场化、产业化是其发展的必然。市场约束的日益加强要求企业必须把满足市场需求、为顾客提供最大效用作为培训的基本原则。企业培训的生产性,要求企业必须追求培训成本最小化和资源效益最大化。这就要求企业一方面要充分利用社会培训资源,另一方面向市场开放自己的培训资源,通过这种双向交流,优化企业培训资源配置,降低培训成本,提高资源利用率。

2.实现教育培训与实际需要紧密结合

企业教育培训不仅要满足企业生产、经营的需求,同时还应适当考虑员工个人发展的因素,不断开发员工的潜在能力,要注重员工整体素质和工作能力的提高;企业培训应充分注意培训对象的个体差异和岗位需求,用不同的培训目标、不同的培训方式,来满足不同要求;企业的教育培训要根据社会生产力的不断发展,调整培训目标,研究开发培训项目,更新培训内容,改进培训方法。教师也要不断学习、不断知识更新,只有这样才能适应企业发展的需要。要实现教育培训与实际需要紧密结合,必须加强集团教育培训研究工作。只有紧紧围绕企业的实际情况,把握好企业生产、经营的实际需求,进行针对性的培训,才会使

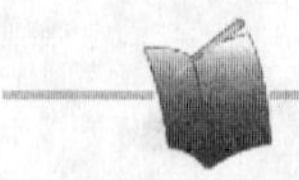

企业员工的素质得到提高，促进企业的发展，从而使教育培训受到企业领导和员工的重视，成为企业不可缺少的重要组成部分。教育培训结合企业实际，重点体现在以下方面：

(1)企业文化应在培训中占据重要位置。

企业“二次创业”阶段，品牌形象和文化底蕴成为企业经营的重要内容。企业文化的重要地位和作用已经越来越多地被企业认识和接受。企业文化既是企业培训的指导原则，也是企业培训的重要内容。

(2)“补课”、模仿将是转型企业培训的特点。

企业从生产单位向经营单位转变，企业培训必须迅速转向全员培训、全方位培训。企业自主培训、全员全过程培训、培训市场化、产业化等对我国大多数企业都是崭新的课题。向世界名牌企业学习、模仿，补上市场经济基础人才培训这一课是必然的过程。

(3)转岗培训是当前和今后一段时间内企业面临的一个难题。

历史形成的企业冗员和结构性人才短缺的矛盾给企业培训带来巨大压力，企业要解决历史遗留的冗员问题，必然伴随大批员工下岗，而当前国家政策又不允许企业将下岗员工全部推向社会。同时，企业又要解决懂经营、会管理、善于把握市场经济潮流的优秀人才短缺的问题。当前和今后一定时期企业不能不面对的问题是：加强下岗员工培训，使他们重新就业；适度补充企业短缺的人才。

3.树立教育培训的创新、服务、发展的观念

(1)终身教育的观念。中远集团成为“学习型企业”，是企业从“适应性企业”到“创新性企业”的深刻转变，员工一次性的职前教育已不能满足企业和个人不断更新知识、适应工作的要求，必须树立终身教育观念。因此，企业教育培训要适度超前，为员工创造终身教育的机会和条件，为人尽其才、才尽其用创造良好

的环境和条件，实现员工自身成长与企业发展和谐一致。

(2)强化客户观念。对教育培训而言，客户有三层含义。一是学员是客户。教育培训是提供一种服务，要把“用户至上”和不断提高教育培训质量、服务质量作为企业永远的追求，从各方面、各环节入手提高客户的满意度。企业培训是“供应商对客户——共同学习，共同发展”。二是企业外部顾客是客户。对企业外部顾客进行培训，提供企业全面的信息服务，发挥快速咨询与反馈的作用，介绍企业文化、经营理念和相关的业务程序，使其树立与企业合作的信心。三是内部员工是客户。为内部员工服务，企业从事教育培训管理人员要为员工服务，学校的管理人员要为教师服务。在制定政策、执行制度上，要充分代表广大员工的切身利益，引导员工的培训需求向企业需求靠拢。客户观念是现代企业培训的重要理念，也是新时期企业教育培训中员工地位和角色的演变。

(3)整体发展的观念。中远集团所属企业地区分布广、行业跨度大，给教育培训的组织与管理带来一定难度。要使中远集团教育培训与集团改革、发展需求紧密结合，并保持协调一致的发展，就必须使各单位教育培训管理部门和培训机构在加强联系与合作的基础上，求得整体实效。

4.注重运用好教育培训的新方式和新方法

随着信息技术的发展，带来了教育培训方法的改革与创新，目前，最现代的学习手段是网上学习。科学技术飞速发展，信息传播的手段越来越现代化，传播的速度越来越快、范围越来越广，完全依靠书本学习的时代即将过去，员工从网上学习的时代已经开始。与此同时，教师也可以甩掉传统的黑板和粉笔，采用多媒体教学，既方便实用又大大提高了授课的效率。在培训方式上，应更加注重交互式学习方法，大力推广案例教学、情景模拟、主题研讨等方式，提高学员的学习兴趣和培训的质量。

如何在市场经济的激烈竞争中生存并健康发展是大型国有

企业面临的最大问题。在经济转型期,大型国有企业培训既保持着计划经济体制的特性,又加入诸多市场经济色彩,大型国有企业职业教育总的趋势是向现代企业的教育培训形式转化,企业员工也已逐步树立起市场经济意识。必须牢固树立教育培训是人才资源开发的核心环节这一观念,把握企业发展的战略目标,大力加强企业培训,以培训促观念转变,以培训促人才成长,以培训促企业发展。

报告四 山西省交通职业教育实践与发展研究

一、研究的目的及意义

山西省地处黄河中游，黄土高原东部，从明清时期到20世纪80年代中期，山西的经济发展在全国一直处于领先或上游位置，自1985年以来随着全国改革开放的深入，山西与其他省份的经济的差距逐渐拉大，沦为全国末流位置。近年来，山西省委、省政府坚持下大力气狠抓交通基础设施建设，提出了交通要率先发展的口号，把交通事业作为经济结构调整的龙头和先行，随着大运高速公路等重点建设工程的通车，山西省交通建设取得重大突破，“十五”以来，公路建设每年投资连续突破100亿元，公路通车里程达到65813公里，公路密度达到42.9公里/百平方公里，高速公路突破1000公里，达到1347公里，居全国第九位。二级以上高等级公路达到12758公里，高级次高级路面里程达到39567公里，全省97.1%的乡镇通了油路，96.2%的行政村通了公路。完成村村通水泥路42405公里，各项交通费税征收达到99亿元，公路客运量达到3.57亿人次，交通发展进入了全国先进行列。

与此同时，山西的交通教育事业也得到了长足发展，十三届四中全会以来，我省交通职业教育事业进入了最快最好的发展时期，10多年来，特别是近5年来，省交通厅切实把教育放在优先发展的地位，实施“人才强交”战略，坚持教育创新发展观念，交通职业教育工作者坚持社会主义的办学方向，坚持“科教兴国”、“科教兴教”的发展战略，坚持立足服务交通、面向社会的办学宗旨，贯彻党的教育方针和《中国教育改革与发展纲要》，牢固树立“经济发展，交通先行；交通发展，人才为本；人才培养，教育为本”的观念，全面推进教育改革，不断增加教育投入，逐步扩大教育规模，稳步提高办学层次，努力加强教育管理，使交通职工受教育程度和科学文化素养有了很大提高，交通职业教育取得了显著的成绩。全省上下形成了以省交通干部学校为主、覆盖全系统的成人教育和干部培训网络，形成了以交通职业技术学院为龙头的交通技能型人才培训基地。

本研究的目的是总结10多年来我省交通职业教育的经验，使交通职业教育能够更好地适应我省交通发展的形势，为我省交通的率先发展提供更加有利、更加合理的人才支持。

本研究的意义是为交通职业教育的决策机关和交通行业各单位提供可行的决策参考，为交通职业教育工作者提供有益的借鉴依据。

二、交通职业教育的经验总结及现状分析

1.坚持宏观指导和微观协调相结合

(1)转变指导思想，明确院校定位，促进健康发展。

对厅属交通职业技术院校，我们的指导思想是：变过去的管理、指导、决策为现在的服务、引导与支持，充分发挥学校自主办学的能力和潜力。厅里侧重从行业的实际出发，规划学校的整体发展方向，并给予政策性的、实际性的支持。将交通职业技术学院、交通技工学校定位于培养高、中等实用型人才，定位于就业教育而不是升学教育，要求学校走适度规模、内涵发展的路子，将交通干部学校定位于干部职工培训和成人继续教育，引导和督促学校努力建设一流的校园软环境、帮助学校与交通科研院、设计院、公路局、路桥集团、监理公司等设计、科研、施工、监

理、建设单位横向联合，资源共享，优势互补，给予一般公路工程的测设任务，为师生提供实验实习的机会和场所，进一步促进专业理论知识和生产实践相结合，加强师资队伍建设和重点学科建设，提高教育教学质量，设立教育科学研究项目，提升学校的办学品位，从而促进院校健康、有序地快速发展。

(2)制定切实可行的发展规划。

从“八五”以来，省厅党组结合山西公路交通发展实际，组织专门力量，通过周密调研，细心研究，连续制定了三个交通教育五年发展规划，提出山西交通教育的发展思路和目标任务，制定切实可行的政策措施并贯彻落实。规划确定之后，坚持“统一规划、分级管理、分工负责、分类指导”的原则，采取切实可行的措施，充分调动各市(地)交通局和厅属各单位的积极性。尽管在前几年的机构改革中，绝大多数单位的职教工作被并入人事部门统一管理，但每个单位都有分管领导和专门人员负责职工教育，成立了相应的教育培训领导组，建立职业教育的网络。根据发展规划和指导原则，制定了《山西省交通职工教育管理办法》(“八五”期间)，设立教育专项资金(“九五”期间)，从组织机构、发展规划、师资队伍、基地建设、经费保障等方面规范交通教育行为，保证交通教育健康有序发展。为保证交通教育年度目标的实现，厅科教处将交通教育的五年规划分解为年度实现指标，列入交通厅对各单位领导任期目标和单位年度目标责任进行考核，有力地推动了交通教育工作的开展。

(3)制定相关的配套政策，保证规划的顺利实施。

根据交通部《十五交通教育培训规划》、《十五交通行政执法人员提高学历层次教育的实施意见》和《十五全国地方交通行政干部教育培训的实施意见》精神，对交通行政执法人员、地方交通行政干部和从事职教工作的干部提出了必须达到大专以上文化程度的要求，并在干部竞争上岗、人员招聘、职称评定等方面对学历作了严格的限定，促使他们积极参加成人高等学历教育，尽快提升学历层次。

(4)下拨相应的教育经费,确保规划的贯彻执行。

交通职业教育工作要想取得成效,必须在经费上得到保障。因此,省厅重视教育经费的筹措和投入。在“八五”投资4000万元的基础上,“九五”期间用于教育的投资达10000万元,使厅属三校基本建设初具规模,教学设备、仪器基本满足教学需要。建设了交通教育扶贫基地、补助了部分单位职业教育经费的不足。进入“十五”这几年,教育经费除了用于学校正常经费投入外,主要用于学科建设和教师队伍建设。绝大多数市(地)交通局和厅属行业局(单位)对教育经费的投入和保障也比较重视。比如,省路桥集团、省监理公司、省交通设计院、省科研院等制定了学历及继续教育奖励办法,报销一定比例的学费和培养费,鼓励员工的学习提高。

2.交通职业教育成果显著、成绩喜人

(1)技术学院、技工学校逐步升级,办学规模逐步扩大。

在省厅积极有效地全面指导下,厅属交通职业技术院校根据各自的优势和特点,相继取得了显著的进步。厅属交通学校1998年晋级为省部级重点中专学校,1999年晋级为国家级重点中专学校,2001年晋级为高等职业技术学院,2002年公路与桥梁专业被确定为国家级改革试点专业,2003年汽车检测维修、公路工程监理被确定为省级改革试点专业。5年来累计培养高职、中专毕业生4000人(比前5年增加80%),在校生规模达5000人,走在了全省同类职业技术学院的前列。厅属交通技工学校,1998年经国家劳动部批准,晋级为国家级重点技工学校,1999年跨入高级技工学校行列。5年来培养毕业生2000人(比前5年增加40%),在校生规模达1500人,也走在了全省同类技工学校的前列。

(2)努力开辟办学渠道,不断拓展再教育领域。

几年来,充分发挥省交通干部学校作为我省交通系统成人继续教育基地的功能,设立了长安大学、长沙交通学院山西教学

站，建立了武汉理工大学、太原理工大学教学点，在北京交通管理干部学院的大力支持下，设立了北方交通大学现代远程教育山西教学中心。教学形式涵盖了脱产、函授、自考、远程教育、电大、夜大等成人高等学历教育的所有形式和类别，学历层次包括大专、高升本、专升本，开办专业覆盖了交通土建、工程管理、交通运输、路政管理、运政管理、财务会计、计算机应用等专业领域。省厅每年都下发关于做好成人高等学历教育招生宣传工作的通知，要求各市（地）、各单位重视成人学历教育工作。通过交通系统的内部报刊、网络大力宣传，加大了招生宣传的力度，保证宣传工作的覆盖面，使大部分交通从业职工都能掌握成人招生信息，从而收到了良好的效果，为交通职工创造了良好的成人高等学历教育机会和环境。现在校学习的各层次、各专业学员共3868人，仅2002年就招收上述各类成人学历教育学员1100余人（不含电大公路系统分校）。自1998年以来共培养各类成人学历教育学员2000余人。与此同时，我们还根据交通发展需要，不失时机地开展了成人非学历教育，以弥补学历教育的不足和满足不同层次职工的学习需求。先后与长安大学、同济大学、长沙理工大学、河北工业大学等高校联合开设了研究生课程进修班，共招收250多名学员，其中约有1/4学习刻苦、专业对口、成绩优秀的学员取得工学硕士或工程硕士学位。与长安大学、长沙交通学院、北京交通管理干部学院、同济大学等高校联合举办了成人高等教育专业证书班。有近3000人参加了专业证书班的学习。

（3）全面规范培训程序，不断拓展培训业务。

①全面规范培训程序。搞好干部培训，关键是要抓好培训基地的建设。省厅以省交通干部学校为主要培训基地，各市地交通局、省公路局、省运管局、省征稽局、省高管局、省路桥集团、省运输集团等行业主管单位根据各自特点和交通事业发展的需要建立培训教育基地，制定切实可行的人力资源开发计划及相应的培训制度。几年来，坚持每年对厅机关和厅直单位县处级

领导干部进行政治理论轮训一次,以及时了解党的方针政策,增强干部的创新意识,不断提高执行党的路线方针政策的自觉性和履行岗位职责的能力。去年以来,为适应新形势的需要,交通部要求对地方交通行政干部进行新一轮岗位培训。我们不等不靠,在交通部培训大纲、培训教材均未出来的情况下,按照交通部的基本精神,结合实际自定大纲、自选教材。首先开展了对县市交通局长的培训。现已培训两期共100余人。收到了良好的效果。从1998年开始,利用3年时间,圆满完成了全省14000人执法人员的培训任务,顺利通过交通部的验收,山西交通厅被评为交通行政执法人员三年岗位培训先进单位。现在,我们已经把交通行政执法人员教育培训作为一项经常性工作来抓,对新进交通行政执法队伍人员,严格执行"先培训、后上岗"制度;对"九五"期间已参加过培训且已取得执法证的执法人员,适时开展更新知识的培训,从而全面提升了全省执法队伍的素质。

②不断拓展培训业务。近年来,我们围绕交通发展实际,对统计人员、会计人员每年进行一次继续教育,适时开展了诸如公路施工企业项目经理、公路工程监理工程师等资格性培训,以满足公路建设需要。还要求全系统50岁以下的专业技术人员和行政干部要进行计算机应用能力培训,并于2001年对交通厅机关全体公务员进行了培训,经考核全部取得了计算机应用能力等级证书。为了适应时代的发展和交通新科技、新技术的应用,及时举办了诸如科技教育管理干部培训,人力资源管理干部轮训,各种公路工程应用培训,工作管理软件培训,安全生产管理干部培训,交通行政执法部门领导培训,新法规、新规范、新技术的推广应用培训等。各单位也对这类培训非常重视,对本单位的中层以上干部和骨干进行旨在提高综合素质的培训。省路桥集团、省交通设计院等分别委托省交通干部学校举办了类似的培训班,效果非常好。省运输集团为适应大集团大运作的经营方式,开展了法人治理结构培训,ISO 9000质量认证贯标培训,机务技术管理培训,站务乘务人员培训等多层次、全方位的培训

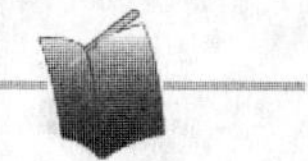

活动。

3.存在的问题

(1)认识高度不够。

首先表现在对交通职教工作的认识还有待于提高。"科教兴交"虽在交通系统上下形成共识,但在有些部门、有些单位、有些职工,甚至有些领导还存在着认识不足,主要体现在:一是有些单位认为,职教上的投入会影响单位的正常工作和生产;二是职工个人重学历培养轻技能培训;三是参加学习的职工特别是参加学历教育提高的职工在经费和时间上没有得到有效的保障。

(2)人才分布不均,发展不平衡。

尽管全系统专业人才已占职工总数的27%,但分布严重不平衡,表现为机关事业单位与企业之间发展的不平衡,企业与企业之间发展的不平衡,行业之间发展的不平衡。如同属交通企业,省路桥集团专业人才占职工总数的27%;省运集团只占12%;而且有些企业目前仍没有大学本科毕业者,甚至有些企业人才仅占1.4%比例;而作为行政执法部门的省征稽局专门人才已占职工总数的64.3%,科研、设计等部门的人才比例均达到了90%多。此外,专业结构不合理的现象也比较严重。在职职工中,专业对口的少,第一学历水平低的多,且相当一部分是通过党校获取第二学历,不能真正使所学知识与工作实际相吻合。

(3)培训工作还欠规范。

培训工作虽然取得了很大成绩,但也存在着一些问题,主要体现在:一是有些培训脱离工作和生产实际,缺乏针对性;二是培训方法简单,内容陈旧,缺乏先进性;三是教材短缺、资料不全,缺乏系统性。这些都影响单位或职工个人参加培训的积极性,没有将"要我学"变成"我要学"。

(4)交通职业教育基础设施和师资队伍有待进一步完善和提高。

①交通职业教育基础设施有待进一步完善。一是交通职业技术学院的教学使用面积远远滞后于当前的办学规模，教学设施有待进一步完善，特别是学院重点学科、重点专业、重点实验室建设；二是交通技工学校缺乏相应的实验实习场所，还不能适应职业技能培养的需要；三是交通干部学校的教学基础设施不相配套，目前的教学场所和食宿条件尚不能满足大规模培训和继续教育的需要。

②师资队伍从质量和数量上有待进一步提高。厅属三校整体缺乏"双师型"教师。一是交通职业技术学院的师生比例严重失调，教师负担过重，超负荷工作，没有经历进行科研和学习提高；二是交通技工学校师资结构老化，近年来一直没有充实师资队伍；三是交通干部专业教师缺乏，教师专业结构比例不协调，还不能适应培训工作和成人教育的需要。

三、结论与建议

1.结论

山西交通职业教育之所以能取得长足的发展，其主要原因是思路清晰、制度完善、规划可行、措施得力、方法有效、目标具体、经费保障、分工负责、程序规范，才取得显著的成绩，近5年累计培训各类干部职工15万余人次(其中各层次学历教育6000余人)。全省交通行业12万人，专门人才占职工总数的比例由10年前的20%增加到29%。

2.建议

(1)必须坚持办学指导思想上的与时俱进。

办学单位要以市场谋生存，以市场求发展，有超前的服务意识，要想在竞争激烈、强手如林的市场中取得成绩，必须先做到"先人一步、快人一拍"，才能得到"优人一等、胜人一筹"。用人单位必须树立人才是第一资源的观念，当今市场的竞争实际是

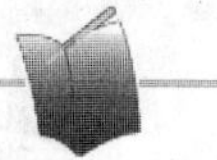

人才的竞争，只有具有了人才优势，才能具备发展的动力和潜力。

(2)必须坚持以科学的发展观指导交通职业教育工作。

以全面、协调、可持续发展的科学发展观指导交通职业教育工作。一是交通发展要与经济发展相协调；二是交通职业教育发展要与交通率先发展相协调；三是交通职业教育投入要与交通产业投入相协调；四是行业内部各专业人才的配置要相协调；五是培训工作要与相关的大纲、教材、师资相协调。

(3)从根本上解决交通职业教育的经费投入。

要使全省交通职业教育工作有较大的质的飞跃，真正贯彻和落实《国务院关于大力推进职业教育改革与发展的决定》。教育部、国家经贸委、劳动和社会保障部三部委联合下发的《关于进一步发挥行业、企业在职业教育和培训中作用的意见》强调：一般企业要按照职工工资总额的1.5%足额提取职工教育培训经费。从业人员技术素质要求高、培训任务重、经济效益较好的企业，可按2.5%提取，列入成本开支。希望国家有关部门参照此政策，从交通规费中列支专项交通职业教育发展资金，从源头上关心、从经费上保证、从根本上解决交通职业教育资金投入不足的问题。

(4)加强对交通行业的资质性或资格性培训的管理工作。

针对目前培训管理工作混乱、多头负责、各自为政、标准不一、利益驱动的实际情况，建议交通部下文将高速公路收费员、公路施工企业的质检、安全、计划员等培训能像交通行政执法人员持证上岗一样，上岗培训由职教部门统筹管理，上岗证件由业务部门把关，从而体现培训与发证相分离的政策，使上岗培训真正成为上岗的必备条件。

(5)加大地方交通行政干部培训的工作力度。

交通部2001年就要求开展地方交通行政干部培训工作，培训大纲、教材已出，但师资培训等工作还不完善，对该项工作的全面开展有所影响。

(6)全力争取政策倾斜。

在国家发展东部、开发西部的同时，作为承东起西的中部地区也日益发挥着重要作用，山西是全国能源重要基地，有着丰富的矿产和旅游资源，发展山西的交通事业将对山西乃至全国的经济都有积极的推动作用，而大力发展山西的交通职业教育必将促进山西交通的率先、持续、协调发展，建议交通部采用切实有效的激励政策，鼓励山西大力发展交通职业教育。

报告五　山东交通学院职业教育实践与发展研究

我院成立于1956年，当时建制为中专，于1988年改为济南交通高等专科学校，2002年与中国重汽集团职工大学在合并的基础上建立山东交通学院。我院一直以技术应用能力培养为主线，强化实践教学体系，在以学生为中心的思想指导下，系统规范教育活动，科学选择教学方式，将理论教学体系和实践教学体系融为一体，努力营造工程氛围，精心设计实践教学环节，不断摸索多渠道、多方式的高等工程技术应用型人才培养体系。目前，学校已形成了“立足交通、突出特色、强化素能”的办学方针，构建了“素能本位”的人才培养模式和“大平台、小模块”的课程体系，现已发展成为一所以工学学科为主，以交通类专业为特色，培养应用型高级人才的多科性的普通高等学校。

一直以来我院十分重视交通职业教育的发展战略、机制、人才培养模式的研究和探索。1998年成立山东交通学院职业培训学院，面向全国交通行业从事师资技术干部继续教育。我院还参与和主持了一系列课题研究和政策研究。参与的教育部工科03—5号《高等工程专科教育培养的人才素质要求与人才培养模式的研究与改革实践》课题于2002年结题，《社会主义市场经济体制下高职高专教育人才素质要求与人才培养模式的研究》获山东省2000年省级优秀教学成果三等奖，“我国交通高等职业技术教育发展战略研究”、“山东交通职业技术教育发展战略研究”等课题分获交通部“九五”软科学研究优秀成果奖和山东

省交通科技进步一等奖,“山东省公路交通行业建立就业准入制度与终身教育培训体系的研究”获山东省优秀科技进步三等奖。经过多年的办学实践和理论研究,我院在交通行业应用型高级人才的培养方面积累了丰富的经验,取得了丰硕的成果,在交通职业教育的研究方面与各交通部门和交通院校达成了共识,主要有以下几个方面。

一、构架完善的职业教育“立交桥”,树立“大职教”观念

终身教育视野下的职业教育,必须树立“大职教”的观念,在适应我国高等教育大众化、社会化的历程中,形成纵向衔接、横向贯通的系统,成为各层次、各类教育的连接点,能为愿意升入上一级学校继续学习的学生开辟升学和学习渠道;也能为愿意就业的学生提供通过多种学习培训进入就业市场的机会。

1.搞好职业教育与普通中等教育的衔接

打破中等职业教育单纯面向就业的终结性教育,提高中等职业教育的毕业生占整个高等职业教育生源的比例。由于我国中等职业教育实行分专业教学,从学生实际出发,对中等与高等职业教育的衔接,应以分专业归口报考为主,文化基础课应按一定的标准考试,专业课可按不同的专业特点,提出不同的要求,职业资格证书也应具有帮助毕业接受职业教育的升学功能。

2.实现职业教育办学层次的高移

根据当前我国经济、社会的发展,从实际情况出发,把发展高职的重点放在专科层次是正确的,但并不意味着不需要本科、研究生层次的人才。职业技术教育的层次,应当是随着经济社会的不断发展和技术的不断进步而向上延伸的。而高等职业技术教育作为高等教育的一种类型,本身也是多层次、多样化的。它既有专科层次,随着经济社会的发展,也会出现本科乃至研究生层次。我国幅员辽阔,各地区、各行业经济发展及其不平衡,

对高职人才规格的需求也各异。为了适应不同地区、不同行业经济发展对更高素质应用型人才的需要，应改变现行高职教育体系只有大专层次的状况，建立高等职业教育大专—本科—硕士研究生—博士研究生各层次配套的完整体系，以适应社会和经济对不同层次人才的需要。

另外，在实践中，高职教育专科层次的办学规格定位，缺乏继续深造的基础和后劲，也在一定程度上制约了高职教育的改革和发展。建立普通教育与职业教育两套相对独立的教育体系，有利于职业教育的健康发展，可以纠正传统意义上的认为高职低人一等的观念，缓减高中毕业生的升学压力，改变“千军万马过独木桥”的状况。

3.职业教育与普通教育互相沟通

进一步在入学方式、教学内容、课程设置等方面探讨职业教育与普通教育沟通的途径和方式，依据一定的沟通规则，使高等职业教育的毕业生能够通过以一定的途径，较顺利地接受普通高等教育，取得相应的学位。而普通高等教育的学生可通过高等职业教育系统取得相应的职业资格证书。

4.“双证”并举，校企联手

“双证”制的是学历文凭证书和职业资格证书两类证书，职业资格证书又包括多个种类和等级。职业技术教育实行学历文凭证书和职业资格证书并举，可使接受职业技术教育的学生站在立交桥上与多个出口衔接，一方面通过学历文凭证书与普通教育衔接，另一方面通过职业资格证书与国家职业技能标准体系相衔接，这是职业技术教育符合社会经济和科技进步现实和发展趋势的客观需要，同样也是职业技术教育办好、办活、办出特色的重要途径。

5.逐渐实行弹性学制，使职业教育体系日渐开放

要适应市场经济的需要，为学生提供更多的选择机会，满足学生个体发展就必须建立开放性的教学管理制度，逐步实行分阶段完成学业的弹性学制，学校教育过程中逐步实行完全学分制、学校之间的课程学分互认制度，逐步完善学历证书、职业资格证书、岗位培训证书互补制度，方便学生根据社会需要或学习兴趣转学校、转系科和转专业，允许学生工学交替、分阶段完成学业，给学生提供终身学习、全面发展的广阔空间和途径。这是保证职业技术教育“立交桥”畅通运行的保障。

二、构建“素能本位”交通职业技术人才培养模式，确保人才质量

“素能本位”的培养模式要求以提高学生的综合素质为教学目标的出发点，以培养学生应具备的基本素质为前提，以培养工程技术应用能力为主线，将当今社会需求和未来社会发展对高等职业技术人才应具备的素质和能力进行分解，根据素质养成和能力培养的要求，合理确定学生必备的知识与技能，统筹安排学制年限内的各种理论教学、实践教学和其他形式的教学活动，并在每一环节中落实素质教育和能力培养的任务，配以相应的指导措施、管理制度、检查考核办法和测试评价手段，实现职业技术教育的人才培养目标，同时使学生富有创造精神和个性特色。

1.构建“大平台、小模块”的课程体系

职业技术教育能否满足社会需求，一方面体现在其培养目标是否与社会主义经济的发展对人才素质的要求相一致，另一方面则体现在其专业设置是否与生产结构和经济发展变化相适应，这两方面都与课程设置密不可分。我院根据市场变化，依据交通职业教育人才培养模式，构建“大平台、小模块”的课程体系。该体系将数种专业集成为一个专业群，以该专业全所具有的基础性、共同性知识与技能为基础，组合设计课程。

为了确保课程设置的科学性和相对稳定性，设计程序首先是研究职业门类，将一个或若干个社会职业归结为一个职业群，

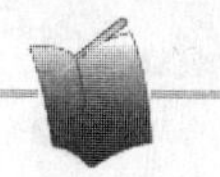

找出具有共性的不同职业，组合成相应的专业群，在此基础上分析它们所需的共同知识与技术，以及各自的具体知识与技术。据此设计课程、编写教材，制订教学计划。这样既可以清楚地分辨出支撑该职业的知识与技能，确定相邻社会职业的技能知识联结点，为社会职业归类及职业群的确定奠定基础，同时为课程设置提供依据。

2.完善实训基地，建立校内职业技能鉴定场所

(1)校内实习、实训基地的建立。

职业技术教育离不开良好的实习实训基地。良好的校内实习、实训基地是培养学生实践意识和专业技能的可靠保证，是建立相对独立的实践教学体系的主要场所，是联系社会、服务社会的重要窗口。我院积极推行产学结合的教育模式，校内实习基地已由“教学实习型”转为“教学生产型”，形成了基本实践教学能力与操作技能、专业技术应用能力与专业技能、综合实践能力与综合技能有机结合的实验、实训、实习三环节一条线的相对独立的实践教学体系。

在实验实训的方式上，除引导学生完成教学计划规定的工艺性、设计性实验及在仿真的环境中进行实习外，实训环节采取让学生参与实际的生产过程的方法。学校汽车、工程机械专业学生的实训内容之一是被要求在学校机械厂完成产品零件的粗加工，使学生真正参与了产品的整个生产过程，获得了实际的训练，增强了工程意识；学校土木工程专业的学生则被要求在学校工程监理公司直接参与到公路建设的施工、试验和监理过程中，使学生真正获得了现实的工程训练。

(2)建立校内职业技能鉴定场所，提高学生技能鉴定的通过率。

从1994年起，国家建立职业技能鉴定社会化管理体系，实行由政府认定的鉴定机构对劳动者实施职业技能鉴定，以保证职业技能鉴定的统一规范。在设备、场地和技术等方面具有优

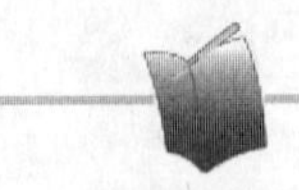

势的职业技术学校，可以在国家职业标准的统一指导下，在职业技能鉴定社会化管理体制的指导下，建立职业技能鉴定场所，开发和检验标准、教材、题库、考试技术及考务管理技术，使其成为先进的职业培训模式、鉴定方法和考试技术的试验中心，成为职业资格证书制度的示范窗口。这样既可提高学生技能鉴定的通过率，又可补充更新学校的实习、实训设备，使学生在充足的设备下学习技能，参加鉴定。

1999 年我院经山东省劳动厅批准成立职业技能鉴定所，在全省高校中率先成立职业技能鉴定机构。现有汽车驾驶、汽车修理、工程机械修理等二十几个工种的初、中、高级工鉴定资格，由劳动厅颁发全国有效的国家职业资格证书，同时承担汽车维修技师的鉴定考核任务。职业技能鉴定所依托学校人才优势、技术优势，进行办学培训、职业技能鉴定、行业培训。使学院教育更好地适应市场经济发展和劳动力市场转变的要求，提高了学院的实践教学质量，提高了在校生学习专业技能的积极性和技能操作水平。

(3)校企合作，积极开发校外实习基地。

在进行校内教学基地建设的同时，积极开发校外实习基地，与企业建立良好的伙伴关系，实现价值共识、课程共建、费用共摊、产出共享。强调、重视并积极探索校企合作的新的办学模式是职业技术教育办学的特色所在，它反映了职业技术教育与产业发展的内在联系。我院校外实践教学基地已有 75 处，校外产学研合作教育基地 10 个。通过共同的科技开发与利用、企业与学校的在职人员的相互交流等多种合作形式，共同培养高等职业技术急需人才，使学院成为人才培养基地，社会和企业成为学校教学实践基地。

(4)把工程环境作为一种文化渗透到专业教育之中。

以我院为例，为加强工程环境的建设，学院投巨资扩建了“机动车试验中心”(暨汽车博物馆)，该中心共 3 层，建筑面积 7800 平方米，其中第二层为汽车博物馆的主体部分，该部分有整

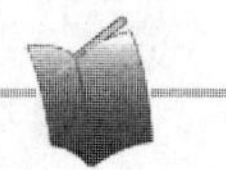

车展厅、汽车文化展厅及影视展厅。整车展厅陈列国内外不同时期的各种汽车,其中大多数汽车可进行动态展示及学生试验,有些汽车进行了整车解剖或局部解剖,以便于汽车内部结构的静态与动态展示。汽车文化展厅中陈列有各种不同的汽车总成,以展示、体现汽车技术的发展过程;为了让学生热爱汽车,了解汽车的历史,把汽车的诞生、汽车工业的发展、汽车的演变过程精心提炼,浓缩成一百余幅展板,图文并茂,且具有一定的艺术内涵,使学生切实感受到艺术与汽车、人文教育与科学教育的完美结合,感受到汽车与人密不可分的关系,以及汽车对推动人类社会进步与发展所起的作用。汽车博物馆的另一显著特点是"参与性",为了让学生对汽车技术有更进一步的了解和兴趣,在博物馆中设置有多种可操作的汽车演示台,如汽车发电机、汽车制动系统等。

汽车博物馆作为汽车文化的一个载体,通过多种形式鲜明地反映了汽车的历史沿革及其发展,它把工程环境作为一种文化渗透在专业教育之中,一方面以其丰厚的汽车文化底蕴熏陶、潜移默化着学生的专业爱好和兴趣,深化着学生专业素质,另一方面又反过来从技术因素和非技术因素两个层面拓展和完善了工程环境的内涵和外延。

三、加强交通行业职业资格制度体系的建设

交通行业职业资格制度的框架构建,其构成包括两部分:一是专业技术人员的执业资格,由交通主管部门提出建立执业资格的申请,会同国家有关部门,共同拟订具体实施方案并颁布实施,对交通行业中责任重大、专业性强、关系社会公共利益和涉及人民生命财产安全的专业技术岗位,进行执业资格等级考试,实行执业资格制度管理,逐步建立关键技术岗位准入控制体系;二是技术操作人员的职业资格,是指按照国家职业标准,由国家劳动保障部和交通主管部门负责,所建立的交通行业国家职业资格证书体系。技术操作人员根据所申报职业的资格条件,确

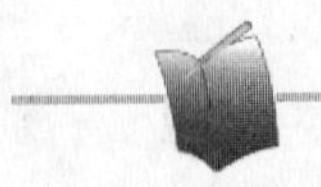

定自己申报鉴定的等级，自主申请参加政府认定的考核鉴定机构组织的职业技能等级鉴定，经鉴定合格者，由劳动保障部门核发相应的职业资格证书。

1.建立交通行业的职业分类、分级

根据从业人员的工作性质和工作特点，对交通行业的职业进行系统划分与归类，做好专业技术人员和技术操作人员两大部分的职业分类、分级工作。专业技术人员必须具备从事相关职业的执业资格，由交通主管部门提出建立职业资格的申请，经人事部审核批准后，共同拟订具体实施方案并颁布实施；技术操作人员必须参加国家和交通部门认定的考核鉴定机构组织的职业技能鉴定，由国家劳动保障部和交通主管部门负责。

2.建立并完善教育与培训基地

依照交通职业分类和职业标准，统一规划各培训基地，通过深化改革，优化资源配置，建立布局合理、分工明确、优势互补的培训网络体系。要对培训基地实行资格审查制度，建立优胜劣汰机制，提高培训质量和办学效益。一是要加快交通行业职业教育培训基地的建设和改革。二是要建立师资培训基地，一方面可在有交通类专业的高等职业院校建立相关专业的师资培训基地；另一方面也可建立交通行业相对独立完善的师资培训基地，逐步建立起规模适当、结构合理、素质优良、专兼结合、动态管理的师资队伍，优化师资配置，保证职工教育与培训的质量。三是建立交通行业企业内部的职业教育培训基地。

3.建立交通行业职业技能鉴定机构

(1)建立交通职业技能鉴定所，加强职业技能鉴定所(站)的评估。

严格、科学的规范化管理，是职业技能鉴定有效性、可靠性、公平性、导向性和权威性的重要保证，是全面推行职业资格证书

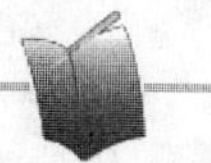

制度的重要基础。一是建立交通职业技能鉴定所,加强职业技能鉴定所(站)的评估。二是加强考评员的管理和提升培训。为加强考评员的使用管理,可实行考评员等级制和聘用制。将考评员分为考评员和高级考评员,以此区分考评技术等级;规定考评员聘用期限,建立《考评员手册》,记录考评员工作情况。同时对考评员实施反馈跟踪考核,不定期对考评员的工作实施明察暗访。针对各职业(工种)技能考核标准的提升对考评员提出的新要求,实施提升培训与复评。对未通过复评考核的一律取消考评员资格。

(2)建设好交通行业职业技能鉴定队伍。

一是管理队伍。主要是指考试机构的专职人员,他们主要进行考试政策、考试法规的制定、考试计划的编制、考试设计、考试组织、考务管理、考试成绩的处理等工作。二是研究队伍。职业技能鉴定考试制度的确立、考试政策法规的制定、考试内容和考试标准的确定,以及考试方法与技术的应用等考试改革,都必须经过科学研究、反复论证,才能稳步地、有把握地推出新的改革措施。三是考评员队伍。职业技能鉴定工作同其他类型的考试考核不同,它具有工种(职业)类别广、等级多、内容复杂、方式方法多样等特点。按客观、科学的考评手段对一部分工种(职业)进行职业技能鉴定是比较复杂的。考评员素质高低,直接影响职业技能鉴定的质量。为保证职业技能鉴定的质量。使鉴定工作科学规范、客观公正,必须建立一支素质优良、精通专业技术业务、掌握一定鉴定理论、能把握职业技能鉴定政策的考评员队伍。

(3)建立交通行业职业技能鉴定信息管理系统。

对再就业培训班、社会化培训班、企业内部培训班、各类在校学生的申报程序、信息采集等进行加工整理;对职业技能鉴定所(站)、考评员队伍实施管理;利用 IT 技术建立职业技能鉴定相关信息发布浏览体系;实现职业技能信息系统与职业培训和劳动力市场信息系统相互连接、相互沟通。研究开发远程网络

培训鉴定项目,以逐步实现职业技能鉴定网络化,充分发挥信息技术在职业技能鉴定工作中的应用。

4.建立交通职业资格证书管理机构,用以指导、统筹、协调推行交通职业资格证书工作

交通职业资格证书管理机构的主要职责是:①起草制定有关实行交通职业资格证书制度的政策法规,进行统筹指导;②推动交通行业制定各类人员任职资格标准或职业技能标准,确保各职业所检定的内涵和鉴定结果,推动考核鉴定工作有计划地开展;③检查落实有关法规执行情况,特别是"先培训、后就业"、"先考核、后上岗"的就业准入制度落实情况,检查用人单位招工时落实职业资格证制度情况;④解决有关职业技能鉴定考核中的争议,规范鉴定工作;受理群众举报,调查处理违法事宜;追究、查办搞假证者;⑤组织制定各高等职业院校和培训机构职业技能考核大纲;⑥对技能考核场所进行评估鉴定。

5.健全制度、完整标准、严格程序,形成交通行业比较完整的与国际接轨的执业资格制度体系

根据交通发展和规范市场秩序的需要,逐步实现与国外相关执业资格互认,以健全的制度、完整的标准、严格的程序基本形成交通行业比较完整的与国际接轨的执业资格制度体系。建立完整的交通系统的专门注册管理机构、职业培训机构和考试机构,负责各职业资格的注册管理工作,强化对执业人员的培训,完善执业资格考试机制和手段,形成交通行业专业技术人员和技术操作人员的管理体系,加强交通行业规范管理。

四、建立健全交通行业教育培训评估与监督体系

1.树立交通行业教育培训"质量至上"的理念,把办学质量放在首位

随着交通行业教育培训的发展,各办学机构应真正树立"质

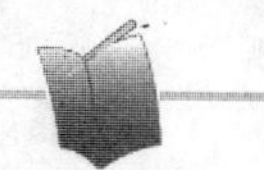

量至上"的理念，加大教育经费的投入，设立相应的教育质量监控专项经费，加强师资队伍建设，强化教学管理，建立并完善自己的教育评价制度和质量监控体系，这是接受教育培训质量评估和监控的基础。

2.制定科学而有切实可行的教育培训评估指标体系

评估指标体系应具有科学性和很强的可操作性，须由政府主管部门组织有关专家制定和颁布实施。从宏观方面考虑，至少应包括五个方面：办学状况的评估、办学条件评估、办学机构工作评估、办学质量评估、办学机构效益评估。

3.采取措施，保证教育培训质量的评估与监控的实施

设置以交通行业协会为主要教育培训中介评估机构，履行评估和监控职能；充分发挥交通行业管理部门的督导作用，一要根据评估结果，直接对各办学机构的违规、违章事件或当事人进行惩处，对办学质量不符合要求的给予黄牌警告，直至取消办学资格；二要对教育终结评估机构的执业质量进行监督，对违规执业的依法取缔，运用现代科学技术，改进教育教学质量评价监控手段和方法。

4.建立与国际接轨的教育质量认证体系，进一步提高教育培训质量

目前，已有交通类专业的高等学校开始建立与国际接轨的ISO 9000认证体系，取得了一些管理经验。可以此推动一批具有条件的交通行业教育培训学院或机构通过认证，严格学校的管理程序和强化管理过程，使管理工作科学化、规范化，从而形成与国际接轨的管理模式，有利于大幅度提高交通行业教育培训质量和应对教育培训市场的国际竞争，甚至实施有特色的主动走向国际市场的战略。

交通行业教育培训机构在建立自己的质量体系时，也可以参照一些已经获得国际认证机构认证的企业或培训机构的做法，根据自身的实际情况、管理基础、机构特色逐步建立国际化质量标准，并严格执行，通过全员培训、组织、协调、内部质量审核和管理评审等过程来保证达到质量管理的具体目标。

五、建立健全交通行业教育与培训的政策法规保障体系

1.建立以《中华人民共和国职业教育法》为核心、行业和地方有关法规为配套的较为完备的法律体系，使交通行业教育培训管理和运行有法可依

职业教育是一项最为庞大复杂的教育，层次多、类别繁、涉及面广。这种复杂性，决定了职业教育培训的发展不可能靠一部纲领性文件就可以规范诸多具体行动，必须有一系列配套法律、法规。交通行业和各企业方应充分利用各自的“立法”权限，加快立法建设，制定相关法规来切实贯彻落实《中华人民共和国职业教育法》的精神，在交通行业内逐步形成一个较为完备的行业教育培训法律体系。

2.依法保证职业教育经费的增长，建立并完善职业技术教育经费分担机制，拓宽资金筹措渠道，实现投资主体多元化

要从实施“科教兴国”战略目标出发，制定筹措行业教育培训经费的条例或办法，进一步增加行业教育培训投入，确保各种专项经费、重点专业补助费、重点实验室、实习基地的建设经费的及时到位，明确经费来源的主要渠道，保证投资主体的多元化。

3.加强交通职业教育的制度建设，确保教育培训优先发展的地位

职业教育的制度建设是交通行业教育培训健康发展的根本保证，是企业在开展培训工作时要求人们共同遵守并按一定程

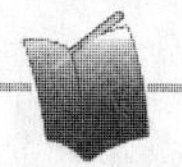

序实施的规定、规则和规范。①"先培训、后上岗"、"先培训、后任职"制度，无论职工上岗、转岗前，还是新技术、新工艺推广应用前，干部任职前均应进行培训。②岗位工资制度，将培训与岗位工资结合起来，建立岗位工资制度，使培训、考核、待遇紧密结合起来。③考核制度，建立培训考核领导机构及考核小组，制定出相应的考核标准、考核要求、考核方式及评分标准等。④建立证书、监督、评估等制度。

六、完成交通职业教育的使命——创建学习型行业

教育培训是贯穿个人职业发展全过程的一种终身教育，它需要各种培训机构发挥多种办学形式的优势，针对人才培养的个性化、过程化和终身化，面对不同的培养对象，要根据其不同的年龄、不同经历、不同需求，以及企业的需求，设计不同的培养方案，为劳动者提供多种、多次职业教育与培训的机会，拓宽交通行业职工终身学习的渠道，达到学会认知、学会做事、学会共同生活、学会生存的教育培训的最终目的。

1.建立"过程研修"企业继续教育模式

根据企业某一时期的工作重点或完成某一工程项目的实际需求，确定继续教育在工程的各个环节中对生产的结合点和服务点，使继续教育与工程技术攻关项目密切结合，更好地贴近生产和科研，形成主动服务、超前行动的机制。

"过程研修"要求技术人员在技术攻关中边学习边创造，其科研成果本身就体现培训效益，从而促使继续教育直接创造经济效益或间接提高经济收益。

2.加强与职业院校交通类专业的联系，打通职工教育培训与职业院校之间的壁垒，充分发挥职业院校在职工培训中的作用，提高职工教育培训层次、水平和质量

与职业院校建立起交通行业职工继续教育的回归制度，使

交通行业的职工凭借年限和资历、工作经验或工作成就进入职业院校交通类专业就读，并根据工作成就或一定等级的职业资格证书抵免部分学分。

推广教育学分班与非学分班课程及远程教学等上课方式，改变招生策略及调整招生结构，增加多元招生途径，提供更多回归教育机会给需要的人。

推动职业学校与交通行业职业培训相互认可学习成绩，建立学习成绩的累计、转移制度，加强校内外学习成就的转接。学校之间应建立学校系统及校外系统的认可机制。学生在入学期及学习期间经学校认可，从事与该专业课程相同或相近的工作经验、工作成就、教育训练、研究发展，并符合课程要求者，可以申请抵免或累计学分。另外，还可以采取申请入学、推荐考试等方式，将校外学习成就当作录取条件之一。职业院校要相应地建立认可校外学习成就的严格审查机制，成立委员会，制定办法、标准及程序，使校外学习成就符合课程要求及毕业标准，不得降低教育质量。

3.以交通行业生产需求和效益增长为导向，建立交通行业职工课程进修教育制度

加强交通行业与各职业院校及其培训机构的联系，建立教育伙伴关系，办理各种可以累积及转移的学分课程，建立相互认可学习成就的机制。由于企业生产和效益最终取决于市场，因此，企业培训活动最终实际上也是以市场需求为导向，根据现在和未来职工岗位需求以及岗位变化的实际，建立职工课程进修教育制度，要求职工在规定的年限有内进修一定数量的职业技术教育的课程。通过建立交通行业互认的职工专业技能课程进修学分记录表，记录职工进修专业技能课程的具体情况以及获得的学分，颁发交通行业互认的课程进修证书；职工可以根据自己的时间安排和工作实际情况在不同的学校或不同的培训场所选择进修自己所需的专业技能课程，获得交通行业互认的课程

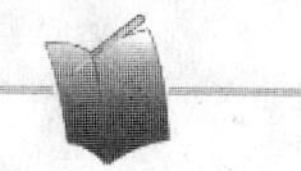

进修证书,以此提高非学历职业证书教育的影响和声誉。

4.为交通行业的职工提供进修教育假

职工进修教育假可以分成带薪或停薪、补助或不补助的方式进行。职工教育假期间的权益及进修课程与工作的关联性等,都可以通过法规予以规范。教育假的实施,应有助于职业回归教育制度的建立。在许多企业的大量职工面临下岗、失业的情况下,为职工提供进修教育假不失为一种长远之计。

5.实施以新知识、新理论、新技术等为主要内容的职业技术继续教育工程

加强专业技术人员的培训,实施以新知识、新理论、新技术等为主要内容的职业技术继续教育工程,规定专业技术人员每人每年脱产学习时间的具体天数。在全面提高专业技术人员队伍素质的同时,重点加强中青年技术骨干和高新技术应用人才的培养,着重抓好市(地)县交通局长、公路局长、运管处(科)长、大中型交通企业经理(厂长)、监理工程师、高级技师、高级技工和班组长等关键岗位人员的新知识、新技术培训。

6.适应国际化发展方向,促进交通职业教育与培训快速发展

(1)设置与国际事务相关的新课程,加强培养国际通用型专门人才。

教育培训可根据专业特点设置与国际事务相关的新课程,以加强对国际事务的了解。同时只有依照国际标准组织人才培养,再进行国际标准化统一考试,有的还需通过国际性组织颁发培养证书或资格证书,才能培养出熟悉国际制度、了解国际惯例、精通国际业务、长于国际交往、得到国际社会资格承认的国际通用型人才。交通行业教育培训只有做好国际标准的引进、运用工作,加强与各种国际组织的联系与合作,才能够为我国参与国际经济合作、竞争培养出高素质的通用型人才。

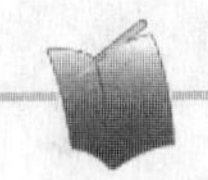

(2)加强中外合作办学。

探索合作办学的多种模式,与国外教育培训机构合作,双方共同承担教学、管理工作,通过引进国外优秀教师和教材、先进的管理模式和教学方法,培养在素质、知识和能力诸方面具有竞争力的国际化的专门人才。通过合作办学,在办学模式、课程设置、教学方法、质量保证手段等方面与国际先进水平接轨,而且学历文凭可以得到国际上的认可。

(3)积极开辟国外培训渠道,探讨与国际交通行业交流与合作的培训方式。

为适应改革开放和现代化建设的需要,学习和借鉴世界各国一切先进的经验,要积极开辟国外培训渠道,由交通部门直接与国外交通行业的职业办学机构进行交流与合作,在国内建立其培训代理机构,进行某一项目的技能培训或专业证书教育课程的培训等;也可委托国外有关机构对交通行业的职工进行教育培训。并且要逐步确定一批中长期培训合作项目。

通过以上措施使交通职业教育的范围由个人扩展到整个行业,教育培训的重心由教育转移到学习,由单纯的知识学习、技能训练转移到强调能力培养与行为的改进和保持,由传统技能向更高的适应性能力培养发展,使学习和自我发展成为员工内心的真实与迫切的愿望,以此创建学习型行业,提高交通行业整体性学习能力,实现以学习促进生产力发展,完成交通行业教育培训的使命。

第三篇 重要文件与讲话选编

教育部等七部门关于进一步加强职业教育工作的若干意见

教职发〔2004〕12号

各省、自治区、直辖市人民政府，国务院各部委、各直属机构：

为贯彻党的十六大和全国人才工作会议精神，进一步落实《国务院关于大力推进职业教育改革与发展的决定》（国发〔2002〕16号，以下简称《决定》），认真实施国务院批转的《2003～2007年教育振兴行动计划》，更好地适应全面建设小康社会对高素质劳动者和高技能人才的迫切需要，经国务院同意，现对进一步加强职业教育工作提出如下意见。

一、认真实践"三个代表"重要思想，坚持科学发展观，大力推进职业教育快速持续健康发展

《决定》发布以来，各级政府和有关部门加强了对职业教育工作的领导和支持，以就业为导向改革与发展职业教育逐步成为社会共识，高等职业教育得到快速发展，中等职业教育出现逐步回升的良好势头，职业教育主动服务经济社会的意识明显增强。但总体上看，职业教育仍然是我国教育的薄弱环节，一些地方和部门在统筹人力资源开发中仍存在着忽视技能人才培养和使用的倾向，在统筹各类教育发展中仍存在着忽视职业教育的倾向，推进职业教育改革与发展的措施还不够有力。一方面生产服务一线技能人才特别是高技能人才严重短缺，广大劳动者

的职业技能和创业能力与劳动力市场需求有较大差距;另一方面职业教育发展面临诸多困难,办学条件比较差,办学机制不够灵活,人才培养的数量、结构和质量还不能很好满足经济建设和社会发展的需要。当前和今后一个时期是职业教育发展的重要战略机遇期,我国全面建设小康社会,走新型工业化道路,推进城镇化,解决"三农"问题,提高产业竞争力,促进就业和再就业,都对提高劳动者素质、加快技能人才培养提出了迫切要求。尽快改变职业教育发展相对滞后的局面,切实发挥职业教育在经济社会发展中的基础作用,是一项具有战略意义的紧迫任务。

进一步加强职业教育工作,加快技能人才培养,全面提高劳动者素质,关系着我国劳动就业和社会保障事业的发展,关系着我国现代化建设的进程,关系着我国国际竞争力的提高,是贯彻"三个代表"重要思想的具体体现,符合最广大人民群众的根本利益。各地各部门要牢固树立科学发展观,认真实"施科教兴国"和"人才强国"战略,统筹职业教育与经济建设、劳动就业、人力资源开发协调发展,统筹职业教育与其他各类教育协调发展,统筹职业学校教育与职业培训协调发展,结合本地本部门的实际,因地制宜,采取有力措施,推进职业教育在新形势下快速持续健康发展。

从现在起到2007年,在高中阶段教育中,要加大结构调整工作力度,进一步扩大中等职业教育招生规模,使中等职业教育与普通高中教育的比例保持大体相当,在有条件的地方职业教育所占比例应该更高一些;在高等教育中,高等职业教育招生规模应占一半以上。要巩固和加强现有职业教育资源,促进职业院校办出特色,提高质量,中等职业学校不再升格为高等职业院校或并入高等学校,专科层次的职业院校不再升格为本科院校,教育部暂不再受理与上述意见相悖的职业院校升格的审批和备案。

二、坚持以就业为导向,增强职业教育主动服务经济社会发展的能力

要积极推动职业教育和培训从计划培养向市场驱动转变,

从政府直接管理向宏观引导转变,从专业学科本位向职业岗位和就业为本位转变。职业院校要坚持以服务为宗旨,以就业为导向,面向社会、面向市场办学,深化办学模式和人才培养模式改革,努力提高职业教育的质量和效益。根据社会需求设置专业、开发培训项目,推进精品专业或特色专业、精品课程和精品教材的建设,不断更新教学内容,增强职业教育的针对性和适应性。高等职业教育基本学制逐步以二年制为主,中等职业教育基本学制以三年制为主。积极推行选修制或学分制,逐步建立弹性学习制度。推动产教结合,加强校企合作,积极开展"订单式"培养。坚持以能力为本位,优化教学与训练环节,强化职业能力培养,高等职业教育专业实训时间应不少于半年,中等职业教育应为半年至一年。

职业院校要全面实施素质教育,加强学生思想道德建设。深入开展中华传统美德和革命传统教育,不断培育青少年学生的爱国情感和民族精神。努力把职业道德培养和职业能力培养紧密结合起来,培养学生爱岗敬业、诚实守信、办事公道、服务群众、奉献社会的精神和严谨求实的作风。注重加强德育实践活动,努力提高德育工作的针对性和实效性。加强创业教育和职业指导工作,引导学生转变就业观念,同时也要为学生提供就业服务,把毕业生就业率作为衡量职业院校办学质量和效益的重要指标。

逐步扩大职业院校在办学、招生、专业设置、学籍管理、课程开发与安排、教师聘任、教材选用等方面的自主权,提高其面向市场依法自主办学的活力。要加强人力资源能力建设,更加重视开展在职人员的岗位培训、下岗失业人员再就业培训、农村劳动力培训和各种形式的社会化培训,努力提高广大从业人员的就业能力和创业能力。要积极开展面向残疾人的职业教育和培训。

强化市(地)政府统筹职业教育的作用,整合和充分利用现有各种职业教育资源,打破部门界限和学校类型界限,优化职业院校布局结构。根据区域经济社会发展和教育发展的实际需要，每个县要重点办好一所中等职业技术学校或职业教育中心，并把县级中等职业技术学校或职业教育中心建设放到与普通高中学校建设同等重要的位置；每个市(地)原则上要重点办好一所高等职业技术院校和若干所中等职业技术学校。要充分发挥骨干职业院校的带动作用，探索以骨干职业院校为龙头、带动其他职业学校和培训机构参加的规模化、集团化、连锁式发展模式。

三、切实加快技能人才培养，为新型工业化提供人力资源支持

各地方和行业部门要结合区域、行业发展和劳动力市场的实际需要，制定和实施技能人才培养培训规划。认真实施教育部等六部门推进的“职业院校制造业与现代服务业技能型紧缺人才培养培训计划”，到2007年在数控技术应用、汽车运用与维修、计算机应用与软件技术和护理四个专业领域共培养毕业生100万人，共提供短期技能提高培训300万人次。认真实施劳动保障部等部门推进的“国家高技能人才培训工程”和“三年五十万新技师培养计划”。

在技能人才的培养培训中，要充分发挥企业、职业院校和各类培训机构的作用，通过职业院校培养、企业岗位培训、名师带徒、个人岗位提高相结合的方式，加快培养企业急需的技术技能型人才、复合技能型人才以及高新技术产业发展需要的知识技能型人才，推动技能人才队伍的整体建设，使技能人才特别是高技能人才的数量和所占比例有较大增加和提高，努力缓解劳动力市场技能人才紧缺状况。

四、大力加强农村职业教育，为解决“三农”问题提供服务

继续推进农科教结合和“三教统筹”。地方政府要加强统筹，促进农业、科技和教育部门发挥各自优势，把农业技术推广、

科技开发和教育培训紧密结合起来，积极为农业和农村经济社会发展服务。要统筹农村基础教育、职业教育和成人教育的发展，发挥县级中等职业技术学校或职业教育中心的龙头作用，有效整合并充分利用农村中小学、乡镇成人文化技术学校、农业广播电视学校和农业推广、培训机构资源，大力开展农民实用技术培训。继续组织实施“绿色证书培训工程”和“青年农民科技培训工程”，造就适应农业结构调整和农业产业化经营需要的新型农民和技术骨干，加快农业科技的进村入户。采取有力措施，加强对少数民族地区、革命老区、边疆地区和特困地区贫困人口的实用技术培训，帮助他们摆脱贫困状况。重视农村基层干部的培养培训工作，依托各类高等院校特别是高等职业院校、广播电视大学以及高等教育自学考试等形式，努力实现村村都有一个大学生的目标。在实施“大学生西部志愿者计划”中，要安排一定比例的名额到西部职业学校任教。

开展农村劳动力转移培训是加快农村劳动力转移、促进农民增收和解决“三农”问题的重要措施。要认真实施国务院办公厅批转的农业部等六部门《2003～2010年全国农民工培训规划》、“农村劳动力转移培训阳光工程”和国务院批转的《2003～2007年教育振兴行动计划》提出的“农村劳动力转移培训计划”，努力做好农村劳动力转移培训工作。进一步扩大职业院校面向农村的招生规模，充分发挥城市对农村、东部对西部的带动和辐射作用，继续加强职业教育对口支援和帮扶工作，做好城市与农村、东部与西部合作办学、联合招生工作，并积极帮助农村和西部地区学生在城市和东部地区就业。有关部门要重点联系一批劳动力输出较多的地区，认真总结并推广典型做法和经验。要加大在岗农民工的培训力度，支持和鼓励行业企业建立多种形式的农民工学校，同时充分利用社区内各种教育资源，开展面向农民工的教育培训。

各级政府要扶持农村职业教育和成人教育、农村劳动力转移培训、城乡合作与东西部联合办学，特别是对在相关工作中成绩显著的职业院校、职业培训机构和成人学校给予奖励。西部和农村开发建设项目应安排配套资金用于相关领域的人力资源开发。使用农民工的单位负有培训本单位所用农民工的责任，所需经费从职工教育培训经费中列支。

五、深化办学体制改革，促进多元办学格局的形成

各级政府要在发展职业教育中继续发挥主导作用，努力办好公办职业院校。行业企业要继续办好职业学校和培训机构，鼓励行业企业与职业学校实行合作办学，建立行业职业教育咨询、协调机制。强化企业自主培训的功能，努力加强职工在岗培训和下岗失业人员培训。

民办职业教育应该成为我国职业教育体系的重要组成部分。要加快发展民办职业教育，积极吸引民营资本为发展职业教育服务，充分发挥民办职业教育贴近市场、机制灵活和运行高效的特点，促进职业教育观念、体制和机制的创新，更好地满足经济社会发展和人民群众对职业教育多层次、多样化的需求。认真实施《民办教育促进法》，对民办职业学校应当按照公益事业用地及建设的有关规定给予优惠，并保护民办职业学校教职工和学生的合法权利，要在学校评估、实训基地建设等方面与公办职业学校一视同仁。

要深化公办职业院校体制改革，积极推进公办职业院校运行机制创新，真正形成面向社会、面向市场自主办学的实体。鼓励公办职业院校大胆引进竞争机制，推动公办职业院校重组和整合，探索与企事业单位、社会团体、民办职业学校及个人合作方式，实行多元投资并举的办学体制。在推进职业院校的重组和整合中，要防止公办职业教育资源的流失。

积极推进职业教育领域的中外合作办学，认真贯彻《中外合作办学条例》，学习和借鉴国际上发展职业教育的有益经验和办学理念，引进国际优质职业教育资源，拓展国际招生和就业市场，扩大职业教育领域的国际交流与合作。

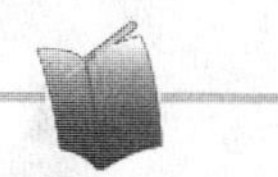

六、完善就业准入制度和职业资格证书制度，积极推进职业院校学生职业资格认证工作

认真执行《劳动法》和《职业教育法》，坚持“先培训、后就业”、“先培训、后上岗”的原则，进一步完善就业准入制度。各级劳动保障等有关部门要加强劳动执法监察，对违法行为进行纠正并给予处罚。进一步完善国家职业资格证书制度，加快开发国家职业标准，并及时进行调整和更新，形成能够反映经济发展和劳动力市场需要的动态国家职业标准体系。建立职业技能鉴定质量监控制度，加强规范化管理。要根据下岗失业人员、进城就业的农民工的实际需要开展鉴定工作，做好相关服务。

要充分发挥职业院校在实施职业资格证书制度中的作用，积极推进职业院校学生职业资格认证工作。按照统筹规划、合理布局、发挥优势的原则，各地要新确定一批具备条件的职业院校建立职业技能鉴定所(站)。劳动保障、人事、教育以及有关部门要在各自职责范围内，对职业院校毕业生取得相关职业资格证书工作加强指导、提供方便。要做好职业资格认证与职业院校专业设置的对接服务，加强专业教育相关课程内容与职业标准的相互沟通与衔接，教学内容能够覆盖国家职业资格标准要求的专业，学生技能鉴定可与学校教学考核结合起来，避免重复考核。国家级重点职业学校以及少数教学质量高、社会声誉好的省级重点中等职业学校和高等职业学校的主体专业，经相关部门认定，其毕业生参加理论和技能操作考核合格并取得职业学校学历证书者，可视同职业技能鉴定合格，取得相应的职业资格证书。有关部门要按照《决定》的要求，抓紧组织对职业学校主体专业的认定工作。要根据中外合资企业、外资企业劳动用工和国际劳务市场的要求，积极引进国内急需、在国际上广泛认可的职业资格证书以及课程体系。

七、加快职业教育实训基地建设，切实提高学生职业技能

加强职业教育实训基地建设是提高职业教育质量、解决技

能人才培养“瓶颈”的关键措施。认真落实教育部、财政部关于加强职业教育实训基地建设的意见，切实改善职业院校的实训条件，力争到2007年，分期分批在重点专业领域建成一批条件较好、专业种类齐全、适应技能人才培养需要的实训基地。实训设备的配置要与企业生产技术水平相适应，以通用、实用为原则，重点解决好数量不足、实习工位短缺等问题，为学生提供足够时间的高质量的实际动手训练机会。要不断提高职业教育装备水平和现代教育技术水平，促进职业教育的现代化建设。

职业教育实训基地建设要统筹规划，合理布局，重视发挥现有职业教育资源的作用，与近年来中央财政支持的示范性职业院校建设相结合，使前期投入发挥更大效益，要努力实现区域内中、高等职院校和培训机构对实训基地的共享。实训基地要建立自主发展的新机制，不仅完成教学实训任务，还应主动面向市场开展培训和技术服务。实训基地建设中要注意发挥市场机制的作用，调动社会各方面力量共同参与，多渠道筹集建设经费，实行政府、企业、院校和社会培训机构共建共管。

八、深化职业院校人事制度改革，加强“双师型”教师队伍建设

深化职业院校人事制度改革，积极推进教师及其他专业技术人员、管理人员、工勤人员的聘用(任)制度，促进人才合理流动，优化教师队伍。有关部门要按照国务院办公厅转发中央编办、教育部、财政部《关于制定中小学教职工编制标准的意见》(国办发〔2001〕74号)，抓紧制定和实施职业学校和成人学校教职工编制标准。人事、劳动保障部门要积极为职业院校招聘人才提供服务，通过实行固定岗位与流动岗位相结合、专职与兼职相结合的设岗和用人办法，指导和支持职业院校，面向社会公开招聘具有丰富实践经验的专业技术人员和高技能人才，担任专业教师和实习指导教师。对于到职业院校担任教师的专业技术人员、级工和技师可按照相关专业技术职务条例的要求评聘教

师职务，实行聘任制度和合同管理，享受合同规定的相关待遇。地方人事、教育、劳动保障等有关部门要按照相关教师职务试行条例的要求，制定符合实际需要的各类职业院校教师职务评聘办法。职业院校中专业实践性较强的专业教师，可按照相应的专业技术职务系列条例的规定，再评聘第二个专业技术资格，也可根据有关规定取得相应的职业资格证书，促进"双师型"教师队伍建设。要深化职业院校教职工分配制度改革，把教职工收入与学校发展、所聘岗位以及个人工作绩效挂钩，调动教职工积极性。

要建立符合职业教育特点的教师继续教育进修和企业实践制度。职业院校专业教师每年脱产接受继续教育的时间应不少于规定的学时数，每两年必须有两个月以上时间到企业或生产服务一线进行实践，并作为教师提职、晋级的必要条件，其他教师和管理人员也应定期到企业或生产服务一线进行实践和调研。要加强职业教育师资培养培训基地建设，扩大专业教师培训和在职攻读硕士和博士学位的规模。各级教育行政部门要会同相关部门制定本地区职业教育师资队伍建设的整体规划和相关配套措施。

九、多渠道增加投入，为职业教育的改革与发展提供坚实的条件保障

认真落实《职业教育法》和《决定》中对增加职业教育经费投入的要求，逐步建立政府、受教育者、用人单位和社会共同分担、多种所有制并存和多渠道增加职业教育经费投入的新机制。各级政府要增加用于发展职业教育的投入，确保公办职业学校教师工资按时足额发放，并鼓励职业院校更新实习设备、改善教学实验设施，特别是加强职业院校共享平台的建设和重点专业的建设。省级政府要制定本地区职业院校学生生均经费标准，并督促职业院校举办者按标准投入经费。金融机构要以信贷方式支持发展职业教育，政府部门根据需要可以为职业院校提供贷

款贴息。要进一步落实《决定》中关于按照企业职工工资总额的1.5%~2.5%足额提取教育培训经费的规定,保证经费专项用于职工特别是一线职工的教育和培训。在政府增加职业教育经费投入的同时,受教育者也要承担一定比例的教育费用。职业院校的学费收入要全额用于院校的发展,各有关部门不得用其冲抵正常的拨款,也不得以任何理由进行截留、调拨或划转。要积极探索吸收国(境)外资金和民间资本发展职业教育和培训的途径和机制。

中央财政安排职业教育专项经费,主要通过"以奖代补"等方式引导和支持实训基地建设。国家发展改革委员会根据职业教育发展实际需要,统筹安排资金继续支持职业教育发展,重点支持中西部地区市(地级)、县级中等职业技术学校或职业教育中心的建设。国家和地方安排的扶贫资金都要不断加大对贫困地区农村劳动力培训的投入力度。地方各级财政要增加职业教育专项经费,在安排农村科技开发经费和技术推广经费要安排一部分农村劳动力培训经费。职业教育的专项经费投入,主要采取奖励、直接补助和资助学生等方式。加强对经费使用的管理,提高资金的使用效益。各级政府要通过奖学金、助学金、贷学金和培训费补贴等多种形式,对家庭经济困难群体及其子女接受职业教育和培训提供帮助,鼓励行业企业、社会团体和公民个人捐资助学。

十、加强领导,营造发展职业教育的良好社会氛围

各级政府要进一步加强对职业教育工作的领导,切实承担起发展职业教育的责任,统筹规划,分类指导,依法推进职业教育的改革与发展。国务院批准建立的职业教育工作部际联席会议制度,统筹协调全国职业教育工作,研究解决职业教育工作中的重大问题。县级以上地方人民政府也要建立相应的职业教育部门联席会议制度,形成有关部门分工协作、齐抓共管的工作机制。各级政府要把职业教育工作列入年度教育工作报告的重要

内容，向人大、政协报告职业教育工作，并接受检查和指导。要把发展职业教育列入政府业绩考核重要内容，政府教育督导部门要加强对职业教育工作的督导。要加强对职业院校和培训机构的评估检查。

要引导企业和社会各用人单位建立科学的绩效考评和薪酬制度，逐步提高生产服务一线技能人才特别是高技能人才的经济收入。建立优秀技能人才政府津贴制度，将技能人才与科学和工程技术人才同等对待，提高其社会地位和待遇。要定期开展职业技能竞赛活动，对优胜者给予相应的奖励，认定其相应的职业资格。各级政府应对职业教育工作成绩突出的单位和优秀教师，按有关规定进行奖励表彰。大力宣传优秀技能人才和高素质劳动者在社会主义现代化建设中的重要贡献，大力宣传职业教育的先进典型和先进人物，在全社会弘扬"三百六十行、行行出状元"的风尚，营造有利于职业教育发展和技能人才培养与使用的良好环境。

教育部　　发展改革委　　财政部
人事部　　劳动保障部　　农业部
扶贫办
二〇〇四年九月十四日

教育部关于加快发展中等职业教育的意见

教职发〔2005〕1号

各省、自治区、直辖市教育厅(教委),各计划单列市教育局,新疆生产建设兵团教育局:

近年来,我国高中阶段教育有了很大发展,但是在高中阶段教育的发展中,出现了普通高中教育和中等职业教育发展"一条腿长、一条腿短"的不协调现象。以科学发展观为指导,大力推动中等职业教育快速健康持续发展,是当前和今后一个时期我国教育事业改革与发展的重大战略任务。现就加快中等职业教育发展,提出以下意见:

一、充分认识加快中等职业教育发展的重要性和紧迫性

中等职业教育是我国高中阶段教育的重要组成部分,担负着培养数以亿计高素质劳动者的重要任务,是我国经济社会发展的重要基础。当前,我国中等职业教育发展相对缓慢,是整个教育中的薄弱环节。2004年,全国普通高中招生820万人,中等职业学校招生550万人,中等职业教育在高中阶段教育招生总数中的比例仅占40%,有些地方不足30%。一些地方对发展中等职业教育没有引起足够重视,把发展高中阶段教育片面理解为就是发展普通高中,在经费投入、资源配置等方面忽视乃至削弱中等职业教育。必须看到,在我国基本普及九年义务教育的

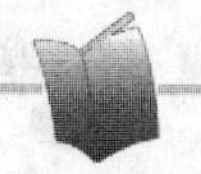

条件下，如果不加快中等职业教育的发展，必将影响我国高中阶段教育发展目标的实现，制约我国走新型工业化道路、解决“三农”问题和城镇化建设的进程，不能适应全面建设小康社会对高素质劳动者的需要。为此，各级教育行政部门要高度重视中等职业教育的发展，以科学发展观为指导，统一思想认识，增强责任感和紧迫感，优化高中阶段教育结构，努力扩大中等职业教育规模。

二、明确加快中等职业教育发展的目标

今后一个时期，要采取强有力的措施，加快中等职业教育发展，力争2005年中等职业学校招生人数在2004年的基础上增加100万，达到650万，经过几年的努力，到2007年，中等职业教育和普通高中教育规模大体相当，实现中等职业教育快速健康持续发展。普通高中教育总体上要把握发展节奏、控制发展规模，把工作重心放到提高质量上。

为实现快速发展中等职业教育的目标，各级教育行政部门要加大东部地区和西部地区、城市和农村职业教育的统筹力度，把工作重点放在推进中西部地区和农村中等职业教育的发展上，努力把每年未能接受高中阶段教育的500万～600万农村初中毕业生中的相当一部分，吸收到中等职业学校接受职业教育和培训。要根据当地经济社会发展对生产服务一线高素质劳动者的需求，按照高中阶段教育职普比例大体相当的要求，分解并落实中等职业学校扩大招生规模的分年度任务目标。

三、采取切实的政策措施加快中等职业教育发展

（一）进一步提高和增强中等职业教育培养能力

要稳定现有中等职业教育资源。严格执行中等职业学校不再升格为高等职业院校、不得并入高等学校或改办成其他类型的学校的政策规定。今后几年，每个县重点办好一所起骨干作

用的中等职业学校(职业教育中心),每个市(地)重点办好若干所骨干中等职业学校。鼓励和支持中等职业学校办出特色、提高质量,创建一批一流水平的中等职业学校。

采取联合、连锁、集团化等办学模式,提高和增强中等职业学校的办学能力。推动骨干示范性中等职业学校(县级职业教育中心)发挥辐射作用,与相关职业学校联合办学,实现优势互补,以强带弱,共同发展;与有条件的乡镇成人文化技术学校连锁办学,扩大招生规模,降低学习费用,方便农村初中毕业生和青壮年农民就近接受中等职业学校学历教育和培训;有条件的学校和地方可以组建多种形式的职业教育集团;积极引进国(境)外优质职业教育资源,开展中外合作办学。

在工业化、城镇化进程较快和农村劳动力转移培训任务较重、中等职业教育资源短缺的地区,要扩建、改建、新建一批中等职业学校;还可以利用普通中学举办中等职业教育班;独立设置的高等职业院校可继续举办中等职业教育。

积极发展远程中等职业教育。充分利用中央农广校、电视中专等远程教育机构,举办中等职业学历教育和培训;鼓励支持有条件的中等职业学校举办远程学历教育和培训,进一步扩大中等职业教育办学规模。

改善办学条件,增强培养能力,扩大办学规模。通过实施"推进职业教育发展专项建设计划",重点扶持建设1000所起骨干示范作用的县级中等职业学校(职业教育中心);通过实施"职业教育实训基地建设项目",重点建设400个装备水平较高的实训基地。各地也要采取切实措施加强县级中等职业学校(职业教育中心)和实训基地建设。

(二)大力发展民办中等职业教育

要把大力发展民办中等职业教育作为加快中等职业教育发展新的增长点,认真落实《民办教育促进法》和《教育部等七部门关于进一步加强职业教育工作的若干意见》的有关规定,把民办

中等职业教育纳入整个中等职业教育事业发展的总体规划，加快发展。同时，要依法加强对民办中等职业学校的管理，规范其办学行为。

积极探索国有民办、民办公助、公办转制、股份制和中外合作等多种办学模式。在公办中等职业学校中引入民办教育的运行机制，积极推进公办中等职业学校人事制度、分配制度改革和运行机制创新，使职业学校真正成为面向社会、面向市场自主办学的实体。

（三）积极推进东部对西部、城市对农村中等职业学校联合招生合作办学

充分利用东部地区和城市优质职业教育资源，面向西部地区和农村跨地区联合招生合作办学。东部地区和城市的教育行政部门要高度重视，积极鼓励支持省级以上重点中等职业学校与西部和农村的中等职业学校合作办学。合作办学双方所在地教育行政部门要把此项工作与各地促进农村劳动力转移、教育扶贫、促进就业紧密结合。

实施联合招生合作办学的职业学校要采取灵活的办学模式和机制，实行“2+1”、“1+2”、“1+1+1”等多种模式，推动校企合作、订单培养。西部地区和农村的职业学校要重点安排好文化和专业基础学习，东部地区和城市的职业学校及相关企业要重点安排好专业知识和技能训练、企业实习，为毕业生在当地就业提供帮助。

东部地区和城市中等职业学校到西部地区和农村招生的收费标准，由双方省级财政、价格和教育等有关部门协商制定。各地特别是东部地区和城市教育行政部门要积极主动会同有关部门在经费扶持方面制定切实可行的办法，按生均经费标准和招生数拨付经费，对联合招生合作办学规模较大、给学生补贴力度大的学校予以适当补助。

（四）充分依靠行业和企业发展中等职业教育

行业和企业是举办职业教育的重要力量。各地教育行政部门要依靠各级行业主管部门、行业组织，充分发挥该行业资源、技术、信息优势，积极举办中等职业教育，特别是要承担该行业专门的技能型人才培养的责任。要办好现有中等职业学校，不能将所办中等职业学校剥离、解散或并入高等学校和普通学校。

鼓励支持企业单独举办职业学校，进行所需技能型人才的培养和培训，对于举办职业学校的企业，各地要在土地使用、教师待遇等方面给予与政府举办的学校相同的政策，并予以税费等方面的优惠，对企业收取的教育费附加要按有关规定返还企业用于职业教育。

各地教育行政部门应将行业企业举办的职业教育纳入地方职业教育事业的招生和管理范围。积极支持行业企业与职业学校联合招生合作办学，实行产教结合，企业可依托职业学校建立培训中心。要制定和完善行业企业参与职业教育的相关政策，建立企事业单位接收职业学校学生实习的制度。接收学生实习的企事业单位，有责任向顶岗实习的学生支付相应的报酬或补贴。

（五）进一步深化中等职业学校教育教学改革

中等职业学校要进一步确立以服务为宗旨、以就业为导向的办学指导思想，面向社会、面向市场办学，解放思想，更新观念，大胆进行办学模式和办学机制的改革和创新。

要根据经济结构调整和就业市场需要，调整专业结构，加快发展新兴产业和现代服务业的相关专业，开发新的课程和教材。中等职业教育实行以三年为主的基本学制，其中一年到企业实践。改革中等职业学校教学管理制度，逐步实行学分制，建立“学分银行”，允许学生半工半读，分阶段完成学业。积极推进中等职业学校产教结合、校企合作，实行“订单”培养。中等职业学

校和成人文化技术学校要积极主动面向进城务工人员开办夜校，采用多样化的教育教学方式满足进城务工人员的学习需求。

要全面推进素质教育，坚持育人为本，德育为先，切实加强学生思想道德教育，努力提高学生的综合职业素质。要坚持正确的质量观，把毕业生具有良好的职业道德，胜任工作岗位要求，顺利实现就业，作为衡量中等职业学校教育质量和办学水平的重要指标。

(六)加强职业指导和就业服务工作

加强职业指导和就业服务工作，促进中等职业学校毕业生就业，是加快中等职业教育发展的关键措施。各地要建立健全中等职业学校毕业生就业服务机构，推动中等职业学校与行业、企业和职业介绍机构紧密结合，并利用劳务市场、人才招聘会和互联网等渠道及时向毕业生发送本地和异地的劳动力需求信息，为毕业生就业或创业提供咨询指导和各种便利条件。鼓励毕业生到中小企业、小城镇、农村就业或自主创业。教育部门要积极争取劳动保障、商务等部门的协助，帮助符合条件的中等职业学校毕业生到国(境)外就业。

对于农村中等职业学校毕业生回乡从事种植、养殖、畜牧等产业规模经营的，教育行政部门要做好工商、税务部门减免有关费税，金融机构安排所需贷款，农资供应机构在价格方面给以优惠等的落实工作，职业学校要在技术、信息等方面提供跟踪服务。

各地要对在就业岗位作出突出业绩或者在自主创业中成绩显著的职业学校毕业生予以一定的表彰和奖励。

(七)统筹管理高中阶段教育学校招生工作

各级教育行政部门要切实加强对高中阶段教育学校招生工作的领导，建立高中阶段教育学校招生工作领导小组，形成相应工作机制，统一制定招生政策和招生计划，统筹管理高中阶段教育学校招生工作。招生工作领导小组要确定招生专门机构,打破学校归属部门和类别的界限,统一组织实施招生工作。对应届初中毕业生实行一考多分流,给考生升入高一级学校提供多样化的选择机会。对往届初中毕业生或具有同等学力的人员报考中等职业学校,可实行注册入学。

各级教育行政部门和招生部门要加强招生工作的规范化管理,严肃招生纪律,严格执行招生工作的各项政策规定。

(八)多渠道增加对中等职业教育的经费投入

各地要认真落实《职业教育法》、《国务院关于大力推进职业教育改革与发展的决定》和《教育部等七部门关于进一步加强职业教育工作的若干意见》中关于多渠道筹措职业教育经费的各项规定。逐步建立政府、受教育者、用人单位和社会共同分担、多种所有制并存和多渠道增加职业教育经费投入的新机制。要根据当地实际,调整教育经费投入结构,提高中等职业教育经费在本地区教育经费投入中的比例,保证中等职业教育财政性经费、生均经费和生均公用经费相应增长。

各地要建立健全中等职业学校学生助学制度,可采用教育券、贷学金、助学金、奖学金等办法,对家庭贫困学生提供助学帮助。国家和地方扶贫资金要安排一部分用于资助农村贫困学生接受中等职业教育。中等职业学校要采取半工半读、勤工俭学等多种形式为家庭贫困学生学习提供方便。鼓励行业企业、社会团体和公民个人捐资助学。积极探索吸收国(境)外资金和民间资本发展职业教育和培训的途径和机制。

四、加强领导,推动中等职业教育快速健康持续发展

(一)各级教育行政部门要切实承担起加快中等职业教育发展的责任

要结合当地经济建设和社会发展实际,统筹规划,分类指

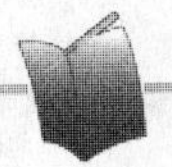

导。实行目标责任管理,把完成目标任务情况与年度工作业绩考核和奖励结合起来。要加强对中等职业教育发展情况的督导检查,对取得显著成绩的地方、单位和个人予以表彰和奖励。

(二)建立和完善高中阶段教育事业发展情况年度报告制度

每年招生结束后,省级教育行政部门要将本年度高中阶段教育事业发展和年度中等职业学校招生就业情况及时报告教育部,教育部将以适当形式进行通报。中央财政支持职业教育发展的各类专项资金的投放与各地中等职业教育事业发展情况挂钩。

(三)加大对职业教育的宣传力度

各地要积极组织新闻媒体大力宣传加快发展中等职业教育的重要性,大力宣传优秀技能型人才和高素质劳动者在社会主义现代化建设中的重要作用与突出贡献,大力宣传中等职业教育的先进典型和先进人物。在全社会弘扬“三百六十行、行行出状元”的风尚,努力营造有利于中等职业教育发展和技能人才培养与使用的良好环境。

教 育 部

二〇〇五年二月二十八日

交通部 教育部关于进一步推进交通职业教育改革与发展的若干意见

交科教发〔2004〕762号

各省、自治区、直辖市交通厅(局、委)、教育厅(教委),新疆生产建设兵团交通局、教育局,交通企事业单位,有关职业院校:

为实现党的十六大提出的全面建设小康社会宏伟目标,认真贯彻落实《中共中央国务院关于进一步加强人才工作的决定》和《国务院关于大力推进职业教育改革与发展的决定》,提高交通行业从业人员队伍素质,全面实施“科教兴交”和“人才强交”战略,实现交通新的跨越式发展,现就进一步推进交通职业教育改革与发展提出如下意见:

一、坚持科学的人才观,充分认识发展交通职业教育的重要性

1.21世纪的头20年,是我国全面建设小康社会,实现中华民族伟大复兴的重要战略机遇期,也是交通实现新的跨越式发展的重要战略机遇期。交通行业面临着经济全球化影响不断扩大、科技进步日新月异和发展任务十分艰巨的新形势,加快人力资源开发和高技能人才培养,全面提高行业从业人员素质,已成为提高交通行业核心竞争力的紧迫任务。

2.全面推进小康社会建设,实现交通新的跨越式发展,需要高素质的人才队伍。必须坚持科学的人才观,牢固树立人才资源是第一资源,人才存在于人民群众之中,人人皆可成才的观

念。实现交通与自然环境、社会经济协调和可持续发展，不仅需要成千上万的技术专家和高级管理人才，也需要数以千万计的工作在不同基层岗位的技能型人才，不仅依赖资金和技术的投入，更依赖交通从业人员高水准的专业技能和良好的职业素养。推进交通行业高技能人才队伍建设和提高交通行业整体从业队伍素质，积极发展交通职业教育是必不可缺的。

3.交通职业教育既是我国职业教育体系的重要组成部分，也是交通事业的重要组成部分，是提高交通行业高素质从业队伍的根本保证。交通行业各级管理部门和交通行业各企事业单位要从实施“科教兴交”和“人才强交”的战略高度，充分认识发展交通职业教育的重要性，将交通职业教育与培训纳入本部门和本单位的发展规划，积极支持和发展交通职业教育。各地教育行政部门要重视和支持交通职业教育的发展，加强与交通主管部门联系，建立相应的工作机制，充分发挥交通部门举办交通职业教育的主导作用，依托交通行业，办好本地区的交通职业教育。

二、坚持以人为本，明确交通职业教育改革与发展的方向

4.交通职业教育改革和发展应坚持以人为本，以服务为宗旨，以就业为导向的方针，紧密围绕交通行业发展，以交通人力资源开发和从业人员队伍能力建设为核心，以促进社会劳动就业和满足交通职工接受各类教育培训需求为导向，为百姓进入交通领域就业服务，为交通职工提供继续教育和岗位培训服务，为满足交通新的跨越式发展建设高素质从业队伍服务。这既是交通发展对交通职业教育的现实要求，也是交通职业教育生存与发展的关键。

5.交通职业教育的发展目标是：以改革和创新为动力，加快建立符合交通和社会发展实际的，与市场需求和劳动就业紧密结合的，以全社会职业教育体系为广泛基础的，以具有显著行业特色职业教育为主干的，结构合理、规模适度、质量可靠、与各类

教育相互沟通、协调发展、灵活开放的现代交通职业教育体系。

三、坚持行业指导，推动交通职业教育与行业发展的紧密结合

6.交通行业各级管理部门应与教育部门密切合作，加强对社会各类交通职业教育的协调和业务指导，在依托全社会教育资源的基础上，制定交通职业教育发展政策，开展本区域、本部门交通人才层次、类型、需求预测和规划，积极为各类职业教育提供行业发展信息和用人需求信息，帮助相关职业院校和培训机构根据行业发展不断改进教学计划和教学内容，使学生真正做到学以致用。

7.交通行业各级管理部门在建立就业准入制度和推行职业资格证书过程中应充分发挥全社会交通职业教育院校和培训机构的作用，紧密依托交通职业教育院校和培训机构，开展职业资格体系中的职业教育培训和职业技能鉴定。全面推进交通职业教育院校学生职业资格认证工作，提升学生的就业能力。规范行业就业秩序，加强行业管理，确保交通行业就业准入制度的落实，为交通职业教育院校毕业生就业创造良好的条件。

8.交通行业各企事业单位，在贯彻落实职业资格准入制度、就业准入制度和推广培训上岗制度时，应结合本单位的条件，积极为交通职业教育院校提供实习基地，接受职业院校教师进行专业实践和考察，积极支持本单位技术人员、特殊技能人员参与交通职业教育院校的教学和实训指导，并应结合本单位的用人需求，积极与交通职业教育院校开展“订单式”培养，以及多种形式的校企合作。

9.交通行业各级管理部门要充分发挥行业管理职能，遵从“统一规划、分工负责、分级管理、分类指导”的原则，紧密结合行业发展，充分发挥交通职业教育院校和培训机构的作用，不断加强在岗干部职工的继续教育和培训工作。重点抓好交通行政执法人员和专业技能人员的岗位资质培训，以及各类人员的上岗培训，不断提高从业队伍的素质。交通部将重点加强高级公共

管理人才、高级经营管理人才和专门技术人才的队伍建设，定期开展对高级行政管理人员的培训，努力提升交通行业领导干部的执政能力。

四、坚持多渠道投入，不断改善交通职业教育的办学条件

10.交通行业各级主管部门应继续办好所属的交通职业教育院校和培训机构，充分发挥市场机制，充分利用国家政策，坚持多渠道筹措经费，加大对交通职业教育院校和培训机构的投入，并力争逐年有所增加。各地交通部门对交通职业教育与培训的投入政策应继续保持，继续延用从交通规费中提取1%左右的经费用于交通教育与培训的政策。交通部将积极筹措资金用于支持交通职业教育师资培养工作和农村、西部地区交通职业教育发展。

11.各交通企事业单位要按《中华人民共和国职业教育法》和《中华人民共和国劳动法》的规定，承担职工教育培训费。一般企业要按职工工资总额的1.5%足额提取教育培训费，从业人员要求高的企业可按2.5%提取教育培训费，交通基础建设重大项目、企业技术改造和项目引进等均应按规定要求提取教育培训经费，用于支持交通职业教育与培训。

五、坚持改革创新，努力提高交通职业教育质量和水平

12.各类交通职业教育院校和培训机构必须明确办学定位和发展方向，积极推动体制创新、制度创新和深化教育教学改革，认真组织实施国家技能型紧缺人才培养培训工程。根据行业发展、市场需求和岗位需要设置专业，不断改革课程安排和教学内容，加快教材的更新。开展全面素质教育，帮助学生形成健康的劳动态度、良好的职业道德和正确的价值观，要把提高学生的职业能力放在突出的位置，加强教学实践，努力造就高素质技能型人才。

13.各类交通职业教育院校和培训机构应积极开展以骨干

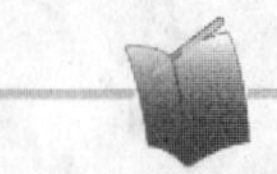

教师为重点的全员培训,提高教师的职业道德、实践能力和教学水平,加强培养一批高水平的骨干教师。鼓励和支持教师在职参加学习,有计划地安排教师到交通企事业单位进行专业实践和考察,适应交通行业的技术进步。鼓励企事业单位工程技术人员到职业学校担任兼职教师,参与学校的教学改革。鼓励教师参加相应专业技术职称的社会化考试或职业资格证书考试,提高"双师型"教师比例,加快建设一支有交通职业教育特色的高水平师资队伍。

14.各类交通职业教育院校和培训机构应加强信息化建设,利用现代信息技术和现代化教育教学手段,促进交通职业教育和培训的普及和发展。有条件的学校应积极搭建交通职业教育信息平台和交通职业教育培训网络,开发和建设交通职业教育教学资源库和多媒体教育培训课件,实现优秀教学资源共享。大力发展现代交通职业远程教育,充分利用交通职业教育学校的教育教学资源,开展远程交通职业教育和培训,方便交通行业广大一线职工、农村和西部交通从业人员接受交通职业教育和培训,提高交通行业从业人员的整体素质。

六、坚持全方位开放,促进交通职业教育国内外交流与合作

15.充分发挥交通职业教育教学指导委员会和各种协会、学会在推动交通职业教育发展中的作用。组织开展交通职业教育发展研究,组织交通职业教育改革和教学经验交流,组织制定专业教学的指导方案,组织编写、引进国外高水平的专业教材和多媒体课件,组织交通职业教育师资培训,组织优秀院校对一般院校及西部交通职业教育院校的支持。

16.交通职业教育发展应继续坚持全方位的开放,学习借鉴国外职业教育的先进理念和经验,有条件的学校应积极与国外先进的职业教育学校建立合作关系,积极开展联合培养、互换学生、师资交流等多种形式的交流合作。积极拓展学生海外就业渠道,支持和帮助学生发挥专业和技能特长,到国际劳务市场开

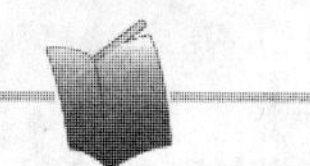

拓事业。

七、坚持尊重各种人才，努力营造交通职业教育良好的发展环境

17.努力在全行业提高技能型人才的地位和经济待遇，有条件的单位可建立优秀技能人才津贴制度，提高其社会地位。建立岗位成就人才、行业凝聚人才、环境留住人才的激励机制。在全行业形成各种人才合理使用，鼓励各种人才全面发展的氛围。大力宣传交通职业教育和高素质劳动者在交通现代化建设中的重要作用，努力在交通行业营造有利于交通职业教育改革和发展的良好环境。

交通部　　　教育部

二〇〇四年十二月二十日

抓住机遇 改革创新 为交通新的跨越式发展提供人才与智力支持

——交通部副部长翁孟勇在全国交通职业教育工作会议上的讲话

（2004年9月17日）

同志们：

当前，我国正处在全面建设小康社会，加快推进社会主义现代化建设的重要阶段，职业教育也进入了深化改革、加快发展的历史时期。交通职业教育作为我国职业教育和交通现代化建设的组成部分，也面临着新的发展机遇和新的挑战。加快交通职业教育改革与发展，对于实施"科教兴交"、"人才强交"战略，实现交通新的跨越式发展具有重要的意义。这次召开的全国交通职业教育工作会议的主要任务是：以"三个代表"重要思想为指导，贯彻全国人才工作会议和全国职业教育工作会议精神，回顾近年来交通职业教育改革与发展工作，交流经验，表彰先进，分析交通职业教育面临的新形势，提高认识，理清思路，明确目标，落实任务，进一步推动交通职业教育持续健康发展，努力开创交通职业教育工作新局面。

下面我讲几点意见。

一、面向社会，服务交通，交通职业教育工作取得新进展

20世纪90年代中期，我国处于改革与发展的关键时期，党中央、国务院高瞻远瞩，审时度势，作出了实施"科教兴国"战略

的决定。交通部党组抓住这一重要机遇,加快交通科教事业的发展。1995 年,交通部在吉林召开了全国交通成人与职业教育工作会议。这次会议提出了要把大力发展交通职业教育作为落实"科教兴国"战略一项重点工作,交通基础设施建设工程与交通人才工程并举的基本策略,为开创交通职业教育工作的新局面起到了重要的推动作用。这一时期也是我国公路、水路交通进入快速发展的时期。在交通现代化建设这一巨大需求的牵动下,在国家职业教育政策的指导下,交通职业教育呈现出良好的发展势头。各级交通部门、企事业单位和广大交通职业教育工作者,围绕交通发展,深化教学改革,加大教育培训力度,为国家经济建设和交通发展培养了大批高素质劳动者和技能型人才,为交通现代化建设作出了积极贡献。同时交通职业教育也在增强自我发展能力、完善运行机制方面进行了有益的探索和实践,不断迈出新的步伐。主要体现在以下几个方面:

(一)具有行业特色的交通职业教育快速发展,整体水平不断提高

自"九五"以来,交通职业教育步入了新的发展时期。在国家关于推进职业教育管理和办学体制改革方针的指导下,在地方政府的统筹协调下,交通职业教育布局结构日趋合理,办学规模进一步扩大。特别是交通高等职业教育发展迅速,成为培养交通高级人才的一支重要力量。全国交通高等职业技术学院由 1999 年的 4 所发展到了 2003 年的 35 所,招生数从 2000 人增长到 3 万多人,在校生从 8700 人增长到 9 万多人。经过体制调整,交通中等职业教育资源得到整合,学校数量虽然有所减少,但校均规模有所扩大,办学效益进一步提高。独立设置的省、地级交通干部学校及培训机构已有 200 多个,交通远程教育教学点达 29 个。目前,交通高、中等职业教育在校生规模 30 余万人,已基本形成了每个省、直辖市、自治区设置 1 所交通高职院校、若干所交通中职学校的格局。

交通职业教育发展不仅表现在规模的扩大,整体办学水平也不断提高。经过长期的建设,交通职业院校中形成了一批具有示范性的国家级、省部级重点院校。到 2002 年,交通系统有国家级、省部级重点中等专业学校 35 所,国家级、省部级重点技工学校 59 所;有 5 所交通高职学院被国家确定为“国家重点建设示范性职业技术学院”。这些院校作为交通职业教育的典型代表,为交通职业教育的发展起到了很好的示范作用,同时也反映出交通职业教育在规范化建设方面的成果。

(二)立足交通,创新思路,交通职业教育办出特色

这些年来,交通职业院校在打破原有计划经济体制下的传统办学模式,创建适应市场经济的现代办学模式方面进行了积极探索和实践,进一步增强了办学活力。

1.不断深化教学改革,办学特色更加鲜明。交通职业教育得以发展的一个重要原因,就是努力适应经济社会和交通发展需要,办学的行业特色进一步增强。目前,交通职业院校设置的专业种类已基本覆盖了交通建设需要的主要职业岗位。通过开展面向 21 世纪中职教育课程改革和教材建设,制定并实施国家、部重点建设专业教学改革方案,组织修订航海类专业教学计划、教学大纲等项工作,有效推动了交通职业教育的教学改革与专业建设,促进了交通职业院校办学特色的创新。

教师队伍整体素质不断提高。交通职业院校通过有计划地安排教师进修,到对口企事业单位进行实习和考察,组织骨干教师出国培训,开展技能竞赛等方式,不断提高教师的理论水平和专业技术水平。部通过对 30 名交通中职教学带头人进行重点培养,促进并带动了整个交通职业院校专业教师的培养工作。据对 8 所交通高职学院抽样调查显示,同时具有教师业务职称和工程技术职称的“双师型”教师占教师队伍比例平均为 47%,有的学校高达 80%,有效地促进了理论与实践教学质量的提高。

2.积极推行产学结合的办学模式,努力培养学生的职业技能。积极引进世界上的先进教育模式,并结合交通职业教育的实际加以应用,创造了许多好的做法。比如:许多学校在专业课中实施"理论实践一体化"教学,使学生能够很快地将理论知识与实践紧密结合,加快对技能的培养。许多院校通过与企业联合办学,加强校内外实验实习基地建设,并采取"订单"培养为企业输送技能型人才,实现了招生即招工、毕业即就业,使学校、企业、家长"三满意"。

交通职业院校每年有大批的毕业生奔赴交通建设第一线,他们"下得去,留得住,用得上",深受用人单位欢迎。今年我对浙江的交通职业教育进行了调研,印象深刻。像浙江(金华)交通高级技工学校办学就有特色,体现了招生即招工,毕业即就业的特点。据对8所交通高职院校的抽样统计,2003年毕业生平均就业率为86%,最高的为100%。毕业生就业率高的原因,一方面是由于交通快速发展对职业技术人才的旺盛需求,另一方面就是交通职业院校始终把增强毕业生的竞争能力放在首位,采取多种措施提高学生的职业素质和职业技能。比如:建立模块式教学平台实行"双证书"或"多证书"制度,使毕业生做到一专多能;改进课堂教学,实现讲和练结合,动脑和动手结合,提高学生掌握技能的效果等。这种以就业为导向的做法,为交通职业院校毕业生就业提供了有益的帮助。

(三)继续教育与培训发展迅速,交通从业人员素质不断提高

多年来,交通部和地方交通部门狠抓交通干部的培训工作,通过开展领导干部理论培训、公务员任职培训、地(市)县交通局长岗位培训、船员培训、企事业管理人员和专业技术人员知识更新培训等,不断提高交通从业人员的政治和业务素质。"九五"期间,交通系统组织实施了《交通行政执法人员三年岗位培训工作规划》。通过发挥职业教育的作用,利用远程教育的优势,历时3年多,共对10个门类、19.5万交通行政执法人员进行了系统培训,这是一个很了不起的成绩。交通职业教育为培养造就一支具有文明服务意识,又有专业知识和法律知识的交通行政执法队伍作出了积极的贡献,同时交通职业教育自身也得到了长足发展。

这些年来,随着交通事业快速发展,各地交通部门更加重视人员素质的提高,大力开展多种形式的继续教育与岗位培训。如:江苏省交通厅为保证交通建设质量,组织开展了万人培训工程,起到了很好的促进作用。与此同时,企业自主开展教育培训活动空前活跃,职业教育与培训已成为企业人力资源开发不可或缺的重要组成部分,努力提高自身素质已成为企业员工的自觉行动。

在"交通扶贫,教育先行"政策指导下,"九五"期间,交通部共投入交通教育扶贫资金4000万元,各省级交通主管部门配套资金1.6亿元,为562个贫困县培训了19万交通管理和技术人员。交通部先后投入1200万元,重点支持西藏交通厅建设西藏交通职业学校。"十五"期间,部又投入1800万元,通过举办培训班、组织讲师团、开办研究生班等形式实施支持西部地区交通干部教育与培训计划。到目前为止,已培训西部地区交通管理和技术人员9700余人次,在西部地区产生了较大反响。

交通职业教育所取得的成绩在社会和行业内产生了重要影响,得到了国家有关部门的充分肯定和鼓励。这是在党和国家方针政策的正确引导,国家和地方教育主管部门的积极指导和各级交通部门、企事业单位的大力支持下,交通职业教育战线全体同志们艰苦努力和无私奉献的结果。借此机会,我谨代表交通部向长期以来支持交通职业教育工作的各有关部门的领导、交通企事业单位的同志们以及广大交通职业教育工作者表示衷心的感谢!

同志们,回顾交通职业教育所走过的发展历程,是我们对办什么样的交通职业教育不断探索的过程,也是对如何办好交通职业教育逐步形成共识的过程。对交通职业教育自身来说,也

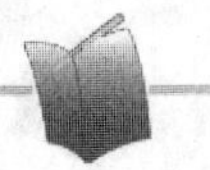

是不断学习、不断实践、不断提高的过程。在长期的改革与发展过程中,交通职业教育取得了一定的成绩,积累了一定经验,也得到了一些启示。归纳起来主要有以下几点。

第一,观念更新是交通职业教育发展的先导。“发展交通,教育先行”、“发展教育就是发展先进生产力”已成为交通人的共识。广大交通工作者在实践中深切体会到:知识改变命运,教育成就未来,教育与人才是促进交通发展的关键因素;接受教育、更新知识、提高能力是拓展职业空间,创造财富,增加收入的有效途径,只有坚持终身教育才能适应交通跨越式发展的需要。广大交通教育工作者深刻认识到:在社会主义市场经济条件下,面向市场,服务行业,抢抓机遇,改革创新,培养和造就一大批高素质的劳动者和高技能的人才是新的历史使命。

第二,交通行业发展是交通职业教育发展的动力。交通职业教育发展的实践证明,行业发展为交通职业教育提供了机遇,注入了活力。改革开放以来,国家把发展交通运输事业作为事关国民经济发展全局的战略性和紧迫性任务,公路、水路交通基础设施建设的投资力度,由“九五”初期的1000多亿元,增加到了2003年的3900多亿元。交通的快速发展,为交通职业教育创造了发展机遇,交通职业教育依托行业,围绕交通发展需要,不断发展壮大,在为交通事业输送了大批技能型人才的同时,自我发展能力也不断增强。因此,行业需求是交通职业教育发展的最大动力,为行业服务是保持交通职业教育生命力的根本所在。

第三,政策支撑是交通职业教育发展的保障。交通部在1995年全国成人与职业教育工作会议上明确:继续坚持从交通规费中提取1%左右的经费用于交通教育,严格按不低于职工工资总额的1.5%的比例提取职工教育经费。各地交通部门认真贯彻落实这一政策,采取多种措施不断加大对职业教育与培训工作的投入,显著改善了交通职业教育的办学条件。据对25个省区交通厅调查,2000~2002年,每个交通厅局每年对交通职业教育投入的经费平均在1600万元以上,为促进交通职业教育

的发展作出了积极努力。

尽管这些年交通职业教育发展取得一定的成绩,但问题和困难仍不少。比如:有些地方和部门的领导对交通职业教育的地位和作用认识还不够;交通职业教育总体上还不能满足交通跨越式发展的需要;办学模式和运行机制还不能完全适应建立社会主义市场经济的需要;职业教育经费渠道不稳定,实验、实习设备需要充实和更新;企业参与交通职业教育的制度还不完善等。当然,这些问题有些是属于外部政策环境的,更有一部分是属于交通职业教育自身的,需要我们在今后的改革和发展过程中不断加以解决。

二、认清形势,奋发有为,促进交通职业教育健康持续发展

当前,我国正处于全面建设小康社会的重要阶段,经济持续增长,社会协调发展,交通事业正在实现新跨越,全面把握职业教育发展的宏观背景,充分认识职业教育特别是交通职业教育面临的形势和任务,对于我们做好新时期的交通职业教育工作,全面推进交通职业教育的持续健康发展具有重要的意义。

(一)经济与社会快速发展对职业教育提出了强劲需求

党的十六大以来,我国进一步加快了走新型工业化道路的步伐,经济步入了新一轮的快速增长期。我国产业结构不断优化,城镇化建设速度明显加快,在未来一个较长的时期,我国将处于劳动力需求结构急剧变动的形态中。我国正处在以制造业为主的产业发展阶段,需要大量的技能型人才。当前,我国正面临着新增劳动力就业和国有企业下岗人员再就业、农村劳动力转移同时并存的局面,社会就业压力很大。目前,我国城镇每年有1000万左右新增劳动力,600多万下岗人员,700多万登记失业人员,农村还有1.5亿富余劳动力需要转移。我们需要把这些沉重的人口负担转化为宝贵的人力资源,在目前我国教育资源非常有限的约束条件下,大力发展职业教育是一条符合我国

国情的有效途径。

技能型人才是国家人力资源的重要组成部分。我国目前技能型人才短缺，高级技工和技师占技术工人总量的比例只有3.5%左右，远远低于发达国家20%～40%的比例。为此，一些地方开始从国外引进高级技工。这一方面说明随着我国改革开放，人才引进呈多样性，另一方面也说明，我国高级技工人才短缺已经到了十分严重的地步，已经成为制约我国经济持续快速增长的一个“瓶颈”。因此，积极发展高质量的职业教育，培养数以亿计的高素质劳动者和数以千万计的高技能专门人才，是国家发展战略的要求，也是我国职业教育发展的动力和改革的出路。

(二)交通事业的可持续发展为交通职业教育创造了更大的发展空间

为满足全面建设小康社会的总体要求，交通部确定了全面建设小康社会公路、水路交通发展目标。实现这一目标，必须坚持以人为本，全面、协调、可持续的发展观，走运输安全型、质量效益型、科技先导型、资源节约型、环境友好型的交通可持续发展之路，更需要大批的高层次的技术和管理人员、技能型人才以及数以百万计的高素质劳动者来完成这一历史使命。

从业队伍建设是交通行业发展的基础。我国公路、水路交通的快速发展，不仅创造了巨大的经济效益，也产生了广泛的社会效益，其影响远远超出了交通行业自身，对国民经济拉动作用大。特别是公路建设，不但带动了钢铁、汽车、建筑、能源等相关产业的发展，同时也促进了劳动力的就业，增加了农民收入。据2003年一项调查显示，仅公路建设市场就吸纳就业人员351万人，其中，农民工139万人，拉动其他行业就业人员89万人。目前，交通行业的就业人员已达到了3000多万人。应该说，交通行业已成为扩大就业的重要行业，为缓解我国就业压力，促进农村劳动力转移，减少城乡差距，作出了贡献。但我们必须看到，在交通行业从业人员中，有相当一部分是从农业或其他行业转

入交通业的，文化水平不高，专业技能缺乏，职业素质亟待提高。而交通从业人员的素质直接影响着行业的形象、工程质量、运输安全和服务水平。近年来，工程建设中出现的一些质量问题，交通运输中屡屡发生的安全事故，有管理的问题，也有人员素质低、技术水平差的原因。因此，对交通从业人员加强职业道德教育和职业技能培训，是交通职业教育的一项长期重要任务。目前，不仅在交通领域的传统岗位，还在物流管理、信息管理、计算机应用与软件技术等新兴专业岗位，都缺乏具有一定理论基础和较强实践能力的技能型人才。在汽车维修行业，具有用电脑诊断故障能力的技术工人仅占 20%，而日本为 40%，美国为 80%。由汽车维修行业这一局部不难看出，我国交通技能型人才既存在量的短缺，更有质的不足。

我们必须清醒地看到，交通新的跨越式发展既给交通职业教育带来了前所未有的发展机遇，也对交通职业教育提出了新的挑战。要抓住机遇，应对挑战，转变观念，改革创新，把交通职业教育推上新的水平。

三、转变观念，明确任务，开创交通职业教育工作新局面

2002 年 7 月，国务院召开了第四次全国职业教育工作会议，并作出了《关于大力推进职业教育改革与发展的决定》，这为我国新时期的职业教育改革与发展指明了方向。我们要继续认真贯彻落实该决定精神，以科学的发展观和人才观为指导，进一步推动交通职业教育的改革与发展，为交通新的跨越式发展提供人才与智力支持。

(一) 要以科学的发展观为指导，树立正确的教育观、人才观，把握交通职业教育发展方向

教育是一个国家经济发展社会进步的关键因素，更是把我国沉重的人口负担转化为宝贵的人力资源的根本手段。一个理性的社会对教育的需求是分层次的，这是必须首先明确的认识

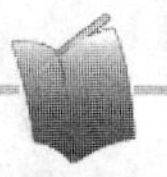

与定位问题。对受教育者来说,合适的教育是最好的教育,而能让每个能力各异的人获得他们所需要的、能充分发展他们能力的教育,才是公平的教育,用同样的办法对待不同需要的人是最不公平的教育。现在大家越来越认识到,对国家、社会、家庭和个人来说,教育是对未来的投资,对教育的投入是一种长期投资,而不是纯粹的商业性的消费行为,不能让受教育者承担所有的责任。我国人口众多,教育资源又非常有限,不可能让每个人都受到精英教育,因此大力发展适应不同行业、不同领域、不同岗位、不同人群需求的职业教育是符合我国国情,适应全面建设小康社会的必然选择,这也是正确教育观应有之义。我们交通行业主管部门、企事业单位、社会团体要把发展职业教育为己任。交通职业教育机构首先要自觉服务于国家经济社会发展与交通新的跨越式发展的大局,以行业发展、市场需求为导向,坚持以人为本,为广大的交通行业从业人员提供多形式、多层次、高质量的职业教育和培训服务,为培养和造就一支宏大的高素质的交通从业人员队伍,为交通事业持续健康发展提供人才与智力支持。在发展定位上,要充分发挥职业教育的自身优势,正确处理职业教育与其他各类教育、职业学校教育与职业培训的关系,把握好自己的发展空间。不能在片面"求升格"、"追层次"上下功夫,而应树立"把学生培养成为社会所需要的人才就是最大成功"的理念,创出特色,办出水平、办出效益。

关于正确的人才观,党的十六大提出了三个方面的人才培养要求:一是培养数以亿计的高素质劳动者;二是培养数以千万计的专门人才;三是培养一大批拔尖人才。去年在全国人才工作会议上,党中央又进一步提出"人才资源是第一资源"、"人人都可以成才,人人也都应该成才"的科学人才观。技能型人才是人才队伍的重要组成部分,是社会主义现代化建设的宝贵资源。我们要提高认识,转变观念,像重视高层次人才那样重视各类人才的培养,特别是技能型人才培养。交通职业院校是培养技能型人才的重要基地,要按照《中共中央 国务院关于进一步加强人才工作的决定》的要求，担负起培养高素质劳动者和高技能人才的重任。与此同时，我们也大力提倡个人自学提高，实践中锻炼成才。许振超是新时期产业工人的优秀代表，他虽然只有初中文化，但是凭着十年如一日刻苦钻研，自学成材，成为了一名工程师和“有突出贡献的工人技师”，在平凡的岗位上创造出了不平凡的业绩。我们要大力弘扬这种“知识改变命运、岗位成就未来”的奋斗精神，通过岗位锻炼、实战训练，使更多的技能型人才脱颖而出。

(二)各级交通主管部门要加强领导，转变职能，促进交通职业教育可持续发展

1. 要充分认识职业教育在交通跨越式发展中的战略地位。交通系统的各级领导要从实践“三个代表”重要思想和实施“科教兴交”、“人才强交”战略的高度，深刻认识发展交通职业教育的重要性，增强发展职业教育的责任感和紧迫感，把交通职业教育纳入到交通发展规划之中，把职业教育工作落到实处。要加强对交通职业教育工作的领导，及时研究解决改革与发展中遇到的困难和问题。交通部于2001年印发了《“十五”交通教育培训规划》，各省级交通主管部门也相应制定了交通教育培训规划。各部门要在努力完成《“十五”交通教育培训规划》提出的各项任务的基础上，根据未来交通改革发展的需要，着手开展“十一五”交通教育规划的编制工作。规划应体现科学的发展观和人才观，把人力资源开发作为主要目标，提出本地区交通职业教育改革与发展的新思路、新举措。

2. 充分发挥行业部门、企业在发展交通职业教育中的作用。依靠政府部门、行业组织、企业及社会力量举办职业教育与培训，是改革与发展职业教育的重要方针。交通部作为行业政府主管部门，在院校管理体制调整，教育管理职能发生变化后，将继续加强对交通职业教育的行业指导，并依据国家有关政策法规，组织制定交通职业教育和培训发展政策及规划；组织和指导

交通职业教育和培训的教学改革、相关专业的教材建设等工作。会前，部组织起草了《关于进一步推进交通职业教育改革与发展的若干意见》，这次带到会上，听取大家的意见，修改完善后印发，用于指导今后一段时间交通职业教育的改革与发展。

各省、自治区、直辖市交通主管部门应依据交通部制定的行业职业教育和培训发展规划，结合各自的实际情况，制定并实施本地区交通职业教育和培训发展规划，并做好监督检查、组织协调、信息服务等工作。要继续办好现有的职业学校和职业培训机构，切实保障办学条件，在地方政府的统筹领导下与教育行政部门共同推进教育资源的优化配置，不断提高教育质量和办学效益。

要充分发挥交通行业内学会、协会的作用，开展行业人力资源调查和预测、交通职业教育的研究与咨询服务和教育教学质量评估等。进一步发挥交通职业教育教学指导委员会研究、咨询、指导和服务的功能。部将从经费等方面支持交通职业教育教学指导委员会开展工作。

要强化交通企业履行职业教育和自主培训的功能。企业具有依法举办职业教育和培训的职责。应从实际出发，建立企业教育与培训制度，开展职工在岗、转岗和再就业培训，特别要加强对技能型人才的培养。企业应结合本单位的用人需求，积极与交通职业学校开展“订单”培养，以及多种形式的校企合作，积极为交通职业学校提供兼职教师、实习场所和设备。

(三)交通职业教育院校要以服务为宗旨，为交通人才培养和交通新的跨越式发展作出更大的贡献

1.为交通从业人员的终身教育服务。职业教育就是要为人的终身学习、终身发展和全面发展服务。这也体现了职业教育以人为本的思想。根据交通行业的特点，交通职业学校和培训机构应根据不同专业、不同教育培训项目和学习者的实际需要，实行灵活的学制与学习方式，全日制与部分时间制相结合，职前

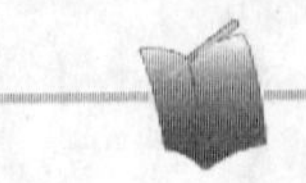

教育与职后教育相结合，集体培训与个体自主学习相结合，现场培训与远程培训相结合，培训合格证书和学历证书相结合，按需施教。针对交通行业点多、线长、流动、分散的特点，要充分利用现代远程教育，使交通行业从业人员可以不受时间、地点和教育资源配置的限制，最大限度地接受学习和培训。最近教育部批复同意我部开展交通中等职业学历网络教育试点工作，我们要认真抓好加大对试点单位工作的领导和管理力度。

2.加强交通技能型紧缺人才培养工作。教育部、交通部等六部门从今年开始组织实施"职业院校制造业和现代服务业技能型紧缺人才培养培训计划"，汽车运用与维修专业被列入首批培养计划。在继续实施这项工程的基础上，我们将根据国家产业政策、交通行业和劳动力市场的实际需要，在公路、水路交通领域选择若干个专业，探索新的培养培训模式，加快培养交通技能型人才。同时把交通行业技能型人才培养纳入到交通教育培训发展规划之中。

3.继续做好西部地区交通干部培养工作。根据中央有关精神以及西部交通建设与发展需要，部有计划地为西部地区交通系统培训领导、管理人员和专业技术人员，实施"5531工程"，即为西部培训干部5000人，组织讲师团赴西部地区开办专题讲座或研修班培训5000人次，培养高层次专业技术骨干和优秀教师300人，为西藏建设1个现代远程教育培训网络终端教学站。希望承担培训任务的有关单位和西部各省厅要继续给予重视，加强组织，积极配合，相互协作，把这件好事办实、办好。

4.抓好农村劳动力转移培训，为解决"三农"问题提供服务。实现农村劳动力转移培训是党和政府的重要工作，理所当然也是我们各级交通部门特别是职业教育培训机构的重点工作。我们要从全面建设小康社会，保持国家长治久安的高度来认识这一问题。

帮助农村劳动力掌握现代职业技能，是职业教育为新型工业化道路服务的重要内容。大量的农民工转移到交通建设上

来，从保证交通建设质量的角度要加强对他们的培训。我们提出“修好农村路，服务城镇化，让农民兄弟走上沥青和水泥路”。同时我们也要让他们“学会当技工，真正走上致富路”。扶贫仅是资金支持是不够的，要帮助农民兄弟学习一技之长，使农民兄弟奔上小康之路。交通职业教育战线的同志们要以高度的责任感和深厚的感情，通过职业教育帮助转移到交通公路建设和运输上来的农民兄弟学会建设公路，养护公路，学会安全驾车和修车，通过培训和实践，使他们都能成为技能型人才，这也是职业教育的光荣使命。

(四)交通职业教育院校要不断提高办学水平，增强自我发展能力

1.要不断深化教学改革，增强为交通发展服务的能力。交通职业院校要根据交通发展、交通技术进步和劳动力市场变化，及时调整优化专业和培训项目，针对交通行业岗位群需要，探索以能力为本位的教学模式，积极推进课程和教材改革；把教学活动与交通生产实践、社会服务、技术推广及技术开发紧密结合起来，加强实践教学和学生就业能力的培养；加强与企业、科研单位的合作，积极探索交通职业教育集团化办学的新路子，推广“订单式”、“模块式”培养方式，加快建设实用高效的实习训练基地；要把职业能力培养与职业道德培养紧密结合起来，培养学生的爱岗敬业、吃苦耐劳、专业技能过硬、自主创业的良好素质和严谨求实的作风。

2.加强毕业生就业指导工作。各级交通主管部门的领导、院校的书记和校长要从讲政治、讲大局、讲稳定的高度抓好毕业生就业工作，从事毕业生就业工作的同志要以高度的责任感、满腔热情的精神做好这项工作。教育部将出台新的高职院校人才培养工作评估方案，毕业生的就业状况将作为检验学校办学水平的核心指标，大学也应该这样。当然，做好毕业生就业工作不仅仅是帮助找出路，还应包括加强思想政治工作，帮助学生树立

正确的就业观,同时要关注毕业生的心理健康,在掌握思想动态的基础上,有针对性地做好就业指导工作。

3.继续以"双师型"教师培养为重点,推进交通职业院校教师队伍建设。近年来,交通职业院校在培养"双师型"教师工作方面进行了积极探索和实践,但总体上还不能适应交通职业教育发展的需要。因此,各职业院校应逐步建立专业课教师定期到企事业单位实践的制度,努力提高专业课教师的实践能力;同时建立有效的兼职教师聘任机制,鼓励聘请有岗位工作经历、胜任教学工作的企事业单位专业技术人员到学校任教。

4.继续扩大交通职业教育的对外交流与合作。采取多种形式和途径,积极学习和借鉴国际上发展职业教育的有益经验、办学理念和有效机制,引进国际优质教育资源,增强交通职业教育在课程、教学、研究、服务和管理等方面的开放性、交流性和通用性,提高交通行业从业人员参与国际劳务市场竞争的能力。

(五)发挥职业教育的积极作用,保障交通行业准入制度的有效实施

为保证交通行业关键岗位从业人员的素质,维护执业秩序,交通部启动了交通行业职业资格制度建设工作,力争"十五"期间基本建立起交通行业关键岗位职业资格制度。这一制度的实施,对交通职业教育既提出了更新更高的要求,也提供了更大的发展空间。

交通职业院校应抓住这一机遇,积极发挥作用。一方面,按照"先培训、后就业"、"先培训、后上岗"的原则,主动为要求进入交通行业的人员做好职业资格培训和职业技能鉴定工作,提供相关服务。另一方面,要搞好职业资格认证与职业院校专业设置的对接,加强专业教育相关课程与职业资格标准的融通,实现职业资格培训与学历证书教育的有机融合。

按照教育部的要求,有职业资格证书的专业领域,80%以上的毕业生要取得"双证书"。应积极推进交通职业院校学生职业

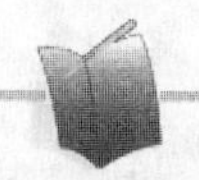

资格认证工作,使毕业生不仅有学历证书,还要有至少一种职业资格证书。这就要求交通职业院校更加有针对性地开展对交通从业者的教育和培训,为他们取得相应证书服务。同时要改革培养模式,在课程结构、教学内容和教学进度安排上,要体现能力为核心,大力培养学生的职业技能,提高"双证书"率。

(六)积极创造条件,为交通职业教育健康发展营造良好环境

今年6月,经国务院批准,教育部等七部委在南京联合召开了全国职业教育工作会议,并将出台《关于进一步加强职业教育工作的若干意见》,对当前职业教育改革与发展中的突出问题提出有针对性和可操作性的政策措施,这将为我国职业教育创造更加良好的发展环境。我们要充分抓住这有利时机,采取积极措施,加强宣传,加大支持力度,优化发展环境,促进交通职业教育再上新水平。

1.在交通行业内大力宣传先进典型。对在交通职业教育工作中作出突出贡献的先进单位和个人,要大张旗鼓的进行宣传和表彰。通过抓典型,在全行业形成重视、关心和支持交通职业教育发展的良好局面。

2.优化技能型人才成长的良好环境。要建立技能型人才成长的激励机制,从各个方面提高技能型人才的地位和待遇。企业应尽可能的采取多种形式开展技能竞赛活动,不断发现和选拔高技能人才,从而引导交通职工学技术、比技巧、作贡献。要通过大力宣传像许振超这样的典型人物,弘扬"知识改变命运,岗位成就事业"、"当不了科学家,可以练就一身绝活,当不了能工巧匠,也要当一名优秀工人"的主人翁精神,促进全行业交通职工爱岗敬业、刻苦钻研业务风气的形成。

3.切实加强交通行业从业人员职业道德建设。要把道德建设贯穿于交通各项工作中,逐步形成"爱岗敬业、诚实守信、服务群众、奉献社会"的职业道德风尚,提高职工职业素质和文明程

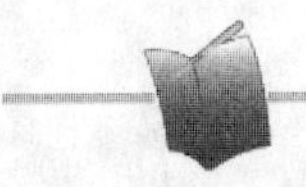

度,增加职工的责任感和事业心,强化质量和服务的意识,促进交通事业的健康全面发展。

4.多渠道筹措资金,不断加大对交通职业教育和培训的投入。各地交通部门对交通职业教育与培训的投入政策应继续保持,并逐步加大对职业教育和培训工作在经费上的支持力度,促进交通职业教育与培训的可持续发展。各交通企事业单位应按《中华人民共和国职业教育法》和《中华人民共和国劳动法》的规定,承担职工教育培训费。一般企业要按职工工资的1.5%足额提取教育培训费;从业人员要求高的企业可按2.5%提取教育培训费;交通基础建设重大项目、企业技术改造和项目引进等均应按规定要求提取教育培训经费,支持交通职业教育与培训。

同志们:

全面建设小康社会,实现交通新的跨越式发展,对交通职业教育的发展提出了更新更高的要求,也提供了更加广阔的舞台,从事交通职业教育的同志们任务光荣,责任重大。我们要以只争朝夕,昂扬向上的精神状态,以脚踏实地,狠抓落实的工作作风,不断改革创新,努力开创交通职业教育工作新局面,为交通新的跨越式发展作出新的贡献。

全国交通职业教育工作会议上的总结讲话

——交通部科技教育司司长孙国庆

（2004年9月18日）

同志们：

全国交通职业教育工作会议历时两天，今天就要结束了。部党组对召开这次会议非常重视，翁孟勇副部长亲临会议并作了重要讲话。会议期间，与会代表对翁副部长的重要讲话以及交通部《关于进一步推进交通职业教育改革与发展的若干意见》（征求意见稿）进行了认真的讨论，结合交通职业教育发展的实际情况，在总结成绩和分析现状的基础上，研究了交通职业教育的改革和发展问题；省厅、学校以及交通企事业单位一起交流了交通职业教育工作的经验体会；会上表彰了交通职业教育工作先进集体和先进个人；在科学的发展观和人才观指导下，探讨交通职业教育发展的未来，进一步理清了交通职业教育工作的思路，明确了今后的工作任务。在与会同志的共同努力下，会议达到了预期的目的。刚才四个小组的代表分别汇报了大家讨论的情况，应该说也是对会议很好的总结。现在，我受翁副部长的委托，对会议情况进行总结，并就如何贯彻落实会议精神讲几点意见。

一、这次会议的主要收获

这次会议是在全面建设小康社会，交通要实现新的跨越式发

展的大背景下，是在《中共中央 国务院关于进一步加强人才工作的决定》和《国务院关于大力推进职业教育改革与发展的决定》指导下，交通部召开的专门研究交通职业教育工作的一次重要会议，是树立科学发展观和人才观，贯彻实施“科教兴交”和“人才强交”战略，推动交通职业教育健康发展的一次会议。大家一致认为：这次会议是统一认识的会议，是明确方向的会议，是催人奋进的会议，这次会议对进一步推进交通职业教育工作和交通事业的发展必将产生积极的影响。概括起来，这次会议有以下几个方面的收获：

（一）进一步提高了对交通职业教育工作重要性的认识

21世纪的头20年，是我国全面建设小康社会，实现中华民族伟大复兴的重要战略机遇期，也是交通实现新的跨越式发展的重要战略期，加快交通人力资源开发，全面提高行业从业人员人员素质，已成为提高交通行业核心竞争力的紧迫任务。翁副部长在讲话中强调，我们要从实践“三个代表”重要思想和实施“科教兴交”、“人才强交”战略的高度，深刻认识发展交通职业教育的重要性。交通职业教育既是我国教育体系的重要组成部分，也是交通事业的重要组成部分，交通职业教育既担负着为交通行业发展培养大批生产、建设、管理一线应用型技能型人才和提高行业从业队伍素质的重任，同时也担负着促进农村劳动力转移和城镇居民就业为国分忧的重任，在全面建设小康社会实现交通新的跨越式发展中，交通职业教育必将发挥更大的作用。大家深感自己所肩负的责任重大，认为必须充分认识交通职业教育工作的重要性，开拓创新，以卓有成效的工作，为交通新的跨越式发展作出应有的贡献。

（二）认清了交通职业教育所面临的形势

通过学习翁副部长的报告，回顾总结近年来交通职业教育工作，分析国家经济社会发展以及交通事业发展需求，大家对交

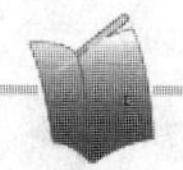

通职业教育面临的形势有了更清醒的认识。翁部长在会上讲了很多数字,说明了我们国家面临的就业压力,交通产业在缓解就业压力方面扮演着重要角色。按照科学的发展观,未来交通的发展必然会产生新的变化。在发展理念上,必然要重视以人为本,最大限度地满足人们的出行自由,在人们出行时,能享受出行的快乐。在发展方向上,我们必然要强调人与自然的和谐发展,注意生态保护,注意交通设施与自然融合。在发展模式上,必然要求从粗放式发展转变为集约型、效益型、质量型的发展,要建设、运输、管理、服务并重,实现全面协调的发展。在发展动力上,必须依靠科技进步和科技创新,坚持"科教兴交"和"人才强交"战略。发展要靠人才,政绩要靠人才,事业要靠人才,谁拥有了人才,谁就拥有了事业。交通行业快速发展,每年都吸纳大量的新增劳动力,要求交通职业教育在人才培养的数量上要满足行业发展的需求,同时,随着经济全球化不断深入、科技进步日新月异,知识更新周期变快,交通行业从业人员的继续教育需求日益扩大,还要求交通职业教育必须适应形势发展的需要。全面建设小康社会和未来交通的快速发展,为交通职业教育创造了巨大的发展空间,交通职业教育面临着难得的发展机遇和新的挑战。

(三)明确了交通职业教育改革与发展的方向和目标

翁副部长在讲话中提出,要落实科学发展观,坚持以人为本,正确把握交通职业教育改革与发展方向。交通职业教育要自觉服务于国家经济社会发展与交通新的跨越式发展的大局,立足交通,面向社会,以交通人力资源开发和从业人员队伍能力建设为核心,以促进社会劳动就业和满足交通职工接受各类教育培训需求为导向,为百姓进入交通领域就业服务,为交通职工提供继续教育和岗位培训服务,为满足交通新的跨越式发展建设高素质从业队伍服务。交通职业教育改革与发展的目标是:以改革和创新为动力,加快建立符合交通和社会发展实际的,与市场需求和劳动就业紧密结合的,以全社会职业教育体系为广泛基础的,以具有显著行业特色职业教育为主干的,结构合理、规模适度、质量可靠、与各类教育相互沟通、协调发展的、灵活开放的现代交通职业教育体系。通过学习翁副部长的报告和一天的交流讨论,大家认为:会议进一步明确了交通职业教育改革与发展的方向和目标,增强了代表们加快发展交通职业教育信心。

二、大家关心的几个问题

(一)行业办教育的问题

2000年以来教育管理体制发生了一些变化,各地区交通部门对原交通职业院校的管理职能和管理方式也发生了变化,如何在新的形势下,加强对交通职业院校管理,促进交通职业教育的可持续发展,的确是我们面临的新的问题。我们认为:行业办交通职业教育,一方面,不仅是历史的延续,更是交通自身发展的需要。交通职业教育在交通发展中的地位和作用,翁部长讲话阐述的非常清楚了,我不多说了。在这里我要强调的是我们国家是"穷国办大教育",必须依靠各种力量支持职业教育的发展。职业教育本身又是最贴近行业的教育,《中华人民共和国职业教育法》明确指出"政府主管部门、行业组织应当举办或联合举办职业学校、职业培训机构,组织、协调、指导本行业的企业、事业组织举办职业学校、职业培训机构"。因此,我们不仅要办交通职业教育,我们还要办好我们管理的交通职业教育学校。这是我们的责任和义务。另一方面,正像四川省交通厅在交流中提到的,我们也应改变过去大包大揽的管理做法,要加强规划协调、支持帮助和服务指导,努力增强交通职业院校面向市场的自我发展能力。办好自己的职业院校和培训机构的同时,还要充分利用全社会资源,为交通发展服务。

(二)加大经费投入的问题

办教育是要花钱的,但正如翁部长讲话中指出的:"教育花

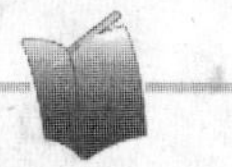

的钱是投资,不是消费”,是为了明天和后天更好的发展,是政府责无旁贷的责任。1995年交通部在吉林召开交通成人与职业教育工作会上,以交通人的胸怀、交通人的远见,提出用1%的交通规费(税)用于支持交通教育与培训的政策,这条政策得到了多数地方政府的理解与支持,不同程度的得到了落实,正是这条政策极大促进了交通职业教育的发展,也使得交通职业教育走在了各行各业职业教育的前列,当然我们交通的发展也因此受益。我希望,不管外围环境如何变化,我们应上下共同努力,使这样一条好的政策得以延续,保证交通职业教育稳定资金投入。此外,我还要说的是,交通职业院校和培训机构必须开拓创新,增加自身的发展能力,以服务求生存,以服务求支持,以服务求发展,不断扩大资金来源渠道,力争走上良性可持续发展的轨道。这次受表彰的先进单位里的学校和经验交流中都表明,学校自身的努力是学校生存发展的关键。会后这些好的经验还要认真总结,加以推广。

(三)交通职业教育发展定位问题

职业教育不同于基础素质教育,也不同于普通高等教育。职业教育必须紧密结合行业发展,针对岗位需要,培养高素质的胜任岗位要求的实用人才。在发达国家,大学毕业生工作前接受职业教育与培训是很普遍的。很多著名职业院校,比如瑞士洛桑国际酒店管理学院,北美著名职业院校不列颠哥伦比亚省技术学院(BCIT)生源中有许多是找工作的大学毕业生。足见职业院校并不是低于普通高等院校的学校,而是提供不同功能的教育与培训。盲目追求升格,注重学历,求大求全必将迷失方向,丧失自身优势。结合岗位要求,灵活设置学制和学习内容,注重实践,宜长则长宜短则短,“办合适的教育”,应成为职业教育的追求。

什么是合适的教育?翁副部长讲话非常概括又非常生动地作了阐述,我还是想再举几个具体的我们身边的例子,这些例子

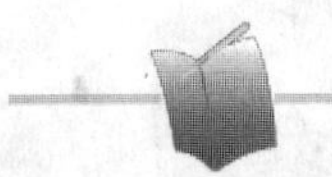

有我们在调研中看到的,也有昨天交流中提到的。比如:上海海事大学职业技术学院与日本著名航运公司 NYK 合作,按船东要求培养学生,强化语言,针对岗位,注重技能,学生毕业后直接到 NYK 公司工作。武汉航运职业技术学院,看准市场需要,举办海上酒店服务专业,为国际大型游船培养服务生,就业非常好,今年 124 名毕业生,除了继续升学的有 110 人签约工作。这些毕业生大多是贫困地区的农家子弟,提着包裹上学,经过我们的职业教育,到国际劳务市场找到体面的工作,每月可以挣到几百上千美元。再比如,湖南交通职业教育学院与著名的民营企业"三一重工"合作办学,开展"订单式"培养。北京交通学校根据汽车维修行业发展,培养高级维修技工。毕业生深受企业和社会欢迎,在激烈竞争的就业市场,不仅找到工作,而且获得很高的报酬。这些现实的例子不就是合适的教育吗?这种"学校满意、学生满意、家长满意、社会满意"利国利民的职业教育不也正是"三个代表"的具体体现吗?交通职业教育朝着这样的方向办必将大有作为。

(四)交通职业教育改革发展的若干意见

这次会议经过四个小组的讨论,大家对这个指导性文件作了很高的评价,这个文件将成为交通职业教育发展的指南,对下一步交通职业教育具有很强的指导作用,有些同志称这个文件在新世纪中对交通职业教育的发展具有里程碑的意义。同时,大家也提出了中恳的修改意见,我稍加归纳四个小组的发言有 15 条之多,我们回去以后一定要细细的消化,一字一句的加以斟酌,认真的修改。同时,根据大家的建议,我们将认真研究和推动与教育部联合下发《关于进一步推动交通职业教育改革与发展的若干意见》,我们一定会抓紧工作,不辜负大家的希望。

三、贯彻落实会议精神,切实抓好交通职业教育工作

(一)紧密结合交通发展,做好交通职业教育发展规划

实现交通与自然环境、社会经济协调和可持续发展,需要高

素质的人才队伍，需要交通从业人员高水准的专业技能和职业素养，大力发展交通职业教育是提高交通行业从业队伍素质的根本保证。各级交通主管部门和交通行业各单位要充分认识发展交通职业教育的重要性，增强发展职业教育的责任感和紧迫感，切实把交通职业教育纳入交通发展规划。目前，部已启动交通部“十一五”教育培训规划的研究工作。各单位也应根据未来本部门、本单位实际发展的需要，认真制定“十一五”交通教育培训规划。在制定规划中，要把交通教育培训工作放在交通新的跨越式发展的大背景下来统筹考虑，要把交通人力资源开发作为主要目标，要以提升交通队伍整体素质为根本目的，提出本地区、本部门交通职业教育改革与发展新思路、新举措。

（二）坚持改革创新，努力提高交通职业教育质量和水平

质量是交通职业教育保持旺盛生命力的源泉，各类交通职业教育学校和培训机构必须明确办学定位和发展方向，摒弃单纯注重学历层次而忽视职业技能培养的不正确理念，积极推进体制创新、制度创新，坚持以就业为导向，不断深化教育教学改革。交通职业院校要根据交通发展、科技进步和市场需求，及时调整优化专业结构和培训项目，改革课程设置和教学内容，开展全面素质教育和以能力为本位的职业教育，帮助学生形成健康的劳动态度、良好的职业道德和正确的世界观人生观和价值观，把提高学生的职业能力放在突出的位置，加强教学实践，努力造就高素质的技能型人才。交通职业教育教学指导委员会要充分发挥专家组织作用，积极开展交通职业教育教学领域的研究工作，集中行业力量，组织编写先进适用、具有鲜明职业教育特色的交通专业教材，为交通职业教育院校的教学改革做好咨询和服务，通过开展师资培训、教学研讨等多种活动，不断提高交通职业教育教学质量和水平，增强交通院校的凝聚力和为行业发展服务的能力。

(三)加强产教结合,加快培养交通技能型紧缺人才

随着交通事业的快速发展,交通技能型人才短缺的矛盾日益突出,一方面,交通职业院校的毕业生供不应求,另一方面,大量的未接受过职业技能培训的人员涌入到交通行业里来,这一矛盾在公路建设、汽车维修领域尤为突出,已成为制约交通行业健康发展的重要因素,加快交通技能型紧缺人才的培养迫在眉睫。教育部与交通部等六部门从今年开始实施了职业院校制造业和现代服务业技能型紧缺人才培养培训工程,汽车运用与维修专业被列入该工程。我们将在继续实施该工程的基础上,根据国家产业政策、交通行业的发展及劳动力市场的需要,在公路、水路交通领域选择若干个专业,探索新的培养培训模式,加快培养交通技能型紧缺人才。各地区各单位可根据各自的人才需求情况,制定技能型紧缺人才的培养方案,加大培养力度,缓解技能型人才紧张的矛盾。实践证明,加强行业指导,实行校企合作,产教结合是技能型人才培养的最佳途径,交通行业各级教育主管部门应加强对社会各类交通职业教育的协调和业务指导,积极为职业教育院校提供行业发展信息和用人需求信息,交通行业各企事业单位,应积极为交通职业教育院校提供实训基地,支持本单位技术人员、特殊技能人员参与交通职业院校的教学和实训指导,根据本单位的用人需求,积极与交通职业学校开展“订单式”培养和培训以及多种形式的校企合作,力争用最短的时间,培养出符合行业企业发展需要的足够的技能型人才。

(四)继续加大交通行业干部职工继续教育和培训工作的力度

加强交通行业干部职工继续教育和培训工作既是交通行业发展对提高队伍素质的要求,也是交通行业以人为本,为交通职工全面发展,为优秀人才脱颖而出创造条件的重要举措。交通部将重点加强高级公共管理人才、企业经营管理人才和专门技术人才等三支人才队伍建设,定期开展对高级行政管理领导的

培训,提升交通行业领导干部的执政能力。将继续做好支持西部地区交通干部培训工作,确保顺利完成"5531 工程"的全部计划。将继续帮助交通职业教育师资的进修学习,组织好出国培训工作,提高交通职业教育教师队伍素质。各地区交通主管部门要充分发挥行业管理职能,切实抓好地方交通行政干部、交通行政执法人员以及各类交通专业技术人员的继续教育和各项职业技术培训工作,努力提高交通职工队伍的整体素质,使"科教兴交"和"人才强交"战略真正落到实处。

同志们,回顾过去,交通职业教育工作取得了很大成绩,展望未来,交通职业教育担负着为交通新的跨越式发展提供人才保证的重任,任重而道远,我们有理由相信,在全体交通职业教育工作者的共同努力下,抓住机遇、开拓进取,交通职业教育工作一定会开创出新的局面,为实现交通新的跨越式发展作出新的更大的贡献。

附 录

附录 A

全国各省、自治区、直辖市交通厅(局、委)和交通企事业单位教育机构一览表

（2005 年 5 月）

序号	单位名称	教育机构名称	主管领导	处长	副处长	定编人数	电话号码	传真号码	通讯地址	邮政编码	分管教育培训人员
1	北京市交通委员会	人事处	池坤丽	李晓勇		5	010 - 63011531	010 - 63032255 - 6407	北京市宣武区广内大街 317 号	100053	景冰峰
2	天津市交通局	教育培训中心	沈　毅	曹世成	薄小川	10	022 - 24303800	020 - 24303800	天津市西青区青西道 154 号	300112	张进宝
3	河北省交通厅	科技教育处	陈永元	任跃宇	李振民	5	0311 - 83035318	0311 - 83029823	石家庄市友谊大街 185 号	50051	张志然
4	山西省交通厅	科技教育处	宋元林	王京荣	李英杰	4	0351 - 4043505	0351 - 4043505	太原市新建南路文源巷 127 号	30001	李英杰
5	内蒙古自治区交通厅	科技教育处	姜革锋	陈凤箴		3	0471 - 6968977	0471 - 6967588	呼和浩特市地质司南街 68 号	10020	刘洪波
6	辽宁省交通厅	科技教育处	刘政奎		任　冰	4	024 - 23867960	024 - 23867960	沈阳市平区十三纬路 19 号	110003	刁丽坤
7	吉林省交通厅	科技教育处	王树森	纪景义		3	0431 - 5631523	0431 - 5633601	长春市解放大路 2518 号	130021	
8	黑龙江省交通厅	科技教育处	戴彤宇	白海莹	寇晓波	4	0451 - 82625010	0451 - 82626365	哈尔滨市动力区和平路 72 号	150040	王延河
9	上海市城市交通管理局	科技教育处	干观德	陈巳康	严绍玮	7	021 - 23115211	021 - 62314610	上海市大沽路 100 号	200002	张　勤
10	江苏省交通厅	政治处	蒋华年	汪祝君		12	025 - 52853505	025 - 6626508	南京市升州路 16 号	210001	金　华
11	浙江省交通厅	科技教育处	边钧沛	吕新龙		4	0571 - 87816548	0571 - 87809369	杭州市梅花碑 4 号	310009	张建光
12	安徽省交通厅	人事教育处	梁　热	姜　云	李皖生	9	0551 - 4291467	0551 - 4295237	合肥市长江东路 1157 号	230011	李正清
13	福建省交通厅	科技教育处	许　莹	叶长基	林正权	5	0591 - 87077137	0591 - 7527445	福州市右楼区省府路 1 号	350001	谢紫忠
14	江西省交通厅	科技教育处	胡柏龄	喻雪峰	张建明	5	0791 - 6243728	0791 - 6243728	南昌市八一大道 274 号	330003	刘鹭英
15	山东省交通厅	科技教育处	晋兰欣	伊大迈	王学成	7	0531 - 5693116	0531 - 85693133	济南市舜耕路 19 号	250002	郝丽杰

续上表

序号	单位名称	教育机构名称	主管领导	处长	副处长	定编人数	电话号码	传真号码	通讯地址	邮政编码	分管教育培训人员
16	河南省交通厅	科技教育处	李和平	马　健	商友光	6	0371 – 67166686	0371 – 67166685	郑州市中原路 93 号	450052	李　强
17	湖北省交通厅	科技教育处	龙传华		方庆平	5	027 – 82834348	027 – 83460318	武汉市汉口建设大道 428 号	430030	李庆九
18	湖南省交通厅	科技教育处	吴亚中	徐　建	姚利群	4	0731 – 4443539	0731 – 2227817	长沙市迎宾路 89 号	410011	郑志刚
19	广东省交通厅	科技教育处		郭正发	陈永树	7	020 – 83850336	020 – 83804950	广州市白云路 27 号	510101	林陆荣
20	广西壮族自治区交通厅	人事教育处	黄怀文	黄小幸		7	0771 – 2115019	0771 – 2805550	南宁市新民路 67 号	530012	莫国坤
21	海南省交通厅	组织人事处	李执勇	郑朝光		4	0898 – 65332850	0898 – 65332215	海口市海府路省政府大楼 5 层	570204	蔡诗铭
22	重庆市交通委员会	人事教育处	余昌平	许　丽	郝满炉 何正清	8	023 – 89183141	023 – 89183140	重庆市渝北区龙溪红锦大道 20 号	401147	周时凯
23	四川省交通厅	科技教育处	杨占昌	陈双全		5	028 – 5525201	028 – 5525316	成都市武侯祠大街 180 号	610041	权　全
24	贵州省交通厅	科技教育处	刘少庆	卢晓晴	康厚荣	4	0851 – 5954761	0851 – 5992145	贵阳市延安西路 66 号	550003	张　昆
25	云南省交通厅	科技教育处	康仲民	舒　翔		5	0871 – 5305697	0871 – 5305765	昆明市环城西路 1 号	650031	朱晓红
26	西藏自治区交通厅	政工人事处	拉斯次仁	旦巴加措	庞　健	10	0891 – 6824723	0891 – 6822395	拉萨市罗布林卡路 1 号	850001	庞　健
27	陕西交通厅	科技教育处	李子青	路克孝	张瑞仁	4	029 – 87292485	029 – 87292483	西安市新城省政府大院	710004	刘　侠
28	甘肃省交通厅	科技教育处	韩国杰		王永生	3	0931 – 4601966 – 1811	0931 – 4600344	兰州市萃英门 45 号	730030	付　军
29	青海省交通厅	科技教育处	朱建平	刘国华		4	0971 – 6116598 – 66605	0971 – 6146564	西宁市五四大街 72 号	810008	韩青芳

续上表

序号	单位名称	教育机构名称	主管领导	处长	副处长	定编人数	电话号码	传真号码	通讯地址	邮政编码	分管教育培训人员
30	宁夏回族自治区交通厅	科技教育处	张　泳	甘庆中		2	0951－5041743	0591－5041743	银川市北京东路165号	750001	甘庆中
31	新疆维吾尔自治区交通厅	科技教育处	蔡毅治	刘国培	郭昭霞		0991－5830888	0991－5852000	乌鲁木齐市黄河路48号	830000	郭昭霞
32	新疆生产建设兵团交通局	科技教育处	赵晋和		魏仲民	3	0991－2358626	0991－2332508	乌鲁木齐市新民路49号	830002	吕淑蓉
33	交通部海事局	人事教育处		徐鹏展	张吉庆	6	010－65293021	010－65293069	北京市建国门内大街11号	100736	刘占奎
34	交通部海上救助打捞局	人事教育处	宋家慧	王康康	翟　艺	6	010－65293203	010－65293283	北京市建国门内大街11号	100736	朱　培
35	中国船级社	人事处	李科浚	石　英	聂莉莉 百　玉	11	010－65136633－439	010－65247620	北京市王府井大街99号世纪大厦A座707	100006	王亦兵
36	交通部长江航务管理局	教育处	但乃越	陈　俊	曾　越	6	027－82767228	027－82767228	武汉市汉口沿江大道133号	430014	邹　祝
37	交通部珠江航务管理局	人事保卫处	朱伟桥	董永楼		5	020－83304776	020－82767483	广州市沿江中路263号	510110	董永楼
38	中国远洋运输(集团)总公司	人事部教育处	马贵川	王莎莎		3	010－66492577	010－66492649	北京市复兴门内大街158号远洋大厦	100031	黄　烁
39	中国海运(集团)总公司	人事部教育处	张建华	姚张平		4	021－65966373	021－65966399	上海市东大名路700号	200080	蔡震洲

续上表

序号	单位名称	教育机构名称	主管领导	处长	副处长	定编人数	电话号码	传真号码	通讯地址	邮政编码	分管教育培训人员
40	中国长江航运(集团)总公司	人教部	乔昌持	陈新生		5	027－82766179	027－82815443	武汉市汉口沿江大道69号	430014	
41	中国港湾建设(建设)总公司	教育培训处	刘怀远	李鲁英		3	010－64174429	010－64159141	北京市东直门外春秀路9号	100027	杨彬武
42	中国路桥(集团)总公司	人事部员工处	周纪昌	唐东妮	李艳琳	5	010－64285685	010－64213378	北京市安定门外大街丙88号	100011	
43	大连港务局	教育培训中心	厉　明	郑明义		6	0411－2622959	0411－2622801	大连市中山区春德街21号	116001	
44	营口港务局	教育培训中心	高宝玉	张颖会		4	0417－6269228	0417－6151523	营口市经济技术开发区新港大街1号	115007	
45	秦皇岛港务局	教育培训中心	朱朝阳	刘桂芳	赵　卫 李业从	28	0335－3093916	0335－30997217	秦皇岛市海港区东山街63号	66012	
46	天津港务局	人事教育处	王海平	朱炳如	陈　刚	13	022－25706386	022－25705277	天津市塘沽区新港二号小35号	300456	
47	烟台港务局	宣传教育中心	刘延洪	王德乐	周运芸	4	0535－6742232	0535－6242625	烟台市北马路155号	264000	王云峰
48	青岛港务局	宣传教育中心	金志华	张仁明	马宝亮	5	0532－2984248	0532－2822878	青岛市港青路16号	266011	李树荣
49	日照港务局	教育中心	王云刚	桑松彬	王家刚	26	0633－8382323	0633－8382353	日照市黄海一路72号	276826	许　梅
50	连云港港务局	人力资源部		毕恒强		4	0518－2382034	0518－2330651	连云港市中山东路99号	222046	
51	上海港务局	教育培训中心	陈戊源	陈祥生	张　宏	10	021－58711794	021－58711878	上海市浦东大道2598号	200129	夏凤珍
52	宁波港务局	教育处	王信念	胡永申	梅通琳	5	0574－8769581	0574－87695629	宁波市镇海沿江东路496号	315200	
53	广州港务局	教育培训中心	陈洪先	周大基	温东伟	28	020－82249754	020－82249754	广州市黄埔新港生活区	510735	梁锦钊

续上表

序号	单位名称	教育机构名称	主管领导	处长	副处长	定编人数	电话号码	传真号码	通讯地址	邮政编码	分管教育培训人员
54	汕头港务局	人事处	温锡通		林维扬	6	0754 – 8977091	0754 – 8932220	汕头市韩江路 31 号	515041	
55	湛江港务局	教育培训中心	梁建伟	李忠泽	罗光昕	18	0759 – 2250273	0759 – 2280814	湛江市霞山区友谊路 5 号	524027	
56	南通港务局	职工教育中心		陈文彬		7	0513 – 3508422	0513 – 3518230	南通市青年路 12 号	226006	
57	张家港港务局	宣传教育处	严蔚峰		张炳南	3	0520 – 8319208	0520 – 8332473	张家港市区镇	215633	肖惠琴
58	人民交通出版社	教材编辑部	韩　敏	阎东波		6	010 – 85285530	010 – 85285977	北京市朝阳区安门外外馆斜街 3 号	100011	
59	北京交通管理干部学院	培训一部 培训二部	李祖平	于文博 任淑云	方乐新 姜明虎	21 14	010 – 61593863 010 – 61591623	010 – 61593417 010 – 61592469	北京市东燕郊	101601	周万枝 毕艳红
60	大连海事大学	成人教育学院	孙玉清	丁　勇	刘英贤	21	0411 – 84780426	0411 – 4728849	大连市甘井子区凌海路 1 号	116024	
61	上海海事大学	继续教育学院	於世成	薛　菁		50	021 – 58520674	021 – 58520669	上海市沈家弄路 738 号	200135	
62	武汉理工大学	继续教育学院	严新平	赵玉林	唐才进	104	027 – 87651936	027 – 87880376	武汉市武昌珞狮路 122 号	430070	倪曙光
63	长安大学	继续教育学院	翟振东	李香菊		40	029 – 5254188	029 – 7891877	西安市南二环中路	710064	
64	重庆交通学院	继续教育学院	刘传源	徐关宏	李　进 高清莹	130	023 – 62909439	023 – 6290439	重庆市南岸区南坪东路 13 号	400060	唐　军
65	长沙理工大学	继续教育学院	郑健龙	赵丕友	王先庆	32	0731 – 5219477	0731 – 5219354	长沙市南区赤岭路 45 号	410076	周碧荣
66	东南大学	交通学院	易　红	王　炜	黄晓明	230	025 – 3794101	025 – 3795184	南京市四牌楼 2 号	210018	黄晓明
67	山东交通学院	成人教育部	顾一中	倪本会		8	0531 – 5987264	0531 – 5553198	济南市交校路 5 号	250023	

注：本通讯录由北京交通管理干部学院提供。

交通高等职业院校通讯录

（2005 年 5 月）

序号	院校名称	校长	办公室主任	联系电话	传真	邮政编码	通讯地址
1	天津交通职业学院	靳和连	祁家林	022－27030632	022－27030627	300112	天津市西青区西青道 269 号
2	河北交通职业技术学院	冯卫星	张迎新	0311－3834764	0311－3831010	050091	河北省石家庄市友谊路南大街 258 号
3	山西交通职业技术学院	王赛勇	张一兵	0351－7127613	0351－7127613	030031	山西省太原市武宿
4	内蒙古大学职业技术学院	柴金义	贾春雷	0471－6678292	0471－6964244	010023	内蒙古自治区呼和浩特市公园南路 38 号
5	内蒙古交通职业技术学院	张吉国	安志民	0476－8221571	0476－8221571	024000	内蒙古自治区赤峰市红山区清河路北段 53 号
6	渤海船舶职业学院	孙元政	牛图林	0429－3156991	0429－2088701	125005	辽宁省葫芦岛市望海寺
7	辽宁省交通高等学校	孙秋玉	徐卫东	024－89708711	024－89872497	110122	辽宁省沈阳市虎石台镇建设南一路
8	吉林交通职业技术学院	苗庆贵	赵黎明	0431－5541066	0431－5512916	130012	吉林省长春市新电台街 63 号
9	黑龙江工程学院高职学院	袁正友	吕志强	0451－88028000	0451－57678811	150050	黑龙江省哈尔滨市大平区东直路 234 号
10	上海海事大学高等技术学院	常　焕	赵　咨	021－58711692	021－58711770	200129	上海市浦东大道 2600 号
11	上海交通职业技术学院	鲍贤俊	陈一鸣	021－56991000	021－56996296	200431	上海市呼兰路 763、883 号
12	上海海事职业技术学院	李　勇	汪伟民	021－58312059	021－68670908	200120	上海市浦东源深路 158 号
13	南通航运职业技术学院	汪诚强	艾　镇	0513－3534925	0513－3513488	226006	江苏省南通市新建路 1 号

续上表

序号	院 校 名 称	校长	办公室主任	联系电话	传真	邮政编码	通 讯 地 址
14	南京交通职业技术学院	孟祥林	张永春	025 – 8841738	025 – 8745007	210032	江苏省南京市浦口区泰山镇后河沿 90 号
15	江苏海事职业技术学院	金南冬	田乃清	025 – 84408831	025 – 84406324	211170	江苏省南京市江宁区龙眠大道 619 号
16	江苏省无锡交通高等职业学校	张其然	陆年晨	0510 – 5510050	0510 – 5516647	214151	江苏省无锡市钱荣路 98 号
17	浙江交通职业技术学院	王怡民	叶卫军	0571 – 88481798	0571 – 88172538	311112	浙江省杭州市金家渡
18	浙江国际海运职业学院	王　捷	乐建盛	0580 – 2551964	0580 – 2551903	316021	浙江省舟山市临城新区
19	宁波工程学院成人教育学院	蔡明亮	王志荣	0574 – 87425650	0574 – 87425032	315153	浙江省宁波市段塘雅戈尔大道 2 号
20	安徽交通职业技术学院	窦晓光	张振平	0551 – 3413839	0551 – 3432537	230051	安徽省合肥市太湖东路 19 号
21	福建交通职业技术学院	沈斐敏	梁玉珊	0591 – 3442517	0591 – 83441953	350007	福建省福州市仓山区首山路 80 号
22	厦门海洋职业技术学院	陈明达	池长全	0592 – 5051641	0592 – 5073234	361012	福建省厦门市体育路 61 号
23	江西交通职业技术学院	朱隆亮	张　强	0791 – 3819990	0791 – 3800049	330013	江西省南昌市郊下罗
24	烟台师范学院交通学院	王建卫	王加秋	0535 – 6012792	0535 – 6012792	264025	山东省烟台市芝罘区
25	山东交通职业学院	孙云早	李建军	0536 – 7251110	0536 – 7251755	261206	山东省潍坊市坊子区凤山路 608 号
26	青岛港湾职业技术学院	刘映华	李公春	0532 – 6852721	0532 – 2988252	266500	山东省青岛市黄岛区崇明岛西路 65 号
27	青岛远洋船员学院	林金和	李先强	0532 – 85752128	0532 – 85752555	266071	山东省青岛市江西路 84 号
28	河南交通职业技术学院	陈志红	薛永忠	0371 – 7447353	0371 – 67941210	450052	河南省郑州市桃源路 42 号

续上表

序号	院校名称	校长	办公室主任	联系电话	传真	邮政编码	通讯地址
29	湖北交通职业技术学院	柴　野	王树荣	027－87803815	027－87803811	430073	湖北省武汉市洪山区卓刀泉148号
30	武汉船舶职业技术学院	刘民钢	熊　绪	027－84804551	027－84804571	430050	湖北省武汉市汉阳区月湖街
31	武汉航海职业技术学院	李祖平	杨学斌	027－86811446	027－86211446	430062	湖北省武汉市武昌区喻家湖148号
32	武汉交通职业学院	项喜章	王丽丽	027－88215820	027－86745854	430062	湖北省武汉市武昌区学院路12号
33	湖南交通职业技术学院	彭　元	覃志刚	0731－5581052	0731－5654965	410004	湖南省长沙市韶山南路129号
34	广东交通职业技术学院	陈周钦	李爱卿	020－87024612	020－87024651	510650	广东省广州市天河区沙河元岗
35	广州航海高等专科学校	姚立宁		020－32083002	020－32083000	510725	广东省广州市黄埔红山三路101号
36	广西交通职业技术学院	程　轮	朱　山	0771－5626108	0771－5624699	530023	广西壮族自治区南宁市园湖北路12号
37	重庆交通学院应用技术学院	杨渡军	文玉萍	023－68580735	023－68580735	400042	重庆市大坪正街160号
38	四川交通职业技术学院	魏庆曙	李昌玖	028－82722125	028－82722615	611130	四川省温江区麻市街142号
39	贵州交通职业技术学院	唐　好	刘　雁	0851－4704632	0851－4704694	550008	贵州省贵阳市白云大道245号
40	云南交通职业技术学院	杨金华	李云霞	0871－5524584	0871－5524584	650101	云南省昆明市西郊昆沙路35号
41	陕西交通职业技术学院	赵新民	孟进彬	029－86405299	029－86405298	710021	陕西省西安经济技术开发区文景北路19号
42	甘肃交通职业技术学院	杨有海	邓晓刚	0931－7672523	0931－7672523	730070	甘肃省兰州市安宁区邱家湾128号
43	青海交通职业技术学院	李文时	张青基	0971－5122240	0971－5122242	830003	青海省西宁市柴达木路22号
44	新疆交通职业技术学院	孙新军	孔令忠	0991－6861430	0991－6866909	831401	新疆维尔族自治区米泉市友好路20号

注：本通讯录由交通职业教育教学指导委员会秘书处提供。

附录 C

交通中等专业学校通讯录

(2005 年 5 月)

序号	学校名称	校长	办公室主任	联系电话	传真	邮编	通讯地址
1	北京市交通学校	李怡民	贾东清	010 – 69241644	010 – 69243164	102618	北京市大兴区黄村清源路
2	交通远程职业技术学校	王文标	贾　宇	010 – 61591382	010 – 61593443	101601	北京市东燕郊
3	天津港口管理中等专业学校	臧斗纯	杜华才	022 – 25709589	022 – 25709589	300456	天津市塘沽区新港华安道 2 号
4	哈尔滨航运学校	段世忠	佟方宇	0451 – 84091450	0451 – 84092958	150027	黑龙江省哈尔滨市道外区桃浦镇广信街 1 号
5	南京航运学校	曹志平	傅建华	025 – 8801260	025 – 8804601	210012	江苏省南京市南通路 60 号
6	江苏省无锡交通高等职业学校	张其然	陆年晨	0510 – 5510050	0510 – 5516647	214151	江苏省无锡市钱荣路 98 号
7	湖州交通学校	杨乔木	谭知微	0572 – 2045031	0572 – 2046488	313000	浙江省湖州市杭长桥南路 278 号
8	厦门市交通职业中等专业学校	张永强	庄志璋	0592 – 2031272	0592 – 2987100	361004	福建省厦门市开元区湖滨南路 22 号
9	山东省水运学校	王建卫	赵永归	0631 – 5226356	0631 – 5224581	264200	山东省威海市新威路 115 号
10	湖北黄冈交通学校	祝迎华	骆　源	0731 – 8616140	0713 – 8387551	436100	湖北省黄冈市黄州东门路 32 号
11	广州潜水学校	李怀林	曾　青	020 – 34060161	020 – 34060874	510290	广东省广州市南洲路 146 号
12	广州市交通运输中等专业学校	周炳权	李伟军	020 – 86093270	020 – 86090575	510440	广东省广州市北郊嘉禾
13	广西航运学校	卢西宁	莫大怀	0771 – 3243008	0771 – 3245095	530007	广西壮族自治区南宁市大学西路 63 号
14	广西柳州市交通学校	韦荣敏	骆　芳	0772 – 3696555	0772 – 3696555	545007	广西壮族自治区柳州市河西路 25 号
15	海南交通学校	陈　雄	王兆瑄	0898 – 66778649	0898 – 66749515	570206	海南省海口市南航西路 50 号
16	西藏交通职工中等专业学校	许正林	多布杰	0891 – 6811316	0891 – 6836967	850001	西藏自治区拉萨市金珠中路 72 号
17	宁夏交通学校	薛景泉	郭新春	0951 – 6736602	0951 – 6739850	750004	宁夏回族自治区银川市北京东路 484 号

注:1. 本通讯录所列学校为独立设置的交通中等专业学校。

2. 本通讯录由交通职业教育教学指导委员会秘书处提供。

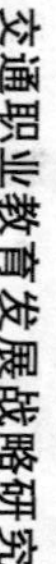

交通技工学校通讯录

（2005年5月）

序号	学校名称	校长	办公室主任	联系电话	传真	通讯地址	邮政编码
1	北京市路政局技工学校	高连生	王乐城	010－60522903	010－60524126	北京市通州区梨园镇云景东路90号	101101
2	北京市公共交通高级技工学校	张剑峰	姚继红	010－80359340	010－80359340	北京市房山区长阳镇稻田南里3号	102488
3	天津市交通高级技工学校	李桂花	孔昭铭	022－27321808	022－27032037	天津市西青区西青道154号	300112
4	天津市航运学校	孟庆国	景以奎	022－28341438	022－28341438	天津市河西区柳林路18号	300222
5	天津市航道技工学校	古　毅	谭立新	022－66880161	022－66880270	天津市塘沽区中心路1号	300450
6	天津海员学校	吴国祝	张　莉	022－66300686	022－25817304	天津市塘沽区津塘公路号	300451
7	天津水运技工学校	张福庆	杜华才	022－25707109	022－25709589	天津市塘沽区海滨道14号	300456
8	河北省交通技工学校	于联宏	张伍平	0311－8108598	0311－8108154	河北省藁城市廉州路西5号	052160
9	邯郸交通技工学校	张建华	王会民	0310－6090747－8000	0310－6093216	河北省邯郸市邯区107国道马庄收费站东100米	056001
10	唐山市公路技工学校	易连英	孙雅杰	0351－7256340	0315－2323356	河北省唐山市西山道270号	063004
11	秦皇岛港教育培训中心职业高中	田久生	邢　杰	0335－3093017	0335－3093017	河北省秦皇岛市光明路76号	066002
12	山西省交通高级技工学校	张文才	孟仁贵	0354－6266052	0354－6266052	山西省太谷县西环路126号	030800
13	内蒙古交通学校	肖俊秀	张红峰	0471－2217558	0471－2218105	内蒙古自治区呼和浩特市呼伦北路105号	010050
14	内蒙古交通职业技术学院	张吉国	安志民	0476－8221571	0476－8221571	内蒙古自治区赤峰市红山区清河路北段53号	024000

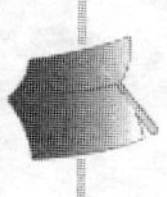

续上表

序号	学校名称	校长	办公室主任	联系电话	传真	通讯地址	邮政编码
15	内蒙古呼伦贝尔市交通技工学校	沃　森	张长海	0470－8332441	0470－8372025	内蒙古自治区呼伦贝尔市海拉区交通路	021000
16	内蒙古兴安盟交通技工学校	金景海	李卫平	0482－8234010	0482－8234010	内蒙古自治区兴安盟乌兰浩特市兴安南大路 87 号	137400
17	沈阳交通运输技工学校	王作发	肖　颖	024－25873856	024－25873856	辽宁省沈阳市铁西区北西中路	110026
18	沈阳客运集团公司技工学校	王忠福	王华艳	024－86786756	024－86786756	辽宁省沈阳市于洪区白山路小韩村	110034
19	沈阳市新民技校	李绍印	姜春雨	024－87533374	024－87533374	辽宁省新民市铁北街 20 号	110300
20	鞍山市公路交通技工学校	杨德毅	庄丽华	0412－5832679	0412－5812930	辽宁省鞍山市铁东区解放路 134 号	114001
21	大连港技工学校	房本庆	郑明义	0411－2622801	0411－2622801	辽宁省大连市中山区春德街 21 号	116001
22	大连市交通局技工学校	刘建国	吕佩聚	0411－4676508	0411－4676508	辽宁省大连市沙河区黄浦路 130 号	116033
23	大连远洋运输公司船员职工学校	张国群	刘兴平	0411－6295362	0411－6293132	辽宁省大连市旅顺口区龙王塘街道小龙塘	116044
24	本溪市交通技工学校	杨桂玲	王艳秋	0414－2625340	0414－2625494	辽宁省本溪市平山区桥头镇	117016
25	阜新公路学校	梁柱义	刘振宇	0418－2901064	0418－2901064	辽宁省阜新市解放大街北端 1 号	123000
26	吉林省公路技工学校	冯中华	魏国成	0431－3433569	0431－3432528	吉林省长春市北小合隆	130216
27	哈尔滨市公众汽车总公司技工学校	王英杰	鲍君波	0451－82407209	0451－82426240	黑龙江省哈尔滨市太平区先锋路 21 号	150056
28	上海港口机械制造厂技工学校	俞　宽	卞文炳	021－58395139	021－58395139	上海市浦东南路 3500 号	200125
29	上海港技工学校	王棣海	张　宏	021－58711794	021－58711878	上海市浦东新区浦东大道 2598 号	200129
30	上海远洋教育中心（上海远洋海员技工学校）	殷焕宇	顾丽军	021－58460012	021－58460273	上海市浦东大道 2594 号	200129
31	上海河运学校	顾绘权	朱德敏	021－58857197	021－58852362	上海市浦东桃林路 451 号	200135
32	南京江海集团公司教育中心	朱光大	张庆如	025－84302850	025－84302850	江苏省南京市玄武区小卫街铁匠营 80 号	210014

续上表

序号	学校名称	校长	办公室主任	联系电话	传真	通讯地址	邮政编码
33	南京金陵船厂技工学校	孙友生	姚长泰	025－58709919	025－58709919	江苏省南京市下关区金陵村355号	210015
34	南京交通技师学院	翁　宁	吴志忠	025－84368776	025－84368770	江苏省南京市中山门外麒麟镇鹿其西路116号	2100049
35	江苏交通高级技工学校	周以德	高为群	0511－3361314	0511－3361314	江苏省镇江市谏壁镇越河街27号	212006
36	江苏省镇江江天汽车技工学校	许宏锭	罗钟鸣	0511－4424259	0511－4425746	江苏省镇江市京岘山路100号	212003
37	常州交通高级技工学校	杜光宇	卞志兴	0519－3880284	0519－3880284	江苏省常州市常金路22号	213024
38	无锡交通高级技工学校	钱昌平	夏学东	0510－5557911	0510－5558076	江苏省无锡市滨湖区大浮镇大溪南村5号	214081
39	江苏省无锡交通高等职业学校	张其然	彭一君	0510－5516647	0510－5516647	江苏省无锡市钱荣路98号	214151
40	苏州建筑职工大学（苏州市建设交通学校）	杨建良	任红娟	0512－66558668	0512－66558668	江苏省苏州市虎丘路28号（原交通技校内）	215008
41	连云港港务局技工学校	叶永荣	李　平	0510－2382520	0510－2330651	江苏省连云港市连云区中山东路144号	222044
42	江苏省港航集团运河技工学校	翟永堂	钱为民	0517－3962774	0517－3962774	江苏省淮安市港口路14—1号	223002
43	盐城市交通高级技工学校	蔡保佑	蒋卫民	0515－8280514	0515－8280868	江苏省盐城市通榆南路184号	224007
44	江苏汽车高级技工学校	李福来	将志伟	0514－7909968	0514－7203154	江苏省扬州市扬州大桥东南首	225003
45	扬州船舶技工学校	李绍鹏	史家山	0514－7298201	0514－7298201	江苏省扬州市湾头镇茱萸路18号	225006
46	扬州市交通技工学校	沈友松	陈康林	0514－7885204	0514－7885204	江苏省扬州市扬子江北路116号	225009
47	南通市工贸技校	黄尔刚	栾　骏	0513－3571216	0513－5295755	江苏省南通市工农路133号	226008
48	浙江公路机械技工学校	严　军	杜晓红	0571－87158008	0571－87157016	浙江省杭州市西溪路681号	310023
49	杭州市汽车驾驶技工学校	邵登明	孙谱森	0871－88190933	0871－88190933	浙江省杭州市莫干山路558号（北大桥）	310011

续上表

序号	学校名称	校长	办公室主任	联系电话	传真	通讯地址	邮政编码
50	杭州交通高级技工学校	曹坚木	戴敦明	0571－64619200	0571－64619318	浙江省杭州市桐庐县坞泥口	311500
51	宁波市交通高级技工学校	蔡明亮	蔡　平	0574－87425730	0574－87425032	浙江省宁波市段塘雅戈尔大道 2 号	315153
52	宁波港技工学校	李元甲	朱　惠	0574－87698793	0574－87698291	浙江省宁波市北仑区新契镇进港路 128 号	315800
53	浙江交通高级技工学校	金伟强	朱建新	0579－2173808	0579－2170365	浙江省金华市望府街 1158 号	321015
54	合肥市交通技工学校	张瑞涛	李永勇	0551－5660323	0551－2816265	安徽省合肥市北门沿海路 46 号	230041
55	安徽省公路公程技工学校	周萌芽	王垂云	0551－3417794	0551－3417794	安徽省合肥市巢路 252 号	230051
56	安徽省航运技工学校	张　超	罗　燕	0552－3013178	0552－3013178	安徽省蚌埠市珠路 31 号	233040
57	安徽省滁州市交通技工学校	范广济	邹全雄	0550－3065400	0550－3065400	安徽省滁州市丰乐南路 14 号	239058
58	芜湖河运技工学校	陶方明	鲍卫民	0553－5852801	0553－5851789	安徽省芜湖市长江路 156－2 号	241000
59	安徽省安庆市交通技工学校	周友富	叶　莉	0556－5510956	0556－5545042	安徽省安庆市菱湖南路 153 号	246003
60	安徽省汽车运输技工学校	束龙友	王永进	0565－2314183	0565－2314183	安徽省巢湖市巢湖北路 66 号	238000
61	安徽省淮南市交通职业学校	林希玉	宫长勇	0554－6645404	0554－6664878	安徽省淮南市田家奄国庆西路	232001
62	福建省汽车运输技工学校	华　欣	陈海燕	0591－3266144	0591－3266144	福建省福州市台江区长乐南路 18 号	350009
63	福建海员学校	严　瑜	黄兆权	0591－3685056	0591－3682131	福建省福州市马尾区新民村 35 号	350015
64	南平市交通中等技术学校	吕　斌	胡仰文	0599－5824395	0599－5824395	福建省建阳区市考亭 3 号	354200
65	宁德市交通技术学校	吴培谦	郭惠珠	0593－6536918	0593－6536918	福建省福安市福新村 41 村	355000
66	漳州市汽车运输技工学校	柯惠德	吴聪慧	0596－2931821	0596－2931821	福建省漳州市芗城区笃后路 4 号	363000
67	三明市第三技工学校	吴为扬	彭丽芳	0598－3652981	0598－3652981	福建省永安市洲后 29 号	356013
68	江西省交通技工学校二部、三部	牛星南	张立志	0791－3819990	0791－3800049	江西省南昌市(昌北)经济技术开发区	330013

续上表

序号	学校名称	校长	办公室主任	联系电话	传真	通讯地址	邮政编码
69	济南市交通局技工学校	邵先平	张建国	0531－3223988	0531－3250722	山东省章丘市明水白云路72号	250200
70	山东聊城交通技工学校	孙　涛	徐风平	0635－8323015	0635－8323015	山东省聊城市振兴东路4号	252000
71	淄博市交通技工学校	刘运鹏	王纪发	0533－2990450	0533－2990465	山东省淄博市张店区张南路101号	255068
72	山东公路高级技工学校	卞志强	李荣海	0534－2325936	0534－2325936	山东省德州市德城区档地北路101号	253020
73	山东省滨州市交通技工学校	张鹏程	韩为民	0543－3370098	0543－3370098	山东省滨州市滨城区渤海五路796号	256615
74	山东省潍坊交通技工学校	孙云早	李建军	0536－7251110	0536－7251310	山东省潍坊市寒亭区民主东街28号	261100
75	胜利石油学校交通分校	单连金	孙建华	0546－8793964	0546－8793964	山东省东营市黄河路111号	257033
76	烟台海员技工学校	郑福昌	苏建国	0535－6811481	0535－6827604	山东省烟台市芝罘东路100号	264000
77	烟台水运技工学校	邹喜勇	胡志合	0535－6534457	0535－6523659	山东省烟台市芝罘区APEC科技工业园	264002
78	山东省威海海运技工学校	王建卫	赵永归	0631－5223397	0631－5224581	山东省威海市新威路115号	264200
79	青岛远洋运输公司职工学校	傅象伦	刘灿军	0532－7052242	0532－7052242	山东省青岛市崂山区北宅办事外大崂观	266104
80	济宁市交通技工学校	王　兵	孔　波	0537－2318851	0537－2318851	山东省济宁市中区东五里营路	272115
81	山东省菏泽汽运技校	刘远东	梁　建	0530－5386267	0530－5389638	山东省菏泽市丹阳路东段8号	274000
82	山东省交通技术学院	王少鹏	卢松群	0539－7162626	0539－7162626	山东省临沂市兰山区中丘路3号	276004
83	河南省交通技工学校	成小原	杨　军	0396－3813341	0396－3817613	河南省驻马店市驿城区东风路320号	463000
84	郑州市交通技工学校	杨瑞卿	余保定	0371－3766910	0371－3733918	河南省郑州市南阳路154号	450053
85	信阳市公路技工学校	李定均	汪少海	0376－3781124	0376－3281124	河南省信阳市平桥镇团结路33号	464100
86	平顶山市交通运输技工学校	田根义	耿占卫	0375－4942294	0375－4942294	河南省平顶山市河滨公园南门往南500米九里山沿山路向西	467001

续上表

序号	学校名称	校长	办公室主任	联系电话	传真	通讯地址	邮政编码
87	河南省周口市交通技工学校	郑基亭	查新杰	0394 – 8312656	0394 – 8312656	河南省周口市交通路东段 29 号	466000
88	河南省洛阳市交通技工学校	魏廷凯	王永森	0379 – 5784735	0379 – 5789192	河南省洛阳市洛龙区龙门镇李屯	471000
89	河南省南阳运输技工学校	张基芳	刘　涵	0377 – 3222729	0377 – 3222729	河南省南阳市光武路 33 号	473000
90	南阳市公路技工学校	刘雅洲	郭永敏	0377 – 3551402	0377 – 3553108	河南省南阳市百蠕奚路 350 号	473006
91	开封市交通技工学校	李合增	樊自立	0378 – 675552	0378 – 2676985	河南省开封市南郊左楼	475003
92	湖北航运学校	王同庆	余长春	027 – 84846809	027 – 84846809	湖北省武汉市汉阳区马沧湖路 336 号	430050
93	武汉航道学校	江德敏	李　林	027 – 82319166	027 – 82319166	湖北省武汉市汉口汉黄路 19 号	430011
94	武汉交通技术学校	丁子义	杨向国	027 – 87801311	027 – 87801311	湖北省武汉市武昌关山路 378 号	430074
95	湖北汽车学校	姜清浩	汤名权	027 – 85933250	027 – 85933250	湖北省黄坡区前川大道 29 号	430300
96	恩施交通技术培训学院	朱一世	刘　慧	0718 – 8222277	0718 – 8223405	湖北省恩施市后山湾 11 号	445000
97	湖南交通高级技工学校	戴　威	阳　勇	0731 – 5534498	0731 – 5523175	湖南省长沙市劳动古路 388 号	410007
98	株洲市交通技工学校(株洲科技职业技术学校)	汪炎珍	钟建国	0733 – 8437911	0733 – 8437912	湖南省株洲市红旗北路 19 号	412001
99	湖南省邵阳市交通技工学校	姜　洪	刘应珍	0739 – 5225372	0739 – 5225372	湖南省邵阳市塔北西路 136 号	422001
100	郴州市交通学校	刘爱平	罗成军	0735 – 2154828	0735 – 2160006	湖南省郴州市七里大道 62 号	423000
101	广州海运技工学校	柴　逸	温赵文	020 – 34234350	020 – 84166883	广东省广州市海珠区沥窑振兴大街 5 号	510288
102	广州市交通技工学校	杨　敏	余丽琴	020 – 87431095	020 – 87431095	广东省广州市太和镇太源南路 56 号	510540
103	广州海员学校	谢朝东	陈明兆	020 – 84186139	020 – 82277405	广东省广州市新港西路 25 号	510260

续上表

序号	学校名称	校长	办公室主任	联系电话	传真	通讯地址	邮政编码
104	广州市航运技工学校	林潮章	彭其芳	020－82277405	020－82277405	广东省广州市黄埔区港前路9号	510700
105	广州港技工学校	郭沃伟	严　韬	020－82061321	020－82061321	广东省广州市黄埔区新港生活区	510735
106	湛江港务局职工学校(含党校)	张邱生	张清意	0759－2250300	0759－2287388	广东省湛江市霞山区友谊路5号	524008
107	广东省交通技工学校	朱小茹	王文辉	0757－3324380	0757－3200485	广东省佛山市同华路4号	528000
108	广西交通高级技工学校	孙永生	廖作兴	0771－3316218	0771－3316218	广西壮族自治区南宁市邕武路9号	530001
109	广西航运学校	卢西宁	莫大怀	0771－3243008	0771－3245095	广西壮族自治区南宁市大学西路63号	530007
110	广西公路技工学校	蒋　斌	张　兵	0771－5612690	0771－5612690	广西壮族自治区南宁市长岗路三里20号	530023
111	百色市交通技工学校	廖　力	林汉云	0776－2830737	0776－2830737	广西壮族自治区百色市城北一路29号	533000
112	广西钦州交通技工学校	施　瑾	陈星光	0777－2391332	0777－2391332	广西壮族自治区钦州市沙埠镇	535000
113	海南省汽车技术学校	张正治	郑东成	0898－66826041	0898－66826041	海南省海口市南航西路125号	570216
114	重庆航运技工学校	张爱华	柳晓钟	023－62891104	023－62874536	重庆市南岸区上新街民生新村100号	400064
115	重庆交通学院继续教育学院	张维全	姜茗耀	023－62652901	023－62652905	重庆市南岩区学府大道66号红楼	400074
116	重庆市第二交通技校	李卫东	但世明	023－72862180	023－72866066	重庆市涪陵区兴华中路45号	408000
117	四川省公路技工学校	刘伟贤	谢俊蓉	028－85069826	028－85077689	四川省成都市外南红牌楼佳灵路8号	610041
118	四川省交通运输技工学校	刘伟贤	李华政	028－85014223	028－85077689	四川省成都市外南太平园	610043
119	成都市交通高级技工学校	张　林	卢　静	028－84710681	028－84710681	四川省成都市外东槐树店路	610051
120	四川省西昌交通学校	郑光裕	吴　超	0834－2165589	0834－2169575	四川省西昌市三岔口西路7号	615000

续上表

序号	学校名称	校长	办公室主任	联系电话	传真	通讯地址	邮政编码
121	川西北职业培训学院	邓 斌	赵 虹	0816－2363763	0816－2363763	四川省绵阳市花园南街52号	621000
122	雅安市工交管理学校	梅秀林	韩 萍	0835－2612658	0835－2612956	四川省雅安市康藏路88号	625000
123	四川省眉山交通技工学校	唐 甜	李光德	0833－8104566	0833－8104211	四川省眉山市东坡区东坡镇诗书路56号	620010
124	自贡市职业培训学院	谢献华	叶邦辉	0813－2600684	0813－2401244	四川省自贡市泪流井区部街顺龙坝165号	643000
125	贵州交通职业技术学院汽车驾驶技工学校	孙庆均	邹晓世	0851－4705128	0851－4704694	贵州省贵阳市白云大道224号	550008
126	贵阳市交通技工学校	王德平	侯 勇	0851－5796638	0851－5796638	贵州省贵阳市南明区新寨路359号	550002
127	云南省交通高级技工学校	胡大伟	杨金洪	0871－8672608	0871－8674308	云南省昆明市安宁市昆畹公路38公里	650300
128	昆明市交通技工学校	刘兴汉	余国云	0871－8420750	0871－8421668	云南省昆明市西郊普坪村174号	650109
129	陕西交通技术学院	程兴新	孟祥斌	0910－6381251	0910－6382223	陕西省泾阳县永乐镇	713702
130	宝鸡市交通技工学校	李连生	乔婉青	0917－3555519	0917－3555519	陕西省宝鸡市宝平路副39号	721001
131	路桥集团第二公路工程局技工学校	孙 伟	乔玉屏	029－88275719	029－88210144	陕西省西安市吉祥西路丁白村四季南巷8号	710065
132	甘肃交通职业技术学院	杨有海	邓晓刚	0931－7672525	0931－7672523	甘肃省兰州安宁邱家湾128号	730070
133	青海交通职业技术学校	李文时	张青基	0971－5122242	0971－5122242	青海省西宁市柴达木路22号	810003
134	宁夏交通技工学校	薛景泉	郭新春	0951－6736602	0951－6736602	宁夏回族自治区银川市北京东路484号	750004
135	新疆交通技工学校	孙新军	孔令忠	0991－6861430	0991－6861430	新疆维吾尔自治区米泉市友好路20号	831401

注：本通讯录由交通技工教育研究会秘书处提供。

交通现代远程教育教学中心通讯录

（2005年5月）

序号	交通教学中心	所在学校	联系地址	邮编	联系人	联系电话
1	交通分院直属班	北京交通管理干部学院远程部	北京市东燕郊	101601	贾　宇	010－61591382
2	河北	河北交通职业技术学院	河北省石家庄市友谊南大街258号	050091	苏建林 范镜清	0311－7668195 0311－3825919
3	山西	山西省交通干部学校	山西省太原市体育路223号	030006	白贵生	0351－7425067
4	呼和浩特	内蒙古交通学校	内蒙古自治区呼和浩特市呼伦北路105号	010051	徐静之	0471－2218120
5	赤峰	内蒙古交通职业技术学院	内蒙古自治区赤峰市红山区青河路北段53号	024000	王玉芝	0476－8229655
6	沈阳	辽宁交通技术学院	辽宁省沈阳市铁西区北四中路11号	110026	靳维婷	024－31045220
7	吉林	长春市交通学校	吉林省长春市亚泰大街南段刁家山	130022	徐博杰	0431－5374222
8	黑龙江	黑龙江省交通干部学校	黑龙江省哈尔滨市动力区进乡街183号	150049	李振江	0451－55679766
9	哈尔滨	哈尔滨交通职工中专	黑龙江省哈尔滨市道里区城乡路274号	150070	袁　钢	0451－83405579
10	上海	上海市城市交通管理局干部学校	上海市凯旋路2050号	200030	陈　夏	021－64472094
11	浙江	浙江省交通干部学校	浙江省杭州市大龙驹坞	310023	施卫武	0571－85396011
12	安徽	安徽交通职业技术学院	安徽省合肥市太湖东路19号	230051	康　军	0551－3415774
13	福建	福建省开放教育人才服务中心	福建省福州市湖滨路110号西湖新庄	350001	林岚香	0591－87612470
14	江西	江西交通干部学校	江西省南昌市昌北街155号	330038	王锦俞 刘晓兰	0791－3852114 0791－3854324

续上表

序号	交通教学中心	所在学校	联系地址	邮编	联系人	咨询电话
15	山东	山东省交通干部学校	山东省济南市天桥区无影山黄岗东路3号	250031	赵　勇	0531－8329220
16	河南	河南省交通职业技学院	河南省郑州市桃源路42号	450052	王桂珍	0371－7445170
17	湖北	湖北交通职业技术学院	湖北省武汉市武昌雄楚大街455号	430079	燕桥鸣	027－87803814 027－87801325
18	武汉	武汉市交通教育培训中心	湖北省武汉市汉阳区邓家湾特1号	430051	陈水清	027－84874546
19	湖南	湖南省交通职业技术学院	湖南省长沙市香樟路91号	410004	喻保华	0731－5679018
20	广东	广东公路职工技术培训中心	广东省广州市机场路1771号	510410	潘小波	020－86627587
21	广西	广西交通技术学校	广西壮族自治区南宁市邕武路9号	530001	黄世叶	0771－3334966
22	广西	广西公路技工学校	广西壮族自治区南宁市长岗路三里10—1号	530023	岑宝玉	0771－5610994
23	四川	四川省交通管理学校	四川省成都市红牌楼	610041	向　铭	028－85072322
24	贵阳	贵阳市交通技工学校	贵州省贵阳市新寨路359号	550002	邹定君	0851－5756023
25	云南	云南交通职业技术学院	云南省昆明市吴井路太乙桥29号	650041	闻　虹	0871－3556961
26	西藏	西藏交通职工中专	西藏自治区拉萨市金珠中路72号	850001	陈焕新	0891－6811316－809
27	陕西	陕西交通职业技术学院	陕西省西安市北郊经济技术开发区文景北路19号	710021	许景会	029－86405501
28	甘肃	甘肃交通职业技术学院	甘肃省兰州市安宁区邱家湾128号	730070	刘　璘	0931－7666911
29	青海	青海交通职业技术学院	青海省西宁市柴达木路22号	810003	雷培宁	0971－5122240－6201
30	宁夏	宁夏交通学校	宁夏回族自治区银川市上海东路140号	750004	雷喜生	0951－6725357 0951－6737934

注:本通讯录由北京交通管理干部学院交通远程职业技术学校提供。

参 考 文 献

1 中国教育与人力资源问题报告课题组.从人口大国迈向人力资源强国.北京:高等教育出版社,2003

2 教育部等七部门关于进一步加强职业教育工作的若干意见.2004

3 国务院关于大力推进职业教育改革与发展的决定.2002

4 交通部科技教育司2015年交通专门人才需求预测及交通教育发展战略研究课题组.2015年交通专门人才需求预测及交通教育发展战略研究.北京:人民交通出版社,2000

5 张保庆.树立科学的发展观 确保高等教育持续健康发展.中国教育报,2003.05.10

6 中共中央、国务院关于深化教育改革全面推进素质教育的决定.1999

7 张力.迎接21世纪终身教育时代的来临.中国教育报,1999.08.21

8 康德山.区域教育可持续发展论纲.教育研究,2000,6

9 中共中央国务院关于进一步加强人才工作的决定.人民日报,2004.01.01

10 周济.大力实施科教兴国战略和人才强国战略推动教育事业持续健康协调快速发展.中国教育报,2004.01.06

11 张春贤.坚持科学的发展观 为促进经济社会全面发展提供交通运输保障.中国交通报,2004.01.24

12 张春贤.以科学发展观为统领 加强行业能力建设 促进交通运输全面协调可持续发展.中国交通报,2004.12.27

13 唐以志.挑战、机遇与行动:通向小康社会的职业教育.职业

技术教育,2002,34

14 黄尧.挑战与创新.北京:中国职业技术教育,2004.01

15 联合国教科文组织总部中文科译.教育——财富蕴藏其中.北京:教育科学出版社,1996

16 顾明远,孟繁华.国际教育新理念.海南:海南出版社,2001

17 黄克孝等.构建21世纪的职业教育体系.北京:中国职业教育,2004,2

18 马树超.完善职业教育体系条件保障的思考.北京:中国职业教育,2004,2

19 中华人民共和国教育部.大力推进职业教育改革与发展.北京:高等教育出版社,2002

20 姚益龙.教育对经济增长贡献的国际比较.广东:中山大学出版社,2003

21 [美国]Peter M. Senge.第五项修炼.上海:上海三联书店,2002

22 [美国]David A. Garvin.学习型组织行动纲领.北京:机械工业出版社,2004

23 张声雄,徐韵发.创建中国特色的学习型社会.江西:江西人民出版社,2003

24 交通部科教司中国航海教育发展战略课题组.中国航海教育发展战略.辽宁:大连海事大学出版社,1995

25 交通部科技教育司.交通教育培训工作文件资料汇编.北京:人民交通出版社,2001

26 交通部教育司.全国交通成人与职业技术教育工作会议文集.北京:人民交通出版社,1996

27 杨黎明.实现职业教育从供给驱动向需求驱动转变.北京:中国职业技术教育.2004,28

28 韦玉.教育、人力资本与中国经济的未来.南方周末,2004.06.03

29 教育部、国家经济贸易委员会、劳动和社会保障部关于进一

步发挥行业、企业在职业教育和培训中的作用的意见.2002
30 陈至立.抓住机遇　积极进取　开拓职业教育工作新局面.2004
31 周济.以服务为宗旨,以就业为导向,实现职业教育的快速健康持续发展.2004
32 邱鸿勋.人才需求分析与职业教育发展战略探讨.职业技术教育,科教版.2002,7
33 冯晋祥.中外高等职业技术教育比较.北京:高等教育出版社,2002
34 交通部.公路水路交通发展战略.2002
35 交通部.公路水路交通三阶段战略目标.2001
36 交通部.公路水路交通十一五发展规划纲要.2005
37 刘淇.首都经济.北京:中国方正出版社,1999
38 周嵇裘,陶向东.大力推进职业教育发展为新世纪我国经济社会可持续发展服务.北京:中国职业技术教育,2002,20
39 刘来泉选译.世界职业技术与职业教育纵览——来自联合国教科文组织的报告.北京:高等教育出版社,2002
40 萧今,黎万红.发展经济中的教育与职业.天津:天津人民出版社,2002
41 职业技术教育中心研究所等选译.联邦德国及巴伐利亚州职业教育法规选编(一).浙江:杭州大学出版社,1993
42 李平.英国交通行业相关职业资格制度.山东交通学院学报,2003,4
43 杨进.论职业教育创新与发展.北京:高等教育出版社.2004
44 商岳.日本汽车维修行业职业资格制度.山东交通学院学报,2003,4
45 吴雪萍.国际职业技术教育研究.杭州:浙江大学出版社,2004
46 石伟平.比较职业技术教育.上海:华东师范大学出版社,2001